工业和信息化精品系列教材

U0597887

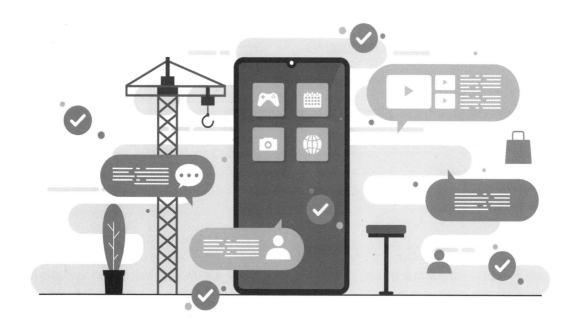

鸿蒙 HarmonyOS
应用开发基础

黑马程序员 ◉ 组编

王法强 张丽林 ◉ 主编　罗天宇 陶亮亮 凌明民 邓颀 ◉ 副主编

人民邮电出版社

北　京

图书在版编目（CIP）数据

鸿蒙 HarmonyOS 应用开发基础 / 黑马程序员组编；
王法强，张丽林主编. -- 北京：人民邮电出版社，
2025. --（工业和信息化精品系列教材）. -- ISBN 978
-7-115-66566-9

Ⅰ. TN929.53

中国国家版本馆 CIP 数据核字第 202536ML59 号

内 容 提 要

本书是一本面向初学者的鸿蒙应用开发基础教材。全书共 9 章：第 1 章讲解鸿蒙的概念和开发环境搭建；第 2～3 章讲解鸿蒙开发语言 ArkTS；第 4～5 章讲解鸿蒙 UI 框架 ArkUI；第 6 章讲解路由和组件导航；第 7 章讲解生命周期和状态管理；第 8 章讲解动画和网络请求；第 9 章讲解项目实战——黑马云音乐。

本书配套丰富的教学资源，包括教学 PPT、教学大纲、源代码、课后习题及答案等。为帮助读者更好地学习本书中的内容，编写团队还提供了在线答疑服务。

本书既可作为高等教育本、专科院校计算机相关专业的教材，也可作为鸿蒙应用开发爱好者的自学参考书。

◆ 组　　编　黑马程序员
　　主　　编　王法强　张丽林
　　副 主 编　罗天宇　陶亮亮　凌明民　邓　顺
　　责任编辑　范博涛
　　责任印制　王　郁　周昇亮
◆ 人民邮电出版社出版发行　　　北京市丰台区成寿寺路 11 号
　　邮编　100164　电子邮件　315@ptpress.com.cn
　　网址　https://www.ptpress.com.cn
　　山东华立印务有限公司印刷
◆ 开本：787×1092　1/16
　　印张：18.5　　　　　　　　　　2025 年 7 月第 1 版
　　字数：441 千字　　　　　　　　2025 年 7 月山东第 2 次印刷

定价：69.80 元

读者服务热线：(010)81055256　印装质量热线：(010)81055316
反盗版热线：(010)81055315

前　言

本书在编写的过程中，结合党的二十大精神"进教材、进课堂、进头脑"的要求，将素质教育内容融入日常学习中，让学生在学习新兴技术的同时提升爱国热情，增强民族自豪感和自信心，引导学生树立正确的世界观、人生观和价值观，进一步提升学生的职业素养，落实德才兼备、高素质、高技能的人才培养要求。

为落实产教融合，本书的编写团队由高校教师和黑马程序员共同组成。高校教师具有扎实的理论基础和教学经验，能够将理论知识与教学方法有机结合；黑马程序员的技术人员具有丰富的企业项目经验，能够提供行业最新技术和实际项目案例。在编写本书的过程中，编写团队定期开展交流活动，如黑马程序员的技术人员会提供项目实战的相关资料，让高校教师深入了解企业的开发流程和技术应用场景。

本书符合新形态一体化要求，配备了丰富的数字化教学资源，如教学 PPT、教学大纲、教学设计、源代码、课后习题及答案等，并配套高校教辅平台。高校教辅平台向教师提供整套数字化教学功能，如在线教学和在线考试等。同时，本书配套有高校学习平台，为学生提供多元化的学习渠道，学生可以在高校学习平台上随时随地自主学习。同时，编写团队还提供在线答疑服务，及时解答学生在学习过程中遇到的疑问，实现教学互动无缝对接。

近年来，我国通过自主研发在操作系统领域取得了显著成就。其中，华为公司的鸿蒙操作系统（HarmonyOS，以下简称鸿蒙）便是一个优秀的典范。鸿蒙打破了国外技术封锁，以其全场景分布式的设计理念，展现了我国在操作系统领域的创新能力。目前，新版本的鸿蒙已不兼容 Android，这使得原本运行在 Android 上的应用都需要开发鸿蒙版本，因此催生了大量的工作岗位和开发需求。

本书面向零基础读者，由浅入深地详细讲解鸿蒙应用开发的相关技术，包括 ArkTS、ArkUI、路由、组件导航、生命周期、状态管理、动画和网络请求等内容，并通过"知识讲解+阶段案例"的方式培养读者分析问题和解决问题的能力，最后通过项目实战——黑马云音乐，提高读者综合运用各方面技术的能力。

本书的参考学时为 76 学时，各章的参考学时如下表所示。

表　各章的参考学时

章	学时分配
第 1 章　初识鸿蒙	4
第 2 章　ArkTS（上）	10
第 3 章　ArkTS（下）	10
第 4 章　ArkUI（上）	8
第 5 章　ArkUI（下）	6
第 6 章　路由和组件导航	6

续表

章	学时分配
第 7 章　生命周期和状态管理	8
第 8 章　动画和网络请求	8
第 9 章　项目实战——黑马云音乐	16
总计	76

本书由江西职业技术大学王法强、张丽林任主编，罗天宇、陶亮亮、凌明民、邓顾任副主编。具体编写情况如下：第 2 章和第 3 章由王法强编写，第 1 章和第 4 章由张丽林编写，第 5 章和第 6 章由罗天宇编写，第 7 章由陶亮亮编写，第 8 章由邓顾编写，第 9 章由凌明民和王法强共同编写。全书由黑马程序员组编。

意见反馈

尽管编者尽了最大的努力，但书中难免会有不妥之处，欢迎读者来信给予宝贵意见，编者将不胜感激。电子邮箱地址：itcast_book@vip.sina.com。

编者
2025 年 6 月

目 录

第 1 章

初识鸿蒙

学习目标

◆ 了解鸿蒙，能够说出鸿蒙的发展历程

◆ 熟悉鸿蒙的特点，能够总结鸿蒙的 6 个特点

◆ 了解鸿蒙的开发技术，能够说出鸿蒙的 6 个开发技术

◆ 了解鸿蒙开发的适用人群，能够说出常见的鸿蒙开发适用人群

◆ 掌握 DevEco Studio 的下载和安装方法，能够独立完成 DevEco Studio 的下载和安装

◆ 掌握使用 DevEco Studio 创建项目的方法，能够独立完成项目的创建

◆ 掌握将 DevEco Studio 界面设置为中文的方法，能够独立完成设置

◆ 掌握模拟器的安装方法，能够独立安装模拟器

◆ 了解鸿蒙项目的目录结构，能够说出其常用目录和文件的作用

在全球科技竞争加剧的背景下，掌握自主可控的核心技术显得尤为重要。鸿蒙作为中国自主研发的操作系统，承载着国家信息安全与科技进步的重要使命。学习鸿蒙应用开发，不仅能够参与到这一历史性的科技创新实践中，还能为国家的科技自立自强贡献一份力量。本章将对鸿蒙的概述、开发环境的搭建和项目的目录结构进行讲解。

1.1 鸿蒙概述

1.1.1 鸿蒙的发展历程

自 2012 年起，华为开始规划自主研发操作系统。2019 年 5 月，谷歌（Google）公司（以下简称谷歌）禁止华为使用谷歌移动服务（Google Mobile Services，GMS），该服务主要包括谷歌开发的应用，例如谷歌搜索、Gmail、Google Maps 等，这导致华为手机无法预装谷歌的应用，对华为手机在海外市场的销售和用户的体验造成了一定的影响。为了减少对谷歌移动服务的依赖，华为推出了华为应用市场和华为移动服务，并积极鼓励开发者加入其生态圈，发展自身的软件生态系统。

2019 年 8 月 9 日，华为正式发布了鸿蒙。鸿蒙这个词来源于中国古代神话，盘古开天辟地之前的混沌状态被称为鸿蒙，华为使用鸿蒙作为系统名称，体现了系统从无到有的过程，

同时也体现出华为在科技领域的创新和探索精神。

在随后的几年，鸿蒙陆续更新 2.0 版本、3.0 版本、4.0 版本，这些版本都采用 Android 开放源代码项目（Android Open Source Project，AOSP）来确保系统能够运行 Android 应用。如果 Android 开放源代码项目无法使用，华为手机也将无法正常使用。为了解决这个问题，2023 年 8 月 4 日，华为推出了 HarmonyOS NEXT（又称为鸿蒙星河版）开发者预览版，它抛弃了 Android 开放源代码项目以及传统 Linux 内核，采用了更高效的微内核架构并仅支持运行鸿蒙应用，不再兼容 Android 应用，因此 HarmonyOS NEXT 也被称为"纯血鸿蒙"，它的出现正式开启了"鸿蒙原生应用"时代。

2024 年 1 月 18 日，HarmonyOS NEXT 正式面向开发者开放申请。2024 年 10 月 8 日，HarmonyOS NEXT 开启公测。2024 年 10 月 22 日，鸿蒙 5.0 发布，它隶属于 HarmonyOS NEXT，标志着 HarmonyOS NEXT 经过概念阶段、开发者体验阶段、消费者体验阶段的打磨后，正式面向消费者发布。

1.1.2　鸿蒙的特点

鸿蒙是一款面向万物互联的全新操作系统，其特点如下。

1. 分布式架构

鸿蒙采用分布式架构设计，可以在各种设备之间实现高效的连接和通信，如智能手机、平板电脑、智能穿戴设备、智能家居等各种物联网设备。

2. 多终端适配

鸿蒙支持多种终端，能够在不同类型的终端上运行，为开发者提供了更加灵活的选择。

3. 统一开发平台

鸿蒙提供了统一的开发平台，开发者可以通过一套代码实现多个平台的应用开发，减少了开发成本和工作量。

4. 流畅的用户体验

鸿蒙提供了流畅的用户体验，包括快速响应、高效运行、稳定可靠等用户体验。

5. 安全和隐私保护

鸿蒙注重安全和隐私保护，采用了多种安全机制来保护用户数据和隐私，确保用户信息不被泄露或滥用。

6. 开放生态

鸿蒙秉持开放生态的理念，为开发者提供丰富的开发工具和资源，支持多种开发语言和框架，鼓励开发者共同参与其生态建设。

1.1.3　鸿蒙的开发技术

要想开发鸿蒙应用，需要先了解鸿蒙的开发技术，具体如图 1-1 所示。

下面对图 1-1 中的开发技术进行介绍。

① AppGallery Connect（AGC）是华为应用市场推出的应用一站式服务平台，致力于为开发者提供应用创意、开发、分发、运营、分析等的全生命周期服务，构建全场景智慧化的应用生态。

② DevEco Studio 是专为鸿蒙生态而设计的集成开发环境，它为开发者提供了丰富的工具和功能，使开发者能够轻松地开发、调试和发布应用程序。

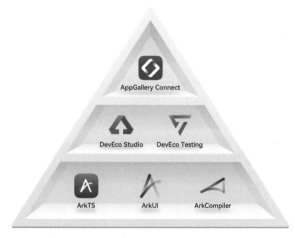

图1-1　鸿蒙的开发技术

③ DevEco Testing 是一站式的应用测试服务平台。它为开发者提供自动化测试框架和稳定性、性能等专项测试服务，覆盖应用测试全周期，助力打造高品质应用。

④ ArkTS（又称为方舟编程语言）是鸿蒙生态的应用开发语言。它在保持 TypeScript 基本语法风格的基础上，通过规范强化静态检查和分析，提升代码健壮性。

⑤ ArkUI（又称为方舟 UI 框架）是一套构建分布式应用界面的声明式 UI（User Interface，用户界面）开发框架。它使用简洁的 UI 信息语法、丰富的 UI 组件、实时界面预览工具，提升应用界面开发效率。

⑥ ArkCompiler 是华为自研的统一编程平台，包含编译器、工具链、运行时等关键部件，支持高级语言在多种芯片平台上的编译与运行。

除了以上开发技术，鸿蒙还提供了设计指南和设计资源，以帮助 UI 设计人员更好地理解和应用鸿蒙的设计理念，从而高效、规范地设计出优秀的作品。

1.1.4　鸿蒙开发的适用人群

鸿蒙提供了丰富的开发文档、示例代码和开发工具，这些资源可以帮助开发者快速上手和解决开发中的问题。对于有编程经验的开发者，特别是已经熟悉了其他智能手机操作系统（如 Android、iOS 等）的开发者来说，学习鸿蒙的开发更容易。常见的鸿蒙开发适用人群如下。

（1）软件开发者

对于具有一定编程基础的软件开发者来说，学习和使用鸿蒙能够拓展其技能。

（2）物联网开发者

鸿蒙是一款面向物联网的操作系统。对于专注于物联网开发的开发者来说，掌握鸿蒙开发技能可以更好地应对物联网应用的需求。

（3）跨平台应用开发者

对于需要开发跨平台应用的开发者来说，鸿蒙的统一开发平台和多终端适配能力能够帮助开发者更轻松地编写跨平台的应用程序。

总的来说，鸿蒙开发的学习门槛相对较低，适用于有一定编程基础的软件开发者、物联网开发者以及跨平台应用开发者。通过学习和使用鸿蒙，开发者可以拓展自己的技能和涉猎范围，以更好地适应未来智能设备和物联网应用的发展趋势。

1.2 搭建鸿蒙开发环境

"工欲善其事，必先利其器。"无论是在学习中还是在项目开发中，不同的开发环境可能会产生很多问题。因此，在讲解如何使用鸿蒙开发应用之前，先讲解如何搭建鸿蒙开发环境。本节将对鸿蒙开发环境的搭建进行详细讲解。

1.2.1 下载和安装 DevEco Studio

鸿蒙为开发者提供了 DevEco Studio，使用它可以开发鸿蒙应用。DevEco Studio 支持运行在 Windows 和 macOS 中，本书主要基于 Windows 操作系统进行讲解。在使用 Windows 操作系统时，DevEco Studio 的基本配置要求如下。

- 操作系统：Windows 10 64 位及以上版本。
- 内存：至少 8GB 内存，推荐 16GB 及以上。
- 网络：能够访问互联网。

通过华为开发者联盟可以下载 DevEco Studio。从华为开发者联盟进入 DevEco Studio 的下载页面，如图 1-2 所示。

图1-2　DevEco Studio的下载页面

如图 1-2 所示，该页面提供了 Windows (64-bit)、Mac (X86)、Mac (ARM)这 3 个平台的下载链接，读者可根据自己使用的平台选择相应的安装包进行下载。本书选择 Windows (64-bit)平台的下载链接，单击该下载链接即可下载 DevEco Studio 安装包。

下面讲解 DevEco Studio 的安装步骤，具体如下。

① 双击 DevEco Studio 安装包启动安装程序，进入"欢迎使用 DevEco Studio 安装程序"界面，如图 1-3 所示。

图1-3　"欢迎使用DevEco Studio安装程序"界面

② 在图 1-3 所示界面中，单击"下一步"按钮，会跳转到"选择安装位置"界面，如图 1-4 所示。

图1-4　"选择安装位置"界面

③ 在图 1-4 所示界面中，单击"浏览"按钮可以重新设置安装位置，单击"下一步"按钮进入"安装选项"界面，如图 1-5 所示。

图1-5　"安装选项"界面

在图 1-5 中，HDC_SERVER_PORT 用于指定一个端口，方便 DevEco Studio 与鸿蒙设备进行通信，从而更好地开发和调试鸿蒙应用。"Set 'HDC_SERVER_PORT' 65037"复选框是默认选中的，表示将 HDC_SERVER_PORT 添加到环境变量中。如果 HDC_SERVER_PORT 已经添加到环境变量中，则该复选框会被自动隐藏。

④ 在图 1-5 所示界面中，单击"下一步"按钮进入"选择开始菜单目录"界面，如图 1-6 所示。

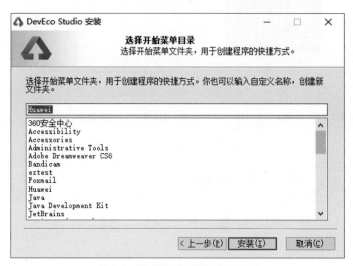

图1-6 "选择开始菜单目录"界面

⑤ 在图 1-6 所示界面中，单击"安装"按钮进入"安装中"界面，如图 1-7 所示。

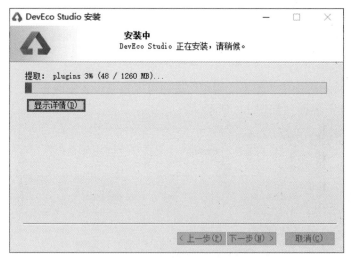

图1-7 "安装中"界面

在图 1-7 中，显示了 DevEco Studio 的安装进度，当进度为 100%时表示安装成功，进入"DevEco Studio 安装程序结束"界面，如图 1-8 所示。

⑥ 在图 1-8 所示界面中，选中"运行 DevEco Studio"复选框，单击"完成"按钮，会弹出"Import DevEco Studio Settings"对话框，如图 1-9 所示。

图1-8　"DevEco Studio安装程序结束"界面

图1-9　"Import DevEco Studio Settings"对话框

⑦ 在图 1-9 所示对话框中可以导入 DevEco Studio 的设置。由于当前是第一次安装 DevEco Studio，不需要导入设置，所以此处选择"Do not import settings"（不导入设置）即可。单击"OK"按钮，会弹出"Welcome to HUAWEI DevEco Studio"对话框，如图 1-10 所示。

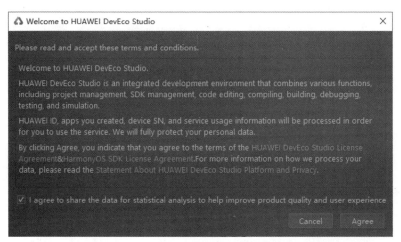

图1-10　"Welcome to HUAWEI DevEco Studio"对话框

⑧ 在图 1-10 中，显示了 DevEco Studio 的使用条款，选中底部的复选框表示同意分享数据用于统计分析以帮助提高产品质量和用户体验，读者可根据自己的情况来选择。单击"Agree"按钮，会弹出"Welcome to DevEco Studio"窗口（DevEco Studio 欢迎界面），如图 1-11 所示。

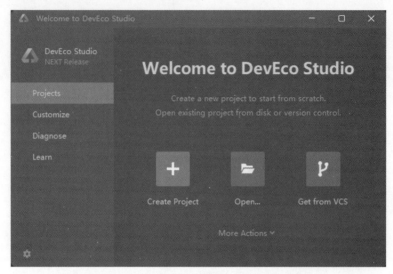

图1-11   "Welcome to DevEco Studio"窗口

⑨ 在图 1-11 所示窗口中,单击"Create Project"按钮可以创建一个项目,单击"Open…"
按钮可以打开文件夹,单击"Get from VCS"按钮可以通过版本控制工具获取远程项目。

1.2.2 使用 DevEco Studio 创建项目

安装了 DevEco Studio 后,若要开发鸿蒙应用,需要在 DevEco Studio 中创建一个项目。
在 DevEco Studio 的欢迎界面单击"Create Project"按钮,进入选择项目模板界面,如图 1-12
所示。

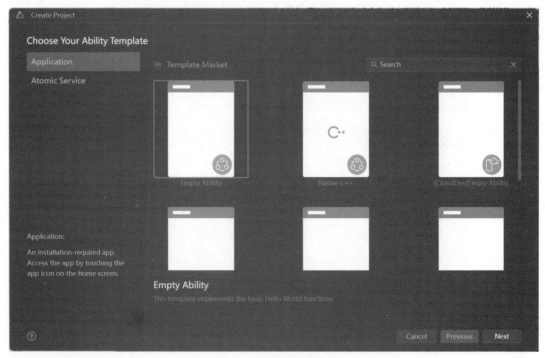

图1-12   选择项目模板界面

在图 1-12 所示界面中，可以选择要创建的项目模板。下面对一些常见的项目模板进行介绍，如表 1-1 所示。

表 1-1　常见的项目模板

模板名	说明
Empty Ability	用于 Phone、Tablet、2in1、Car 设备的模板，展示基础的"Hello World"功能
Native C++	用于 Phone、Tablet、2in1、Car 设备的模板，作为应用调用 C++代码的示例工程，应用界面显示"Hello World"
[CloudDev]Empty Ability	"端云一体化"开发通用模板
[Lite]Empty Ability	用于 Lite Wearable 设备的模板，展示基础的"Hello World"功能。可基于此模板，修改设备类型及 RuntimeOS，进行小型嵌入式设备开发
Flexible Layout Ability	用于创建跨设备应用开发的三层工程结构模板。三层工程结构包含 common（公共能力层）、features（基础特性层）、products（产品定制层）
Embeddable Ability	用于开发支持被其他应用嵌入式运行的元服务的工程模板

在表 1-1 中，Phone、Tablet、2in1、Car、Lite Wearable 是鸿蒙对各种设备的代称，它们分别表示智能手机、平板电脑、二合一（融合了平板电脑和笔记本电脑功能的设备）、车载设备、可穿戴设备（如智能手表等）。

对于初学者来说，建议选择"Empty Ability"模板，然后单击"Next"按钮进入填写信息界面，如图 1-13 所示。

图1-13　填写信息界面

下面对图 1-13 所示界面中的各项进行介绍。

- Project name：用于填写项目名称，由大小写字母、数字和下划线组成。
- Bundle name：用于设置包名，包名通常使用反写域名的形式。
- Save location：用于设置项目的保存路径，由大小写字母、数字和下划线组成，不能包含中文字符。

- Compatible SDK：用于设置最低兼容的 API（Application Program Interface，应用程序接口）版本。
- Module name：用于设置默认模块的名称，默认是 entry。
- Device type：用于设置支持的设备类型。

单击图 1-13 所示界面中的"Finish"按钮即可完成项目的创建。创建的项目如图 1-14 所示。

图1-14　创建的项目

从图 1-14 可以看出，当前 DevEco Studio 已经创建好了项目的目录结构，并生成了一些基础的文件。

DevEco Studio 功能强大、界面复杂。对于初学者来说，一开始并不需要完全掌握如何使用各个功能，只需重点掌握一些常用功能即可。在图 1-14 中，左侧显示的是项目的目录结构，在这里可以查看项目的各种文件，关于这些目录和文件的含义将在 1.3 节进行讲解；右侧显示的是当前已经打开的文件，在这里可以对代码进行编辑。

最右侧的一栏中的"Previewer"表示预览器，打开它可以预览当前打开的页面（即 Index.ets 文件）。单击"Previewer"打开预览器，效果如图 1-15 所示。

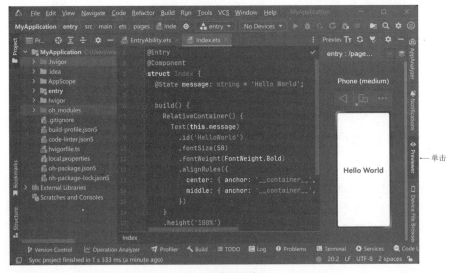

图1-15　打开预览器的效果

从图 1-15 可以看出，预览器中显示了 "Hello World"，这就是 Index.ets 文件中的代码运行后的效果。

1.2.3　将 DevEco Studio 界面设置为中文

项目创建完成后，DevEco Studio 的默认语言是英文，如果想要切换为中文，单击菜单栏中的 "File"，然后选择 "Settings..." 命令，打开 "Settings" 对话框。在该对话框中，按照图 1-16 中标注的顺序进行操作。

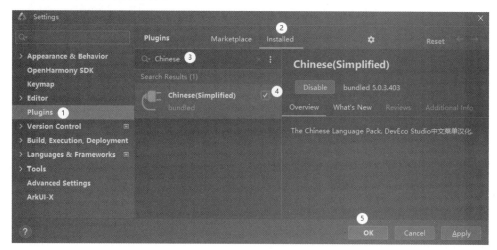

图1-16　"Settings" 对话框

对图 1-16 中的操作的解释如下。

① 单击 "Plugins"。

② 切换到 "Installed" 选项卡。

③ 在搜索框中输入关键词 "Chinese"，找到 "Chinese(Simplified)"。

④ 选中 "Chinese(Simplified)" 复选框。

⑤ 单击 "OK" 按钮。

单击 "OK" 按钮后会弹出一个对话框，询问用户是否重启 DevEco Studio，如图 1-17 所示。

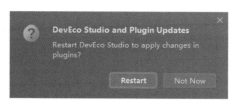

图1-17　询问用户是否重启DevEco Studio的对话框

单击图 1-17 所示对话框中的 "Restart" 按钮即可重启 DevEco Studio。重启后，DevEco Studio 会切换成中文。DevEco Studio 的中文界面如图 1-18 所示。

需要说明的是，DevEco Studio 是基于 IntelliJ IDEA Community 开发的，当前版本的 DevEco Studio 的中文翻译并不完整，读者在使用 DevEco Studio 时仍会遇到一些英文界面，这是正常情况。

图1-18   DevEco Studio的中文界面

1.2.4　安装和使用模拟器

模拟器是一个用于开发和测试鸿蒙应用的工具，它可以模拟不同型号和规格的设备，以及模拟不同网络条件和系统状态，以帮助开发者更好地优化应用程序，确保应用程序在不同设备上的兼容性和稳定性。通过在模拟器中运行应用程序，开发者可在发布应用之前对应用程序进行调试和验证。

模拟器对计算机有一定的配置要求。以 Windows 操作系统计算机为例，具体要求如下。

① Windows 10 企业版、专业版或教育版（或 Windows 11），且操作系统版本不低于 10.0.18363。

② CPU（Central Processing Unit，中央处理器）为 64 位，且具有二级地址转换（Second Level Address Translation，SLAT）功能。

③ CPU 支持 AES（Advanced Encryption Standard，高级加密标准）指令集。

④ CPU 支持 VM（Virtual Machine，虚拟机）监视器模式扩展（如支持英特尔 CPU 的 VT-c 技术）。

⑤ 内存为 16GB 及以上。

⑥ OpenGL 版本为 4.1 及以上。

⑦ 屏幕分辨率为 1280 像素×800 像素及以上。

另外，模拟器不支持在虚拟机系统中运行。

下面讲解如何安装和使用模拟器。

1. 安装模拟器

安装模拟器的具体步骤如下。

① 在 Windows 操作系统中开启虚拟化支持。以 Windows 10 为例，打开"控制面板"→"程序"→"程序和功能"→"启用或关闭 Windows 功能"，在弹出的"Windows 功能"窗口中选中"Hyper-V""Windows 虚拟机监控程序平台""虚拟机平台"复选框，具体如图 1-19 和图 1-20 所示。

② 单击 DevEco Studio 菜单栏中的"工具"→"设备管理器"，会弹出"设备管理器"窗口，如图 1-21 所示。

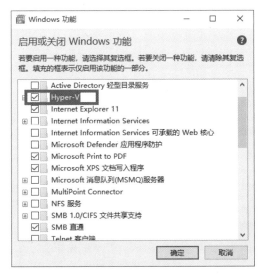

图1-19　"Windows 功能"窗口（1）

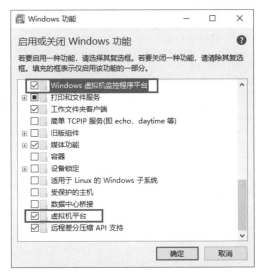

图1-20　"Windows 功能"窗口（2）

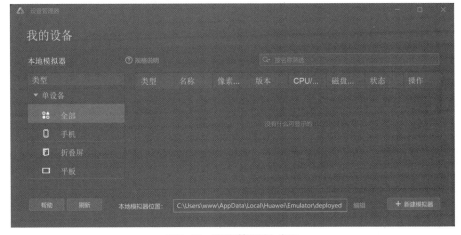

图1-21　"设备管理器"窗口

图 1-21 显示了本地模拟器位置为"C:\Users\www\AppData\Local\Huawei\Emulator\deployed"。读者单击"编辑"可以修改本地模拟器位置，可根据需要修改或使用默认位置。

③ 单击图 1-21 所示窗口右下角的"新建模拟器"按钮，会弹出"DevEco 虚拟设备配置"对话框，如图 1-22 所示。

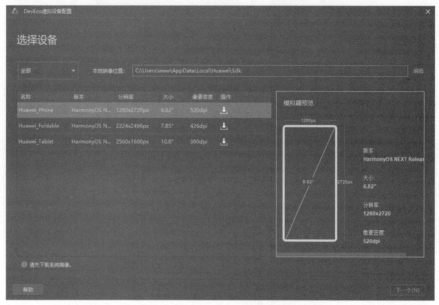

图1-22 "DevEco虚拟设备配置"对话框

图 1-22 显示了 3 种模拟器。其中"Huawei_Phone"表示智能手机（简称手机），"Huawei_Foldable"表示折叠屏智能手机（简称折叠屏），"Huawei_Tablet"表示平板电脑（简称平板）。

④ 单击图 1-22 所示对话框中"Huawei_Phone"右侧的"下载"按钮，会弹出"SDK 安装"对话框，此时正在下载模拟器，如图 1-23 所示。

图1-23 "SDK安装"对话框

⑤ 等待模拟器下载完成后，单击"完成"按钮，回到"DevEco 虚拟设备配置"对话框，会看到"Huawei_Phone"右侧的"下载"按钮 变成了"删除"按钮 ，并且右下角的"下一个"按钮变为可用状态，表示当前模拟器已经下载完成。单击"下一个"按钮，进入"虚拟设备配置"界面，如图 1-24 所示。

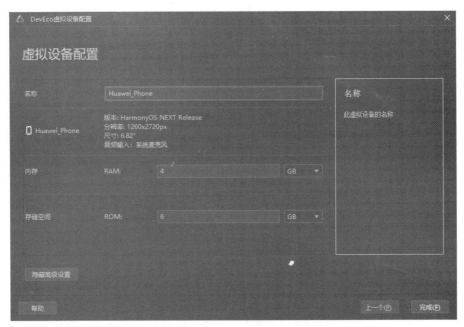

图1-24　"虚拟设备配置"界面

⑥ 单击图 1-24 所示界面中的"完成"按钮，回到"设备管理器"窗口，可以看到模拟器已经创建完成，具体如图 1-25 所示。

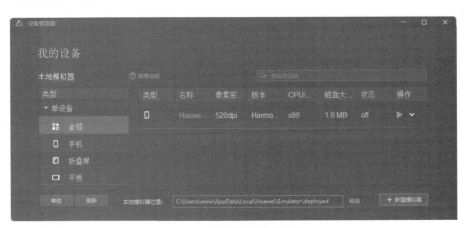

图1-25　模拟器已经创建完成

至此，完成了模拟器的安装。

2. 使用模拟器

单击图 1-25 所示窗口中的 按钮可以启动模拟器，单击后， 按钮会变成 按钮，用于停止模拟器。模拟器启动后，会显示开机画面，如图 1-26 所示。

图1-26　开机画面

开机完成后，会显示锁屏界面，如图 1-27 所示。

使用鼠标指针上滑锁屏界面进行解锁，解锁后会进入桌面，如图 1-28 所示。

图1-27　锁屏界面

图1-28　桌面

图 1-28 右侧有一个控制栏，通过控制栏可以对模拟器进行操作。其中，"－"按钮用于最小化模拟器，"×"按钮用于退出模拟器，"≡"按钮用于打开菜单，单击该按钮会弹出图 1-29 所示的菜单，在该菜单中可以看到各种按钮的说明。

图1-29 菜单

在模拟器启动的状态下，单击 DevEco Studio 的▶按钮可以在模拟器上运行当前项目，该按钮的位置如图 1-30 所示。

图1-30 ▶按钮的位置

单击▶按钮后，稍加等待，即可在模拟器中看到当前项目的运行效果，如图 1-31 所示。

图1-31 当前项目的运行效果

项目运行后，▶按钮会变成 按钮，表示停止并重新运行。当修改了代码后，单击 按钮即可停止并重新运行项目。

在实际开发中，对于简单的界面设计，使用预览器可以快速地查看页面效果，但预览器的功能有限，当预览器不支持预览时则需要在模拟器中查看效果。

另外，由于模拟器的功能限制，有些功能无法在模拟器中实现，需要在真机上运行。读者可以将搭载鸿蒙的手机通过 USB（Universal Serial Bus，通用串行总线）连接到计算机，在手机中开启"开发人员选项"→"开发者选项"中的"USB 调试"功能，即可在真机上运行。本书讲解的内容只涉及模拟器，不需要在真机上运行。有兴趣的读者可以自行尝试真机运行。

1.3　鸿蒙项目的目录结构

在创建鸿蒙项目时，会自动生成一些文件和目录，鸿蒙项目的一级目录如表 1-2 所示。

表 1-2　鸿蒙项目的一级目录

目录	作用
.hvigor	用于存放构建配置文件
.idea	用于存放开发工具配置文件
AppScope	用于存放应用全局需要的资源文件
entry	用于存放应用模块文件，包括入口文件、代码和资源等
hvigor	用于存放自动化构建工具，包括任务注册编排、工程模型管理等
oh_modules	用于存放项目所依赖的第三方库文件

在一级目录下有一些文件和目录会被经常使用，具体如表 1-3 所示。

表 1-3　一级目录下常用的文件和目录

类型	路径	作用
文件	AppScope/app.json5	应用的全局配置文件
目录	entry/src/main/ets	用于存放 ArkTS 源码文件
目录	entry/src/main/ets/entryability	用于存放应用的入口
目录	entry/src/main/ets/entrybackupability	用于存放应用备份恢复的入口
目录	entry/src/main/ets/pages	用于存放应用的页面
目录	entry/src/main/resources	用于存放应用所用到的资源文件，如图形文件、多媒体文件、字符串文件、布局文件等
目录	entry/src/main/resources/base/element	用于存放字符串、整数、颜色、样式等资源的 JSON 文件
目录	entry/src/main/resources/base/media	用于存放图形文件、多媒体文件，如视频、音频等文件，支持的文件格式包括.png、.gif、.mp3、.mp4 等

类型	路径	作用
目录	entry/src/main/resources/rawfile	用于存放任意格式的原始资源文件
文件	entry/src/main/module.json5	模块配置文件，主要包含 HAP 的配置信息、应用在具体设备上的配置信息以及应用的全局配置信息
文件	entry/build-profile.json5	模块信息、编译信息配置文件
文件	entry/hvigorfile.ts	模块级编译构建任务脚本文件
文件	entry/oh-package.json5	模块级依赖配置文件，描述第三方包的包名、版本、入口文件（类型声明文件）和依赖项等信息
文件	build-profile.json5	应用级配置文件，包括签名、产品配置等
文件	hvigorfile.ts	应用级编译构建任务脚本文件
文件	oh-package.json5	全局依赖配置文件

表 1-2 和表 1-3 所展示的目录结构基于 Stage 模型，它是鸿蒙早期版本的 FA（Feature Ability，功能能力）模型的改进版。

Stage 模型将一个基础的鸿蒙项目划分为多个模块，默认提供 entry 模块，它是应用的主模块，或称为入口模块，该模块的文件保存在 entry 目录中。

Stage 模型的模块按照使用场景可以分为 Ability 类型的模块和 Library 类型的模块，具体解释如下。

（1）Ability 类型的模块

一个 Ability 类型的模块可以包含多个 Ability（能力），Ability 代表应用所具备的能力，即一个应用可以具备多种能力。Ability 类型的模块最终会被编译成 HAP（Harmony Ability Package，鸿蒙能力包），HAP 可以独立安装和运行，它是应用安装的基本单位。HAP 分为如下两种类型。

① entry 类型的 HAP：保存应用的主模块，包含应用的入口界面、入口图标和主功能特性。

② feature 类型的 HAP：保存应用的动态特性模块。它通常用于针对不同类型的设备提供不同特性的场景，达成"一次开发，多端部署"的目的。

在将每个应用分发到同一类型的设备上时，每个应用只能包含唯一一个 entry 类型的 HAP，以及零个或多个 feature 类型的 HAP。

entry 模块默认提供了 EntryAbility 和 EntryBackupAbility，具体解释如下。

① EntryAbility 是一个 UIAbility 类型的 Ability，用于存放应用的入口。UIAbility 是一种包含 UI 的应用组件，主要用于和用户交互，它为鸿蒙应用提供绘制界面的窗口。EntryAbility 是对 UIAbility 的实现，它的主要功能是加载应用启动后默认显示的页面。

② EntryBackupAbility 是一个 BackupExtensionAbility 类型的 Ability，用于存放应用备份恢复的入口。BackupExtensionAbility 用于为应用提供扩展的备份恢复能力。

（2）Library 类型的模块

Library 类型的模块不能独立安装和运行，它是一种专门用于实现代码和资源共享的模块，只能被其他模块依赖使用。Library 类型的模块分为以下两种类型。

① Static Library：静态共享库类型。该类型的模块编译后会生成一个扩展名为.har 的文件，称为 HAR（Harmony Archive，静态共享包）。

② Shared Library：动态共享库类型。该类型的模块编译后会生成一个扩展名为.hsp 的文件，称为 HSP（Harmony Shared Package，动态共享包）。

当 HAR 和 HSP 被其他模块引用时，HAR 中的代码和资源会跟随使用方编译，如果有多个使用方，它们的编译产物中会存在多份副本；HSP 中的代码和资源可以独立编译，运行时在一个进程中代码也只会存在一份。HAR 和 HSP 的区别如图 1-32 所示。

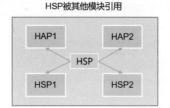

图1-32 HAR和HSP的区别

从图 1-32 可以看出，当一个 HAR 被 HAP1、HAP2、HSP1、HSP2 引用时，HAR 被复制成 4 份；当一个 HSP 被 HAP1、HAP2、HSP1、HSP2 引用时，HSP 只存在一份。

在默认情况下，新创建的鸿蒙项目中不含 Library 类型的模块，如有需要，开发者可以通过"文件"→"新建"→"模块"的方式自行创建 Library 类型的模块。

本章小结

本章首先讲解了鸿蒙的基础知识，然后讲解了鸿蒙开发环境的搭建，包括下载和安装 DevEco Studio、使用 DevEco Studio 创建项目、将 DevEco Studio 界面设置为使用中文以及安装和使用模拟器，最后讲解了鸿蒙项目的目录结构。通过本章的学习，读者应该能够对鸿蒙有初步认识，掌握如何搭建鸿蒙开发环境。

课后练习

一、填空题

1. 自主研发鸿蒙的公司是_____。
2. 在 entry/src/main 目录中，存放应用所用到的资源文件的目录是_____。
3. 用于存放 ArkTS 源码文件的目录是_____。
4. 用于存放应用所依赖的第三方库文件的目录是_____。
5. 鸿蒙秉持_____的理念，鼓励开发者共同参与生态建设。

二、判断题

1. 鸿蒙始终与 Android 保持兼容。（   ）
2. 鸿蒙只能在智能手机和平板电脑上运行。（   ）
3. 应用的全局配置文件是 AppScope/app.json5。（   ）

4. ArkTS 是专为鸿蒙生态而设计的集成开发环境。（　　　）
5. 鸿蒙目前采用的模型是 Stage 模型。（　　　）

三、选择题

1. 下列选项中，属于鸿蒙的特点的有（　　　）。（多选）
   A. 分布式架构　　　　　　　　　　B. 多终端适配
   C. 统一开发平台　　　　　　　　　D. 较高的资源占用
2. 下列选项中，鸿蒙应用的 UI 框架是（　　　）。
   A. ArkTS　　　　B. ArkCompiler　　　C. ArkUI　　　　D. DevEco Studio
3. 下列选项中，DevEco Studio 中智能手机设备的代称是（　　　）。
   A. Tablet　　　　B. Phone　　　　　C. 2in1　　　　　D. Car
4. 下列选项中，安装模拟器需要开启的 Windows 功能有（　　　）。（多选）
   A. Hyper-V　　　　　　　　　　　B. NFS 服务
   C. Windows 虚拟机监控程序平台　　D. 虚拟机平台
5. 下列选项中，属于模拟器包含的设备有（　　　）。（多选）
   A. Huawei_Phone　　　　　　　　B. Huawei_Foldable
   C. Huawei_Tablet　　　　　　　　D. Huawei_PC

四、简答题

1. 请简述什么是 ArkTS 和 ArkUI。
2. 请简述 HAR 和 HSP 的区别。

第2章

ArkTS（上）

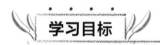

学习目标

◆ 熟悉 ArkTS 的概念，能够说出什么是 ArkTS，以及 ArkTS 与 JavaScript、TypeScript 的关系

◆ 掌握调试输出，能够使用 console.log()语句输出信息

◆ 掌握注释的使用方法，能够合理运用单行注释、多行注释增强代码的可读性

◆ 掌握变量、常量和数据类型，能够使用变量、常量和数据类型存储数据

◆ 掌握运算符，能够灵活运用运算符完成运算

◆ 掌握选择结构语句，能够根据实际需求选择合适的选择结构语句

◆ 掌握循环语句，能够根据实际需求选择合适的循环语句

◆ 掌握跳转语句，能够灵活运用 continue 语句或 break 语句实现程序中的流程跳转

◆ 掌握数组和枚举，能够使用数组和枚举存储数据

◆ 熟悉函数的概念，能够阐述函数的作用

◆ 掌握自定义函数，能够根据实际需求在程序中定义并调用函数

◆ 掌握如何将函数作为值使用，能够将函数作为变量值、参数值、返回值或数组元素值来使用

◆ 掌握箭头函数，能够定义和调用箭头函数

◆ 掌握常用的内置函数，能够使用内置函数完成功能开发

◆ 熟悉变量的作用域和闭包，能够在开发中正确使用变量的作用域和闭包

ArkTS 是鸿蒙应用开发的主力语言。ArkTS 围绕鸿蒙应用开发，在 TypeScript 的生态基础上做了进一步扩展，既保持了 TypeScript 的基本风格，又通过规范定义强化了开发期静态检查和分析，提升了程序执行稳定性和性能。本章将对 ArkTS 基础语法进行详细讲解。

2.1 初识 ArkTS

ArkTS 并不是一门全新的语言。由于 JavaScript 应用广泛，TypeScript 又使 JavaScript 更加严谨，华为选择在 TypeScript 的基础上开发 ArkTS 语言，从而使已经具备 JavaScript 或 TypeScript 基础的开发者可以快速上手鸿蒙应用的开发。

ArkTS 扩展了 TypeScript，TypeScript 又扩展了 JavaScript，这 3 门语言的关系如图 2-1 所示。

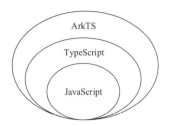

图2-1　ArkTS、TypeScript和JavaScript的关系

下面对 JavaScript、TypeScript 和 ArkTS 分别进行介绍。

1. JavaScript

JavaScript 是 Web 前端开发中的一门编程语言，最初主要用于开发交互式的网页，实现网页中的各种交互效果，例如轮播图、选项卡、表单验证等。随着技术的发展，JavaScript 的应用领域变得更加广泛，它还可以用来开发服务器应用、桌面应用和移动应用。

JavaScript 语言的标准化由 Ecma 国际（Ecma International）制定。Ecma 国际是一个国际性会员制的信息和电信标准组织，该组织发布了 ECMA-262 标准文件，该文件规定了浏览器脚本语言的标准，并将这种语言称为 ECMAScript。JavaScript 是对 ECMAScript 的实现和扩展。

目前，ECMAScript 还在持续更新，比较有代表性的版本是 2015 年发布的 ECMAScript 6，随后几乎每一年都有新版本的发布，截至本书编写时，ECMAScript 的最新版本是 2024 年 6 月 26 日发布的 ECMAScript 2024。

2. TypeScript

TypeScript 是微软（Microsoft）公司推出的一门开源的编程语言，它是 JavaScript 的超集，意味着 TypeScript 包含 JavaScript 的所有特性，并在 JavaScript 的基础上新增了一些新特性，例如静态类型检查、更严格的语法规则、接口、泛型等。

使用 TypeScript 中的静态类型，开发者可在编码阶段发现并修复潜在的错误，减少代码在运行时出现错误的可能性。同时，TypeScript 还支持 ECMAScript 标准，使用 TypeScript 编写的代码可以编译成 JavaScript 代码，从而在 JavaScript 的环境中运行。

TypeScript 提供了更好的开发工具和更严格的代码检查，它广泛应用于大型 Web 应用程序和框架中，以提高大型应用程序的可维护性和可读性。

3. ArkTS

ArkTS 是华为推出的一门为构建高性能应用而设计的编程语言。许多编程语言在设计之初没有考虑到移动设备，导致应用运行缓慢、低效、功耗大，所以针对移动环境的编程语言优化需求越来越大。ArkTS 就是专为解决这些问题而设计的，它聚焦于提高运行效率。

ArkTS 通过保持 TypeScript 的大部分语法，为现有的 TypeScript 开发者实现无缝过渡，让移动开发者能快速上手。ArkTS 的一大特性是它专注于低运行时开销。ArkTS 对 TypeScript 的动态类型特性施加了更严格的限制，以减少运行时开销，提高运行效率。通过取消动态类型特性，ArkTS 代码能更有效地在运行前被编译和优化，从而实现更快的应用启动和更低的功耗。

2.2　调试输出和注释

在学习 ArkTS 的旅程中，调试输出和注释是两个非常基础的技能，它们将伴随我们解决代码中的各种问题，并使代码更加清晰易懂。本节将对调试输出和注释进行详细讲解。

2.2.1　调试输出

在实际开发中，经常需要输出一些信息，从而方便调试程序。在 ArkTS 中，使用 console.log() 语句可以进行调试输出，输出结果可以在 DevEco Studio 底部的"日志"面板中查看。

console.log()语句的语法格式如下。

```
console.log(参数1, 参数2, …);
```

在上述语法格式中，console.log()语句的小括号中的参数表示要输出的内容，可以传入 1 个或多个参数，多个参数使用英文逗号分隔，第 1 个参数必须是字符串，其余参数如果是其他类型数据则会被自动转换为字符串。"…"用于在文档中说明在参数 2 的后面还可以写更多参数，实际编写代码时不用写"…"。

语句末尾的分号";"表示语句分隔符，在它后面可以写下一条语句。通过换行的方式可以省略语句分隔符。

下面演示如何在项目中进行调试输出，具体步骤如下。

① 打开第 1 章中创建的项目，在 entry/src/main/ets/pages/Index.ets 文件的开头位置编写如下代码。

```
console.log('要输出的内容');
```

需要注意的是，不能删除该文件中原有的代码，否则程序将无法运行。

② 打开预览器，等待预览器中显示出页面。

③ 打开 DevEco Studio 底部的"日志"面板，选择 phone 设备，查看输出结果，如图 2-2 所示。

图2-2　查看输出结果

从图 2-2 中可以看出，"日志"面板中成功显示了输出结果。

在图 2-2 中，当前选择的设备为"phone"，对应预览器中的手机设备。如果读者想要查看模拟器中输出的调试信息，则需要确保在左上方的下拉列表中选择的设备为虚拟设备的名称（默认为 Huawei_Phone）。模拟器启动后会输出大量的调试信息，为了找出想要查看的内容，可以在"Debug"下拉列表右侧的搜索框中输入要搜索的关键词。

2.2.2　注释

注释用于对代码进行解释和说明，其目的是让代码阅读者能够更加轻松地了解代码的设计逻辑、用途等。在实际开发中，为了提高代码的可读性、方便代码的维护和升级，可以在编写代码时添加注释。注释在程序解析时会被忽略。

ArkTS 支持单行注释和多行注释，下面分别介绍这两种注释方式。

1. 单行注释

单行注释以"//"开始，到该行结束为止，示例代码如下。

```
console.log('你好');                    // 调试输出
```

上述代码中，"// 调试输出"是一条单行注释。

2. 多行注释

多行注释以"/*"开始，以"*/"结束，示例代码如下。

```
1  /*
2    调试输出
3  */
4  console.log('你好');
```

上述代码中，从"/*"开始到"*/"结束的内容就是多行注释。

2.3　变量、常量和数据类型

在 ArkTS 中，变量、常量和数据类型是构建程序逻辑不可或缺的基石。本节将对 ArkTS 中的变量、常量和数据类型进行详细讲解。

2.3.1　变量

变量是指程序在内存中申请的一块用来存放数据的空间，用于存储程序运行过程中产生的临时数据。例如，将两个数字相乘的结果保存到变量中，以便在后面的计算中使用。

在使用变量时，需要先声明变量。声明变量后，就可以为变量赋值，从而完成数据的存储。声明变量的语法格式如下。

```
let 变量名：类型；
```

在上述语法格式中，let 是声明变量的关键字；变量名是指变量的名称；类型通常会设置为数据类型、类或接口等。例如，字符串'a'对应的数据类型是 string，数字 1 对应的数据类型是 number。关于数据类型、类和接口会在后文进行讲解。

ArkTS 允许一个变量有多种类型，将上述语法格式中的"类型"写成"类型 1 | 类型 2 | …"的形式即可。例如，"string | number"表示变量的值可以是字符串或数字。但 ArkTS 不支持 TypeScript 中的 any 类型。any 类型表示任意类型。为了提高代码的严谨性和运行效率，ArkTS 禁用了 any 类型。

变量的命名规则如下。

① 不能以数字开头，且不能包含+、−等运算符，如 01user、user-02 是非法的变量名。

② 严格区分大小写，如 apple 和 Apple 是两个不同的变量名。

③ 不能使用 ArkTS 中的关键字命名。关键字是 ArkTS 中被事先定义并被赋予特殊含义的单词，例如 let、if、while 就是 ArkTS 中的关键字。

为了提高代码的可读性，在对变量命名时应遵循以下建议。

① 使用字母、数字、下划线或美元符号（$）命名，如 score、set_name、$a、user01 等。

② 尽量做到"见其名知其义",如 age 表示年龄、num 表示数字等。

③ 用下划线分隔多个单词,如 show_message;或采用驼峰命名法,即变量的第 1 个单词首字母小写,后面的单词首字母大写,如 leftHand、myFirstName 等。

声明变量后,为变量赋值的语法格式如下。

```
变量名 = 值;
```

声明变量与为变量赋值的代码可以写在同一行,这个过程又称为定义变量或初始化变量,语法格式如下。

```
let 变量名: 类型 = 值;
```

在定义变量时,如果通过"值"可以自动推断出变量的类型,则变量名后面的": 类型"可以省略。

当需要声明多个变量时,可以写多行声明变量的代码。除了这种方式,还可以在一行代码中同时声明多个变量,多个变量之间使用英文逗号分隔,语法格式如下。

```
let 变量名1: 类型, 变量名2: 类型, …;
```

上述语法格式同时声明了两个变量,使用这样的语法格式还可以继续声明更多变量。

在一行代码中声明多个变量并为多个变量赋值,语法格式如下。

```
let 变量名1: 类型 = 值1, 变量名2: 类型 = 值2;
```

下面通过代码演示变量的使用方法,示例代码如下。

```
1    // 声明变量 student01 并赋值为'小明',设置类型
2    let student01: string = '小明';
3    // 声明变量 student02 并赋值为'小智',省略类型
4    let student02 = '小智';
```

使用 console.log()输出变量 student01 和 student02 的值,示例代码如下。

```
1    console.log(student01);              // 输出结果: 小明
2    console.log(student02);              // 输出结果: 小智
```

2.3.2　常量

常量是一种在程序运行过程中始终保持不变的数据,例如数学中的圆周率在程序中就可以保存为一个常量。在 ArkTS 中,常量分为字面量和使用 const 关键字声明的常量,下面分别进行讲解。

1. 字面量

字面量用于表达源码中的固定值。字面量在程序中一旦被定义,其值就不会改变,所以可以将字面量称为常量。ArkTS 中常见的字面量如下。

① 数字字面量:如 1、2、3。

② 字符串字面量:如'用户名'、"密码"。

③ 布尔字面量:如 true、false。

④ 数组字面量:如[1, 2, 3]。

⑤ 对象字面量:如{ username: '小智', password: '123456' }。

上述字面量涉及不同的数据类型,关于这些数据类型将在后文进行讲解。

2. 使用 const 关键字声明的常量

使用 const 关键字声明的常量类似于变量,但是它的值不能发生改变。在为常量命名时,

为了方便将它与变量区分，习惯上将常量的名称设置为全大写。

JavaScript 设计之初并没有 const 关键字，const 关键字是随着 JavaScript 的发展在后期加入的，并沿用到了 ArkTS 中。const 关键字在声明变量的语法基础上增加了一种使变量的值保持不变的语法约束，因此可以将使用 const 关键字声明的变量称为常量。基于这样的历史原因，在不需要区分变量和常量的语境下，本书使用的变量一词也笼统地包含使用 const 关键字声明的常量，这种常量可以理解为"不可变的变量"。

需要注意的是，当使用 const 关键字声明的常量的值是数组、对象时，数组的元素、对象的成员是可以改变的，但是常量本身不能被重新赋值。

下面通过代码演示如何使用 const 关键字声明常量，并输出常量的值，示例代码如下。

```
1  const STUDENT: string = '小明';
2  console.log(STUDENT);          // 输出结果：小明
```

上述代码声明了一个常量 STUDENT 并赋值为'小明'，使用 console.log()输出了常量 STUDENT 的值。

2.3.3　数据类型

在 ArkTS 中常用的数据类型有 string（字符串）、number（数字）、boolean（布尔）、null（空）、void（空）、undefined（未定义）、object（对象）。下面对常用的数据类型分别进行讲解。

1. string

string 表示字符串，需要使用单引号（'）、双引号（"）或反引号（`）标注。字符串中的字符可以是 0 个或多个。其中，使用反引号标注的字符串称为模板字符串，在模板字符串中通过"${变量名}"的方式可以使用变量的值。

下面通过代码演示 string 数据类型的使用方法。声明 3 个变量，分别给这 3 个变量赋值为使用单引号、双引号和反引号标注的字符串，并进行调试输出，示例代码如下。

```
1  let stu1: string = '小明';
2  let stu2: string = "小智";
3  let introduce: string = `${stu1}和${stu2}是好朋友`;
4  console.log(stu1);             // 输出结果：小明
5  console.log(stu2);             // 输出结果：小智
6  console.log(introduce);        // 输出结果：小明和小智是好朋友
```

在上述代码中，第 1 行代码使用单引号标注字符串，第 2 行代码使用双引号标注字符串，第 3 行代码使用反引号标注字符串。在第 3 行代码中，${stu1}表示使用变量 stu1 的值，${stu2}表示使用变量 stu2 的值。

在字符串中可以使用转义字符来表示一些特殊符号。转义字符以"\"开始，常用的转义字符如表 2-1 所示。

表 2-1　常用的转义字符

转义字符	含义
\'	单引号"'"
\"	双引号""""
\`	反引号"`"
\n	换行符

转义字符	含义
\t	水平制表符
\f	换页符
\b	退格符
\xhh	由两位十六进制数字 hh 表示的 ISO-8859-1 字符，如\x61 表示"a"
\v	垂直制表符
\r	回车符
\\	反斜线"\"
\0	空字符
\uhhhh	由四位十六进制数字 hhhh 表示的 Unicode 字符，如\u597d 表示"好"

2. number

number 表示数字，分为整数、浮点数（可以理解为小数）和特殊值。在数字前面还可以添加"−"符号表示负数，添加"+"符号表示正数（通常情况下省略"+"）。

下面分别介绍 number 类型中的整数、浮点数和特殊值。

（1）整数

整数通常使用十进制表示，此外还可以使用二进制、八进制、十六进制来表示。二进制数以 0b 开头，八进制数以 0o 开头，十六进制数以 0x 开头，其中，b、o、x 不区分大小写。

下面通过代码演示 number 数据类型中整数的使用方法。声明 4 个变量，分别给这 4 个变量赋值为二进制、八进制、十进制、十六进制的整数，示例代码如下。

```
1   let bin: number = 0b11010;      // 二进制表示的 26
2   let oct: number = 0o32;         // 八进制表示的 26
3   let dec: number = 26;           // 十进制表示的 26
4   let hex: number = 0x1a;         // 十六进制表示的 26
```

（2）浮点数

浮点数可以使用标准格式和科学记数法来表示。标准格式是指数学中小数的写法，如 1.10；科学记数法是指将数字表示成一个数与 10 的 n 次幂相乘的形式，在程序中使用 E 或 e 后面跟一个数字的方式表示 10 的 n 次幂，如 2.15E3 表示 2.15×10^3。

下面通过代码演示 number 数据类型中浮点数的使用方法。声明 4 个变量，分别使用标准格式和科学记数法来表示浮点数，示例代码如下。

```
1   // 使用标准格式表示浮点数
2   let fNum01: number = -3.12;
3   let fNum02: number = 3.12;
4   // 使用科学记数法表示浮点数
5   let fNum03: number = 3.14E5;
6   let fNum04: number = 7.35E-5;
```

在上述代码中，第 2 行代码声明变量 fNum01 并赋值为使用标准格式表示的浮点数−3.12；第 3 行代码声明变量 fNum02 并赋值为使用标准格式表示的浮点数 3.12；第 5 行代码声明变量 fNum03 并赋值为使用科学记数法表示的浮点数 3.14×10^5；第 6 行代码声明变量 fNum04 并赋值为使用科学记数法表示的浮点数 7.35×10^{-5}。

（3）特殊值

number 类型有 3 个特殊值，分别是 Infinity（无穷大）、–Infinity（无穷小）和 NaN（Not a Number，非数字）。在计算中，当计算结果超出了最大可表示的数字时，会返回 Infinity；当计算结果超出了最小可表示的数字时，会返回–Infinity；如果进行了非法的运算操作，则运行结果为 NaN。

3. boolean

boolean 表示布尔，该类型只有 true（真）和 false（假）两个值。boolean 数据类型通常用于表示程序中的逻辑判断结果，其中，true 表示事件成功或条件成立的情况，false 表示事件失败或条件不成立的情况。例如，判断数字 3 是否大于数字 2，其结果用 boolean 数据类型表示为 true。

下面通过代码演示 boolean 数据类型的使用方法。声明两个变量，分别赋值为 true 和 false，示例代码如下。

```
1  let result01: boolean = true;
2  let result02: boolean = false;
```

在上述代码中，第 1 行代码声明变量 result01 并赋值为 true；第 2 行代码声明变量 result02 并赋值为 false。

4. null

null 表示空，通常用于表示变量未指向任何对象，该类型只有一个 null 值。

下面通过代码演示 null 数据类型的使用方法。声明一个变量，将其赋值为 null，示例代码如下。

```
let empty: null = null;
```

5. void

void 表示空，通常用于表示函数没有返回值，该类型只有一个 void 值。关于函数的相关内容会在后文进行讲解。

下面通过代码演示 void 数据类型的使用方法。声明一个变量，其类型为 void，示例代码如下。

```
let data: void;
```

6. undefined

undefined 表示未定义。当声明的变量还未被赋值时，该变量的值为 undefined。

下面通过代码演示 undefined 数据类型的使用方法。声明两个变量，将第 1 个变量赋值为 undefined，第 2 个变量不进行赋值，示例代码如下。

```
1  let num01: undefined = undefined;
2  let num02: undefined;
```

以上两个变量 num01 和 num02 的值都是 undefined。

7. object

object 表示对象，它是一种引用数据类型，而其他数据类型则属于基本数据类型。引用数据类型的特点是当它被赋值给变量时，变量保存的是对象的引用，同一个对象可以被多个变量引用，从而节省内存空间。

ArkTS 中的对象有多种形式，常见的形式有字面量对象、实例（instance）、函数、数组、枚举、内置对象、包装对象，具体解释如下。

① 字面量对象：通过对象字面量语法 "{}" 创建的对象，通常用于保存一些数据。

② 实例：通过类（class）或构造函数创建的对象，这样的对象被称为某个类或构造函数的实例。

③ 函数：用于对一些代码进行封装，从而方便使用。函数的常见形式有用户自定义函数、内置函数、方法、构造函数等。

④ 数组：用于保存一批具有相同数据类型的数据。

⑤ 枚举：用于预先定义一些值，方便在开发中使用。

⑥ 内置对象：预先提供的一些对象，方便在开发中使用。

⑦ 包装对象：对基本数据类型的数据自动装箱产生的对象，用于使一些基本数据类型的数据可以像对象一样使用。

2.4　运算符

在实际开发中，经常需要对数据进行运算，ArkTS 提供了多种类型的运算符用于运算，常用的运算符包括算术运算符、字符串运算符、赋值运算符、比较运算符、逻辑运算符、三元运算符、数据类型检测运算符。本节将对 ArkTS 中常用的运算符和运算符的优先级进行讲解。

2.4.1　算术运算符

算术运算符用于对两个数字或变量进行算术运算，与数学中的加法、减法、乘法、除法运算类似。常用的算术运算符如表 2-2 所示。

表 2-2　常用的算术运算符

运算符	运算	示例	结果
+	加	3 + 3	6
−	减	6 − 3	3
*	乘	3 * 5	15
/	除	8 / 2	4
%	取模（取余数）	5 % 7	5
**	幂运算	4 ** 2	16
++	自增（前置）	a = 2; b = ++a;	a = 3; b = 3;
	自增（后置）	a = 2; b = a++;	a = 3; b = 2;
−−	自减（前置）	a = 2; b = −−a;	a = 1; b = 1;
	自减（后置）	a = 2; b = a−−;	a = 1; b = 2;

自增和自减运算可以快速对变量的值进行递增或递减，自增和自减运算符可以放在变量前也可以放在变量后。当自增（或自减）运算符放在变量前时，称为前置自增（或前置自减）；当自增（或自减）运算符放在变量后时，称为后置自增（或后置自减）。前置和后置的区别在于，前置返回的是计算后的结果，后置返回的是计算前的结果。

下面通过代码演示自增和自减运算，示例代码如下。

```
1  let a = 2, b = 2, c = 3, d = 3;
2  // 自增
3  console.log('++a 的值为', ++a);        // 输出结果：++a 的值为 3
4  console.log('a 的值为', a);            // 输出结果：a 的值为 3
5  console.log('b++的值为', b++);         // 输出结果：b++的值为 2
```

```
6    console.log('b 的值为', b);              // 输出结果：b 的值为 3
7    // 自减
8    console.log('--c 的值为', --c);          // 输出结果：--c 的值为 2
9    console.log('c 的值为', c);              // 输出结果：c 的值为 2
10   console.log('d--值为', d--);            // 输出结果：d--的值为 3
11   console.log('d 的值为', d);              // 输出结果：d 的值为 2
```

在实际应用算术运算符的过程中，还需要注意以下 4 点。

① 进行四则混合运算时，运算顺序要遵循数学中"先乘除后加减"的原则。例如，运行"let a = 2 + 8 - 3 * 2 / 2;"后，a 的值是 7。

② 在进行取模运算时，运算结果的正负取决于被模数（% 左侧的数）的正负，与模数（% 右侧的数）的正负无关。例如，运行"let a = (-8) % 7, b = 8 % (-7);"后，a 的值为-1，b 的值为 1。

③ 在开发中尽量避免使用浮点数进行运算，因为运算结果可能存在偏差。例如，0.1 + 0.2 正常的计算结果应该是 0.3，但是 ArkTS 的计算结果却是 0.30000000000000004。此时，可以将参与运算的小数转换为整数，计算后再转换为小数。例如，将 0.1 和 0.2 分别乘 10，相加后再除以 10，即可得到 0.3。

④ "+"和"–"在运算符中还可以表示正数或负数。例如，+2.1 + -1.1 的计算结果为 1。

2.4.2　字符串运算符

当"+"运算符左右两侧的数据至少有一个为 string 数据类型时，"+"表示字符串运算符，用于实现字符串的拼接。

下面通过代码演示字符串运算符的使用方法。声明两个变量，第 1 个变量存放用户名"小智"，第 2 个变量存放性别"男"，如果需要显示"小智，男"，就需要将字符串"小智""，""男"进行拼接，示例代码如下。

```
1    let username = '小智';
2    let gender = '男';
3    console.log(username + ',' + gender);    // 输出结果：小智，男
```

使用字符串运算符将字符串与数字进行拼接，示例代码如下。

```
console.log('小智, ' + 18);                  // 输出结果：小智，18
```

▌▌▌ 多学一招：表达式

表达式是一组代码的集合，每个表达式的运行结果都有一个值。变量和各种类型的数据都可以用于构成表达式。一个最简单的表达式可以是一个变量或字面量。假设有 number 类型的变量 a 和 b，下面列举一些常见的表达式。

```
7;                       // 表达式"7"
a = 7;                   // 将表达式"7"的值赋值给 a
b = a = 7;               // 将表达式"a = 7"的值赋值给 b
a + 1;                   // 将表达式"a"的值与表达式"1"的值相加
a = a + 1;               // 将表达式"a + 1"的值赋值给 a
console.log('' + b);     // 将表达式"'' + b"的值作为参数传给 console.log()
```

当一个表达式含有多个运算符时，这些运算符会按照优先级进行运算。关于运算符优先级的知识将会在后文进行讲解。

2.4.3 赋值运算符

赋值运算符用于将运算符右侧的值赋给左侧的变量。常用的赋值运算符如表 2-3 所示。

表 2-3 常用的赋值运算符

运算符	运算	示例	结果
=	赋值	a = 1, b = 2;	a = 1, b = 2;
+=	加并赋值	a = 1, b = 2; a += b;	a = 3, b = 2;
	字符串拼接并赋值	a = 'abc'; a += 'def';	a = 'abcdef';
-=	减并赋值	a = 4, b = 3; a -= b;	a = 1, b = 3;
*=	乘并赋值	a = 4, b = 3; a *= b;	a = 12, b = 3;
/=	除并赋值	a = 4, b = 2; a /= b;	a = 2, b = 2;
%=	取模并赋值	a = 4, b = 3; a %= b;	a = 1, b = 3;
**=	幂运算并赋值	a = 4; a ** = 2;	a = 16;
<<=	左移位并赋值	a = 9, b = 2; a <<= b;	a = 36, b = 2;
>>=	右移位并赋值	a = -9, b = 2; a >>= b;	a = -3, b = 2;
>>>=	无符号右移位并赋值	a = -9, b = 2; a >>>= b;	a = 1073741821, b = 2;
&=	按位与并赋值	a = 3, b = 9; a &= b;	a = 1, b = 9;
^=	按位异或并赋值	a = 3, b = 9; a ^= b;	a = 10, b = 9;
|=	按位或并赋值	a = 3, b = 9; a |= b;	a = 11, b = 9;

下面以+=、-=、*=、/=、%=、**=为例演示赋值运算符的使用方法，示例代码如下。

```
1   let num = 5;
2   num += 3;                       // 相当于 num = num + 3
3   console.log('', num);          // 输出结果：8
4   num -= 4;                       // 相当于 num = num - 4
5   console.log('', num);          // 输出结果：4
6   num *= 2;                       // 相当于 num = num * 2
7   console.log('', num);          // 输出结果：8
8   num /= 2;                       // 相当于 num = num / 2
9   console.log('', num);          // 输出结果：4
10  num %= 2;                       // 相当于 num = num % 2
11  console.log('', num);          // 输出结果：0
12  num **= 2;                       // 相当于 num = num ** 2
13  console.log('', num);          // 输出结果：0
```

2.4.4 比较运算符

比较运算符用于对两个数据进行比较，比较返回的结果是 true 或 false。常用的比较运算符如表 2-4 所示。

表 2-4　常用的比较运算符

运算符	运算	示例	结果
>	大于	3 > 2	true
<	小于	3 < 2	false
>=	大于或等于	3 >= 2	true
<=	小于或等于	3 <= 2	false
==	等于	3 == 3	true
!=	不等于	3 != 3	false
===	全等	3 === 3	true
!==	不全等	3 !== 3	false

需要说明的是，"=="和"!="在 JavaScript 中比较不同数据类型的数据时会自动将其转换成相同数据类型后再比较，而在 ArkTS 中比较不同数据类型的数据会报错。"==="和"!=="在比较时不会进行数据类型的转换。

下面通过代码演示比较运算符的使用方法，示例代码如下。

```
1  console.log('', 13 > 12);       // 输出结果：true
2  console.log('', 13 < 12);       // 输出结果：false
3  console.log('', 13 >= 12);      // 输出结果：true
4  console.log('', 13 <= 12);      // 输出结果：false
5  console.log('', 13 == 13);      // 输出结果：true
6  console.log('', 13 != 13);      // 输出结果：false
7  console.log('', 13 === 13);     // 输出结果：true
8  console.log('', 13 !== 13);     // 输出结果：false
```

2.4.5　逻辑运算符

在开发中，有时需要在多个条件同时成立时才执行后续的代码，例如，只有用户输入了有效的用户名和密码，才能登录成功。在程序中，如果要实现对条件的判断，可以使用逻辑运算符。常用的逻辑运算符如表 2-5 所示。

表 2-5　常用的逻辑运算符

运算符	运算	示例	结果
&&	与	a && b	如果 a 的值为 true，则结果为 b 的值；如果 a 的值为 false，则结果为 a 的值
||	或	a || b	如果 a 的值为 true，则结果为 a 的值；如果 a 的值为 false，则结果为 b 的值
!	非	!a	如果 a 的值为 true，则结果为 false；如果 a 的值为 false，则结果为 true

需要注意的是，逻辑运算符并不是直接判断一个值是否为 true 或 false，而是采用评估的方式进行判断。所谓评估是源自 JavaScript 中的一种对待不同数据类型数据的逻辑判断规则，这种规则会将 false、0、''、null、undefined、NaN 这些值评估为 false，将其他值评估为 true。ArkTS 也沿用了这样的规则。

下面通过代码演示逻辑运算符的使用方法，示例代码如下。

```
1   // 逻辑"与"
2   console.log('', 100 && 200);          // 输出结果：200
3   console.log('', 0 && 123);            // 输出结果：0
4   console.log('', 3 > 2 && 4 > 3);      // 输出结果：true
5   console.log('', 2 < 1 && 3 > 1);      // 输出结果：false
6   // 逻辑"或"
7   console.log('', 100 || 200);          // 输出结果：100
8   console.log('', 0 || 123);            // 输出结果：123
9   console.log('', 3 > 2 || 4 < 3);      // 输出结果：true
10  console.log('', 2 < 1 || 3 < 1);      // 输出结果：false
11  // 逻辑"非"
12  console.log('', !1);                  // 输出结果：false
13  console.log('', !0);                  // 输出结果：true
```

在使用"&&"和"||"运算符时，是按照从左到右的顺序进行求值的，在运算时可能会出现"短路"的情况。"短路"是指如果通过逻辑运算符左侧的表达式能够确定最终值，则不计算逻辑运算符右侧表达式的值。

下面通过代码演示逻辑运算符出现"短路"的情况，示例代码如下。

```
1   let aa = 1;
2   false && aa++;                        // "&&"短路情况
3   console.log('', aa);                  // 输出结果：1
4   true || aa++;                         // "||"短路情况
5   console.log('', aa);                  // 输出结果：1
```

在上述代码中，第 1 行代码用于声明变量 aa 并赋值为 1；第 2 行代码中左侧表达式的值为 false，所以不计算 aa++；第 3 行代码用于输出 aa 的值，因为 aa++未运行，所以输出变量 aa 的值为 1；第 4 行代码中左侧表达式的值为 true，所以不计算 aa++；第 5 行代码用于输出 aa 的值，因为 aa++未运行，所以输出变量 aa 的值为 1。

2.4.6 三元运算符

三元运算符包括"?"和":"，用于组成三元表达式。三元表达式用于根据条件表达式的值来决定"?"后面的表达式和":"后面的表达式哪个被运行。

三元表达式的语法格式如下。

```
条件表达式 ? 表达式1 : 表达式2
```

在上述语法格式中，如果条件表达式的值为 true，则返回表达式 1 的运行结果；如果条件表达式的值为 false，则返回表达式 2 的运行结果。三元运算符在判断 true 和 false 时，会采用评估的方式，即 false、0、"、null、undefined、NaN 这些值将被评估为 false，其他值将被评估为 true。

下面通过代码演示三元运算符的使用方法，示例代码如下。

```
1   let age = 18;
2   let status = age >= 18 ? '已成年' : '未成年';
3   console.log(status);                  // 输出结果：已成年
```

在上述代码中，第 2 行代码首先执行条件表达式"age >= 18"，结果为 true，因此会将"已成年"赋值给变量 status，最后输出的结果为"已成年"。

2.4.7　数据类型检测运算符

使用 typeof 运算符可以对数据的类型进行检测。typeof 运算符以字符串形式返回检测结果，语法格式如下。

```
// 第 1 种语法格式
typeof 需要进行数据类型检测的数据
// 第 2 种语法格式
typeof(需要进行数据类型检测的数据)
```

在上述语法格式中，第 1 种语法格式只能检测单个数据；第 2 种语法格式可以对表达式进行检测。

下面通过代码演示如何使用 typeof 运算符检测数据类型，示例代码如下。

```
1  console.log(typeof 23);              // 输出结果：number
2  console.log(typeof '水果');          // 输出结果：string
3  console.log(typeof false);           // 输出结果：boolean
4  console.log(typeof []);              // 输出结果：object
```

2.4.8　运算符的优先级

在 ArkTS 中，运算符遵循先后的运算顺序，这种顺序称为运算符的优先级。部分运算符的优先级如表 2-6 所示。

表 2-6　部分运算符的优先级

结合方向	运算符
无	()
左（new 除外）	.、[]、new（有参数，无结合性）
右	new（无参数）
无	++（后置）、--（后置）
右	!、~、-（负数）、+（正数）、++（前置）、--（前置）、typeof、delete
右	**
左	*、/、%
左	+、-
左	<<、>>、>>>
左	<、<=、>、>=、in、instanceof
左	==、!=、===、!==
左	&
左	^
左	|
左	&&
左	||
右	?:
右	=、+=、-=、*=、/=、%=、<<=、>>=、>>>=、&=、^=、|=
左	,

在表 2-6 中，运算符的优先级由上到下递减，同一单元格中的运算符具有相同的优先级。结合方向决定了同级运算符的运算顺序，左结合方向表示同级运算符的运算顺序为从左向右，右结合方向表示同级运算符的运算顺序为从右向左。

由表 2-6 可知，运算符中小括号"()"的优先级最高，在进行运算时要首先计算小括号内的表达式。如果表达式中有多个小括号，则最内层的小括号的优先级最高。

下面通过代码演示未使用小括号的表达式和使用小括号的表达式的运算顺序，示例代码如下。

```
1  console.log('', 3 + 4 * 5);          // 输出结果：23
2  console.log('', (3 + 4) * 5);        // 输出结果：35
```

在上述代码中，第 1 行代码中的表达式"3 + 4 * 5"按照运算符优先级，先进行乘法运算，再进行加法运算，最终结果为 23；第 2 行代码中的表达式"(3 + 4) * 5"按照运算符优先级，先进行小括号中的加法运算，再进行乘法运算，最终结果为 35。

当表达式中有多种运算符时，可根据需要为表达式添加小括号，这样可以使代码更清晰，并且可以避免错误的发生。

运算符是 ArkTS 中的基础知识，在学习的过程中，读者要保持仔细认真的态度，并具备创新思维，要充分发挥运算符的组合和嵌套能力，善于使用运算符，创造出新颖、优秀的程序。在工作中，保持仔细认真的态度，可以提高工作的效率和质量，有利于在职场中获得更好的发展机会。

2.5　流程控制

当在 ArkTS 中实现复杂的业务逻辑时，需要对程序进行流程控制。根据流程控制的需要，通常将程序分为 3 种结构，分别是顺序结构、选择结构和循环结构。顺序结构是指程序按照代码的先后顺序自上而下地运行，由于顺序结构比较简单，所以不过多介绍。下面主要讲解选择结构、循环结构，以及在循环结构中用到的跳转语句。

2.5.1　选择结构

ArkTS 提供了选择结构语句（或称为条件判断语句）来实现程序的选择结构。选择结构语句是指根据语句中的条件表达式进行判断，进而运行对应的代码。常用的选择结构语句有 if 语句、if...else 语句、if...else if...else 语句和 switch 语句。下面分别讲解这 4 种选择结构语句。

1. if 语句

if 语句也称为单分支语句、条件语句，具体语法格式如下。

```
if (条件表达式) {
    代码段
}
```

在上述语法格式中，当条件表达式的值为 true 时，运行大括号"{}"中的代码段，否则不进行任何处理。如果代码段中只有一条语句，则可以省略大括号。

if 语句在判断 true 和 false 时，会采用评估的方式。其他选择结构语句也都采用评估的方式进行判断，即 false、0、''、null、undefined、NaN 这些值将被评估为 false，其他值将被评估为 true，后续不再赘述。

if 语句的运行流程如图 2-3 所示。

下面通过代码演示 if 语句的使用方法，实现只有当年龄大于或等于 18 周岁时，才输出"已成年"，否则不输出任何信息，示例代码如下。

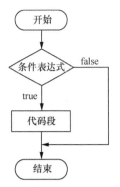

```
1  let age1 = 23;
2  if (age1 >= 18) {
3      console.log('已成年');        // 当age1 >= 18时输出"已成年"
4  }
```

在上述代码中，声明了变量 age1 并赋值为 23，由于变量 age1 的值为 23，23 大于 18，所以条件表达式"age1 >= 18"的值为 true，运行"{}"中的代码段，输出结果为"已成年"。如果将上述代码中变量 age1 的值修改为 16，则条件表达式"age1 >= 18"的值为 false，不做任何处理。

图2-3　if语句的运行流程

2. if...else 语句

if...else 语句也称为双分支语句，具体语法格式如下。

```
if (条件表达式) {
    代码段 1
} else {
    代码段 2
}
```

在上述语法格式中，当条件表达式的值为 true 时，运行代码段 1；当条件表达式的值为 false 时，运行代码段 2。

if...else 语句的运行流程如图 2-4 所示。

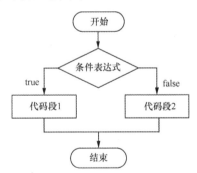

图2-4　if...else语句的运行流程

下面通过代码演示 if...else 语句的使用方法，实现当年龄大于或等于 18 周岁时，输出"已成年"，否则输出"未成年"，示例代码如下。

```
1  let age2 = 17;
2  if (age2 >= 18) {
3      console.log('已成年');        // 当 age2 >= 18 时输出"已成年"
4  } else {
5      console.log('未成年');        // 当age2 < 18 时输出"未成年"
6  }
```

在上述代码中，声明了变量 age2 并赋值为 17，由于变量 age2 的值为 17，17 小于 18，所以条件表达式"age2 >= 18"的值为 false，运行 else 后"{}"中的代码段，输出结果为"未成年"。如果将上述代码中变量 age2 的值修改为 18，则条件表达式"age2 >= 18"的值为 true，输出结果为"已成年"。

3. if...else if...else 语句

if...else if...else 语句也称为多分支语句，是指有多个条件表达式的语句，可针对不同情况进行不同的处理，具体语法格式如下。

```
if (条件表达式1) {
  代码段1
} else if (条件表达式2) {
  代码段2
}
…
else if (条件表达式n) {
  代码段n
} else {
  代码段n+1
}
```

在上述语法格式中，当条件表达式 1 的值为 true 时，运行代码段 1；当条件表达式 1 的值为 false 时，继续判断条件表达式 2 的值，当条件表达式 2 的值为 true 时，运行代码段 2，以此类推。如果所有条件表达式的值都为 false，则运行最后 else 中的代码段 n+1，如果最后没有 else，则直接结束。

if...else if...else 语句的运行流程如图 2-5 所示。

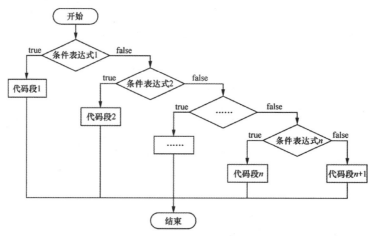

图2-5　if...else if...else语句的运行流程

下面通过代码演示 if...else if...else 语句的使用方法，对学生考试成绩按分数进行等级划分，90～100 分为优秀，80～90（不含）分为良好，70～80（不含）分为中等，60～70（不含）分为及格，小于 60 分为不及格，示例代码如下。

```
1  let score = 78;
2  if (score >= 90) {
3    console.log('优秀');                    // 当 score >= 90 时输出"优秀"
4  } else if (score >= 80) {
5    console.log('良好');                    // 当 score >= 80 且 score<90 时输出"良好"
6  } else if (score >= 70) {
7    console.log('中等');                    // 当 score >= 70 且 score<80 时输出"中等"
8  } else if (score >= 60) {
9    console.log('及格');                    // 当 score >= 60 且 score<70 时输出"及格"
```

```
10  } else {
11    console.log('不及格');                    // 当 score < 60 时输出"不及格"
12  }
```

在上述代码中，声明了变量 score 并赋值为 78 后，首先判断条件表达式"score >= 90"的值，由于 78 小于 90，所以条件表达式"score >= 90"的值为 false；然后判断条件表达式"score >= 80"的值，由于 78 小于 80，所以条件表达式"score >= 80"的值也为 false；再判断条件表达式"score >= 70"的值，由于 78 大于 70，所以条件表达式"score >= 70"的值为 true，运行"console.log('中等');"代码段，最终输出结果为"中等"。

4. switch 语句

switch 语句也称为多分支语句，该语句与 if...else if...else 语句类似，区别是 switch 语句只能针对某个表达式的值做出判断，从而决定运行哪一段代码。与 if...else if...else 语句相比，switch 语句可以使代码更加清晰简洁、便于阅读。

switch 语句的具体语法格式如下。

```
switch (表达式) {
  case 值1:
    代码段1;
    break;
  case 值2:
    代码段2;
    break;
  …
  default:
    代码段n;
}
```

在上述语法格式中，首先计算表达式的值，然后将表达式的值和每个 case 的值进行比较，当数据类型不同时会自动进行数据类型转换，如果表达式的值和 case 的值相等，则运行 case 后对应的代码段。当遇到 break 语句时跳出 switch 语句，如果省略 break 语句，则将继续运行下一个 case 后面的代码段。如果所有 case 的值与表达式的值都不相等，则运行 default 后面的代码段。需要说明的是，default 是可选的，可以根据实际需要进行设置。

switch 语句的运行流程如图 2-6 所示。

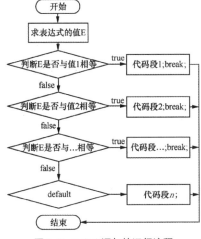

图2-6　switch语句的运行流程

下面通过代码演示 switch 语句的使用方法。判断变量 week 的值，当 week 变量的值为 1～6 时，输出星期一～星期六，当变量 week 的值为 0 时，输出星期日；如果没有与变量 week 的值相等的 case 值，则输出"输入错误，请重新输入"，示例代码如下。

```
1  let week = 3;
2  switch (week) {
3    case 0:
4      console.log('星期日');
5      break;
6    case 1:
7      console.log('星期一');
8      break;
9    case 2:
10      console.log('星期二');
11      break;
12    case 3:
13      console.log('星期三');
14      break;
15    case 4:
16      console.log('星期四');
17      break;
18    case 5:
19      console.log('星期五');
20      break;
21    case 6:
22      console.log('星期六');
23      break;
24    default:
25      console.log('输入错误，请重新输入');
26  };
```

在上述代码中，声明了变量 week 并赋值为 3，switch 语句首先计算表达式的值，表达式 week 的值为 3，将表达式的值与 case 值比较，当匹配到与表达式相等的 case 值时，运行 "console.log('星期三');"，输出结果为"星期三"。

以上讲解了 4 种选择结构语句。在编程中，通过选择结构语句可以根据条件执行不同的分支语句。同样，在人生中，我们也会面临各种选择和决策，我们在做出选择前，要仔细权衡不同选择的潜在风险及其带来的影响。

2.5.2　循环结构

循环结构是为了在程序中反复运行某个功能而设置的一种程序结构，它用于实现一段代码的重复运行。例如，连续输出 1～100 的整数，如果不使用循环结构，则需要编写 100 次输出代码才能实现，而使用循环结构，仅使用几行代码就能让程序自动输出。

在循环结构中，由循环体和循环条件组成的语句称为循环语句。一组被重复运行的语句称为循环体，循环体能否重复运行，取决于循环条件。ArkTS 提供了 3 种循环语句，分别是 for 语句、while 语句、do...while 语句，下面将详细讲解这 3 种循环语句。

1. for 语句

在程序开发中，for 语句通常用于循环次数已知的情况，其语法格式如下。

```
for (初始化变量; 条件表达式; 操作表达式) {
    循环体
}
```

上述语法格式的具体介绍如下。

① 初始化变量：初始化一个用作计数器的变量，通常使用 let 关键字声明一个变量并赋初始值。

② 条件表达式：决定循环是否继续，即循环条件。如果条件表达式的值为 true，表示循环继续；如果条件表达式的值为 false，表示循环结束。

③ 操作表达式：通常用于对计数器变量进行更新（递增或递减），是每次循环中最后运行的代码。

for 语句在判断 true 和 false 时，会采用评估的方式，即 false、0、''、null、undefined、NaN 这些值将被评估为 false，其他值将被评估为 true。其他循环语句也都采用评估的方式进行判断，后续不再赘述。

for 语句的运行流程如图 2-7 所示。

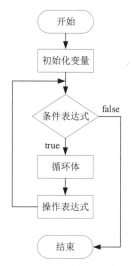

图2-7　for语句的运行流程

下面通过代码演示 for 语句的使用方法。使用 for 语句实现输出 1～100 的整数，示例代码如下。

```
1  for (let i = 1; i <= 100; i++) {
2    console.log('', i);                    // 输出 1～100（每次循环输出一个数字）
3  }
```

在上述代码中，"let i = 1"表示声明计数器变量 i 并赋初始值为 1；"i <= 100"是条件表达式，作为循环条件，当计数器变量 i 小于或等于 100 时运行循环体中的代码；"i++"是操作表达式，用于在每次循环中为计数器变量 i 加 1。

上述代码的运行流程如下。

① 运行"let i = 1"以初始化变量。

② 判断"i <= 100"的值是否为 true，如果为 true，则进入步骤③，否则结束循环。

③ 运行循环体，通过"console.log（'', i）"输出变量 i 的值。

④ 运行"i++"，将 i 的值加 1。

⑤ 判断"i <= 100"是否为 true，和步骤②相同。只要满足"i <= 100"这个条件，就会一直循环。当 i 的值为 101 时，判断结果为 false，循环结束。

2. while 语句

while 语句和 for 语句可以相互转换，都能够实现循环。在无法确定循环次数的情况下，while 语句更适用。while 语句的语法格式如下。

```
while (条件表达式) {
    循环体
}
```

在上述语法格式中，如果条件表达式的值为 true，则运行循环体，直到条件表达式的值为 false 才结束循环。如果条件表达式的值一直为 true，则会出现死循环。为了保证循环可以正常结束，应确保条件表达式的值存在为 false 的情况。

while 语句的运行流程如图 2-8 所示。

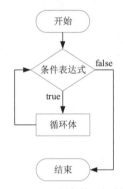

图2-8　while语句的运行流程

下面使用 while 语句实现输出 1～100 的整数，示例代码如下。

```
1   let i = 1;
2   while (i <= 100) {
3     console.log('', i);
4     i++;
5   }
```

在上述代码中，第 1 行代码用于声明变量 i 并赋值为 1；第 2 行代码中的"i <= 100"是循环条件；第 3 行代码用于循环输出变量 i 的值；第 4 行代码用于实现变量 i 的自增。

上述代码的运行流程如下。

① 运行"let i = 1"以初始化变量。

② 判断"i <= 100"是否为 true，如果为 true，则进入步骤③，否则结束循环。

③ 运行循环体，通过"console.log(', i)"输出变量 i 的值。

④ 运行"i++"，将 i 的值加 1。

⑤ 判断"i <= 100"的值是否为 true，和步骤②相同。只要满足"i <= 100"这个条件，就会一直循环。当 i 的值为 101 时，判断结果为 false，循环结束。

3. do…while 语句

do…while 语句和 while 语句类似，其区别在于 while 语句是先判断条件表达式的值，再根据条件表达式的值决定是否运行循环体，而 do…while 语句会无条件地运行一次循环体，然后判断条件表达式的值，根据条件表达式的值决定是否继续运行循环体。

do…while 语句的语法格式如下。

```
do {
  循环体
} while (条件表达式);
```

在上述语法格式中，do…while 语句先运行循环体，然后判断条件表达式的值。如果条件表达式的值为 true，则进入下一次循环，否则结束循环。

do…while 语句的运行流程如图 2-9 所示。

下面通过代码演示 do…while 语句的使用方法。使用 do…while 语句实现输出 1～100 的整数，示例代码如下。

```
1  let j = 1;
2  do {
3    console.log('', j);
4    j++;
5  } while (j <= 100)
```

在上述代码中，第 1 行代码用于声明变量 j 并赋值为 1；第 3 行代码用于输出变量 j 的值；第 4 行代码用于实现变量 j 的自增；第 5 行代码中的 "j <= 100" 是循环条件。

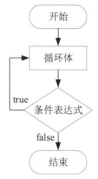

图2-9　do…while语句的运行流程

上述代码的运行流程如下。

① 运行 "let j = 1" 以初始化变量。

② 运行循环体，通过 "console.log(' ', j)" 输出变量 j 的值。

③ 运行 "j++"，将 j 的值加 1。

④ 判断 "j <= 100" 的值是否为 true，如果为 true，则继续运行步骤②。只要条件表达式的值为 true 就一直循环，直到 j 的值为 101 时结束循环。

2.5.3　跳转语句

循环语句运行后，会根据设置好的循环条件停止运行。在循环运行过程中，如果需要跳出本次循环或跳出整个循环，就需要用到跳转语句。常用的跳转语句有 continue 语句和 break 语句，下面分别讲解这两个跳转语句。

1. continue 语句

continue 语句可以在 for 语句、while 语句和 do…while 语句的循环体中使用，用于立即跳出本次循环，即跳过 continue 语句后面的代码，继续下一次循环。例如，小智在吃桃子，一共有 6 个桃子，吃到第 2 个桃子时，小智发现里面有虫子，就扔掉第 2 个桃子，继续吃剩下的 4 个桃子。下面通过代码演示小智扔掉第 2 个桃子，继续吃剩下的 4 个桃子的过程，示例代码如下。

```
1  for (let i = 1; i <= 6; i++) {
2    if (i == 2) {
3      continue;                      // 跳出本次循环，直接跳到 i++
4    }
5    console.log(`小智吃完了第${i}个桃子`);
6  }
```

在上述代码中，使用 for 语句表示小智吃桃子的过程，第 2～4 行代码用于判断变量 i 是否等于 2，即判断小智当前是否在吃第 2 个桃子，如果判断结果为 true，则跳出本次循环，继续下一次循环，表示小智扔掉第 2 个桃子，继续吃剩下的 4 个桃子。

　　运行上述代码后，输出结果为"小智吃完了第 1 个桃子""小智吃完了第 3 个桃子""小智吃完了第 4 个桃子""小智吃完了第 5 个桃子""小智吃完了第 6 个桃子"，说明使用 continue 语句跳出了第 2 次循环，表示小智扔掉了第 2 个桃子。

2. break 语句

　　当在 for 语句、while 语句和 do…while 语句中使用 break 语句时，表示立即跳出整个循环，也就是结束循环。例如，小智在吃桃子，一共有 6 个桃子，吃到第 4 个桃子时，小智发现里面有虫子，于是扔掉了有虫子的桃子并且不再吃剩下的桃子。下面通过代码演示小智吃桃子的过程，示例代码如下。

```
1  for (let i = 1; i <= 6; i++) {
2    if (i == 4) {
3      break;                          // 跳出整个循环
4    }
5    console.log(`小智吃完了第${i}个桃子`);
6  }
```

　　在上述代码中，使用 for 语句表示小智吃桃子的过程，第 2～4 行代码用于判断变量 i 是否等于 4，即判断小智是否吃到第 4 个桃子，如果判断结果为 true，将跳出整个循环，表示小智不再继续吃第 4 个、第 5 个、第 6 个桃子。

　　运行上述代码后，输出结果为"小智吃完了第 1 个桃子""小智吃完了第 2 个桃子""小智吃完了第 3 个桃子"，说明使用 break 语句跳出了整个循环，表示小智不再继续吃第 4 个、第 5 个、第 6 个桃子。

　　break 语句还可以用于跳转到指定的标签语句处，实现循环嵌套中的多层跳转。在使用 break 语句前，需要先为语句添加标签。为语句添加标签的语法格式如下。

```
标签名:
  语句
```

　　在上述语法格式中，标签名可以设为任意合法的标识符，如 start、end 等；语句可以是 if 语句、for 语句、while 语句、变量的声明等。

　　为语句添加标签后，使用 break 语句跳转到指定标签的语法格式如下。

```
break 标签名;
```

　　需要注意的是，标签语句必须在使用之前定义，否则会出现找不到标签的情况。

　　下面通过代码演示标签语句的使用方法，示例代码如下。

```
1  outerLoop:
2    for (let i = 0; i < 10; i++) {
3      for (let j = 0; j < 1; j++) {
4        if (i == 5) {
5          break outerLoop;
6        }
7        console.log('i = ' + i + ', j = ' + j);
8      }
9    }
```

　　在上述代码中，第 1 行代码用于定义一个名称为 outerLoop 的标签语句；第 2～9 行代码用于嵌套循环，当 i 等于 5 时，结束循环，跳转到指定的标签位置。

　　运行上述代码后，输出结果为"i = 0, j = 0""i = 1, j = 0""i = 2, j = 0""i = 3, j = 0""i = 4, j = 0"，说明当 i 等于 5 时结束循环。

2.6 数组和枚举

数组和枚举是开发中比较常用的两种数据。数组用于保存一批相关联的数据；枚举用于预先定义一些值，方便在开发中使用。本节将对数组和枚举分别进行详细讲解。

2.6.1 数组

在实际开发中，经常需要保存一批相关联的数据并对其进行处理。例如，保存一个班级中所有学生的语文考试成绩并计算这些成绩的平均分。虽然我们可以通过多个变量分别保存每个学生的语文考试成绩，再将这些变量相加后除以班级人数，求出平均分，但是这种方式非常麻烦和低效。此时，可以使用数组来保存班级内每个学生的成绩，然后通过对数组的处理求出平均分，这种方式不仅简单，而且开发效率更高。

数组由 0 个或多个元素组成，数组中的每个元素由索引和值构成，其中，索引也称为下标，用数字表示，默认情况下从 0 开始依次递增，用于标识元素；值为元素的内容。

假设某个数组包含 5 个元素，这 5 个元素的值分别是 55、65、75、85、95，该数组中索引和值的关系如图 2-10 所示。

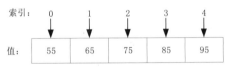

图2-10　索引和值的关系

在图 2-10 中，第 1～5 个元素的索引依次为 0、1、2、3、4。

下面对数组的基本使用方法以及二维数组分别进行讲解。

1. 数组的基本使用方法

通过数组字面量创建数组的语法格式如下。

```
[值 1, 值 2, …]
```

在上述语法格式中，中括号“[]”中的值就是数组中的元素，元素之间使用英文逗号分隔，在值 2 的后面还可以有更多的值。值 1 的索引为 0，值 2 的索引为 1。当数组中没有元素时，“[]”内不写任何内容。

将数组赋值给变量时，变量的类型可以写成“元素类型[]”或“Array<元素类型>”的形式，也可以省略类型，ArkTS 会自动推断变量类型。另外，通过“(元素类型 1 | 元素类型 2 | …)[]”或“Array<元素类型 1 | 元素类型 2 | …>”可以表示数组中的元素有多种类型。

下面通过代码演示数组的基本使用方法。声明两个变量，赋值为数组，示例代码如下。

```
1  let fruits: string[] = ['苹果', '香蕉', '橘子', '草莓'];
2  let scores: number[] = [98, 97, 100, 65];
```

在上述代码中，变量 fruits 的值是一个所有元素都为 string 类型的数组（简称字符串数组），变量 scores 的值是一个所有元素都为 number 类型的数组（简称数字数组）。

将数组赋值给变量后，通过“变量名[索引]”的方式可以访问数组中的元素，如果元素不存在则访问结果为 undefined；也可以对数组中的元素进行添加或修改，示例代码如下。

```
1  let fruits1: string[] = ['苹果', '香蕉', '橘子'];
2  // 访问数组中的元素
3  let index = 1;
```

```
4    console.log(fruits1[0]);            // 输出结果：苹果
5    console.log(fruits1[index]);        // 输出结果：香蕉
6    // 添加数组中的元素
7    fruits1[3] = '草莓';
8    // 修改数组中的元素
9    fruits1[2] = '菠萝';
```

在上述代码中，第 3 行代码声明了变量 index 并赋值为 1；第 4 行代码用于输出以 0 作为索引访问的数组中的元素；第 5 行代码用于输出以变量 index 的值作为索引访问的数组中的元素；第 7 行代码用于向数组中添加一个索引为 3 的元素；第 9 行代码用于将数组中索引为 2 的元素的值修改为'菠萝'。

2. 二维数组

根据维数，数组可以分为一维数组、二维数组等。一维数组中数组元素的值是非数组类型的数据，二维数组是以一维数组作为数组元素的数组。二维数组在实际编程中应用广泛。例如，二维数组可以用于表示二维表格、矩阵等。

在 ArkTS 中，可以使用 "[]" 嵌套的方式创建二维数组，语法格式如下。

```
[[元素 1, 元素 2, …], [元素 1, 元素 2, …], …]
```

在上述语法格式中，一个二维数组中可以包含 0 个或多个一维数组，一维数组中的元素非数组。在访问二维数组中的元素时需要使用两个 "[]"。

下面通过代码演示如何创建与访问二维数组，示例代码如下。

```
1    // 创建二维数组
2    let arr: number[][] = [[89, 98, 80], [95, 83, 85]];
3    // 访问二维数组
4    console.log('', arr[0][0]);         // 输出结果：89
5    console.log('', arr[0][1]);         // 输出结果：98
6    console.log('', arr[0][2]);         // 输出结果：80
7    console.log('', arr[1][0]);         // 输出结果：95
8    console.log('', arr[1][1]);         // 输出结果：83
9    console.log('', arr[1][2]);         // 输出结果：85
10   console.log('', arr[0]);            // 输出结果：89,98,80
11   console.log('', arr[1]);            // 输出结果：95,83,85
```

由上述代码的输出结果可知，示例代码成功实现了二维数组的创建与访问。

2.6.2　枚举

在开发中经常需要保存一些预设的值，方便后续使用。例如，某个页面有 3 种主题颜色，这 3 种主题颜色的色值就可以保存为预设的值。使用枚举可以很方便地保存预设的值。

枚举由一组命名值组成，这些命名值又称为枚举常量，用于预先定义一些值。枚举的语法格式如下。

```
// 语法格式 1
enum 枚举名 1 { 枚举常量名 1, 枚举常量名 2, 枚举常量名 3 }
// 语法格式 2
enum 枚举名 2 { 枚举常量名 1 = 值 1, 枚举常量名 2 = 值 2, 枚举常量名 3 = 值 3 }
```

在上述语法格式中，enum 为声明枚举的关键字，建议将枚举名和枚举常量名中的每个单词首字母大写，枚举常量的数量可以是 0 个或多个。在语法格式 1 中有 3 个枚举常量，未对枚举常量赋值，它们的值默认为 0、1、2；在语法格式 2 中也有 3 个枚举常量，并为它们分别赋值。

定义了枚举后，使用"枚举名.枚举常量名"可以访问枚举常量的值。

下面通过代码演示枚举的使用方法，示例代码如下。

```
1    enum ColorSet { Red = '#f00', Green = '#0f0', Blue = '#00f' }
2    console.log(ColorSet.Red);          // 输出结果：#f00
```

在上述代码中，第 1 行代码声明了一个名称为 ColorSet 的枚举，它有 3 个枚举常量，分别是 Red、Green、Blue；第 2 行代码用于将枚举常量 Red 的值输出，输出结果为#f00。

2.7　函数

ArkTS 中的函数用于封装一些复杂的代码或可以重复使用的代码段等。例如，编写程序计算班级学生成绩的平均分时，如果每计算一个学生的平均分，都编写一段功能相同的代码，会非常麻烦。此时，可以使用函数将计算平均分的代码进行封装，在使用时直接调用。本节将详细讲解 ArkTS 中的函数。

2.7.1　初识函数

函数是实现某个特定功能的一段代码，也就是将包含一条或多条语句的代码块封装起来，用户在使用时只需关心参数和返回值，就能实现特定的功能。对开发者来说，使用已经得到充分检验的函数实现某个功能时，可以将精力集中在所需实现的具体功能上，而无须深入研究函数内部的代码，这并不影响函数的正常使用。函数的优势在于可以提高代码的可复用性，降低代码的维护难度。

在 ArkTS 中，函数分为内置函数和自定义函数。内置函数是指可以直接调用的函数；自定义函数是指用户自定义的实现某个特定功能的函数。自定义函数在使用之前首先要定义，定义后才能调用，在要实现特定功能时可以调用相对应的函数。

2.7.2　自定义函数

在开发一个功能复杂的模块时，可能需要多次用到相同的代码，这时可以使用自定义函数将相同的代码封装起来，在需要使用时直接调用该函数。在 ArkTS 中可以根据实际需求定义函数，定义函数的语法格式如下。

```
function 函数名(参数1: 类型, 参数2: 类型, …): 返回值类型 {
   函数体
}
```

关于上述语法格式的具体介绍如下。

① function：定义函数的关键字。

② 函数名：一般由字母、数字、下划线和$符号组成。需要注意的是，函数名不能以数字开头，且不能是关键字。

③ 参数：是外界传递给函数的值，它的数量可以是 0 个或多个，多个参数之间使用英文逗号","分隔。如果参数是可选的，可以用"参数?: 类型"或"参数: 类型 = 默认值"的方式表示，后者用于在省略参数的情况下为参数设置默认值，如果不设置默认值，则默认值为 undefined。可选参数必须放在所有非可选参数的后面。

④ 函数体：由函数内所有代码组成的整体，专门用于实现特定功能。若需要返回值，可以在函数体中使用 return 关键字返回，例如"return 'a';"表示返回值为'a'。如果一个函数没有返回值，则调用函数后获取到的返回结果为 undefined。

⑤"：返回值类型"：用于设置返回值的类型，可以省略，若省略表示自动推断返回值类型。如果没有返回值，可以用"：void"来表示。

定义完函数后，如果想要在程序中调用函数，只需要通过"函数名()"的方式调用即可，小括号中可以传入参数。调用函数的语法格式如下。

```
函数名(参数1，参数2，…);
```

在上述语法格式中，参数表示传递给函数的一些数据。调用函数时，传入的参数的数量和类型应和定义函数时设置的数量和类型相符。

如果要接收函数的返回值，可以用一个变量来保存返回值，语法格式如下。

```
let 变量名：类型 = 函数名(参数1，参数2，…);
```

一个函数的返回值也可以作为参数传给另一个函数，示例代码如下。

```
函数名2(函数名1(参数1，参数2，…))
```

上述代码表示将"函数名1()"的返回值作为"函数名2()"的第1个参数传入。

需要说明的是，在程序中定义函数和调用函数的编写顺序不分前后。

下面通过代码演示函数的定义与调用，示例代码如下。

```
1  // 定义函数
2  function sum(num1: number, num2: number): number {
3    return num1 + num2;
4  }
5  // 调用函数
6  console.log('', sum(1, 2));          // 输出结果：3
```

在上述代码中，第2～4行代码定义了 sum()函数，该函数有 num1 和 num2 这两个参数，返回值为 num1 + num2 的结果；第6行代码用于调用 sum()函数，传入了两个参数值，并将函数的返回值进行输出。另外，由于函数返回值的类型支持自动推断，所以第2行代码中的返回值类型"：number"是可以省略的。

函数的返回值可以赋值给变量，从而将函数的返回值保存下来，在保存时，变量的类型可以自动推断，如果遇到无法自动推断的情况，在函数调用的小括号后面加上"as 类型"进行类型断言，示例代码如下。

```
1  function sum1(num1: number, num2: number) {
2    return num1 + num2;
3  }
4  let n1 = sum1(1, 2);                // 自动推断
5  let n2 = sum1(1, 2) as number;      // 类型断言
```

函数的定义与调用是编程中非常重要的开发技能，希望读者在学习的过程中能够不断探索和尝试，培养独立思考的能力，同时也要积极与他人交流，分享经验，并不断改善自己的思考方式和学习方法，这样才能提升自己的思维能力。

2.7.3　将函数作为值使用

ArkTS 中的函数可以作为值使用。例如，将函数作为变量值、参数值、返回值或数组元素值等。在将函数作为值使用时，可以设置类型，也可以省略类型，ArkTS 会自动推断类型。

若要设置类型，可以将函数的类型写成如下形式。

```
(参数1: 类型, 参数2: 类型, …) => 返回值类型
```

由于上述形式比较长，写起来麻烦，可以利用 type 关键字将类型定义出来。type 关键字用于定义一个自定义的类型，语法格式如下。

```
type 类型名 = 类型;
```

下面通过代码演示如何将函数作为变量值使用，示例代码如下。

```
1   function func(num1: number, num2: number) {
2     return num1 + num2;
3   }
4   let s1 = func;                            // 自动推断类型
5   let s2: (num1: number, num2: number) => number = func;      // 设置类型
6   type T = (num1: number, num2: number) => number;
7   let s3: T = func;                         // 设置自定义的类型
8   console.log('', s1(1, 2));                // 输出结果：3
9   console.log('', s2(1, 2));                // 输出结果：3
10  console.log('', s3(1, 2));                // 输出结果：3
```

上述代码将函数 func() 赋值给了变量 s1、s2 和 s3，并演示了不同的设置类型的方式。

将函数作为参数值、返回值、数组元素值的示例代码如下。

```
1   // 将函数作为参数值
2   type T1 = (num1: number, num2: number) => number;
3   function fn(sum: T1) {
4     // 将函数作为返回值
5     return sum;
6   }
7   function sum(num1: number, num2: number) {
8     return num1 + num2;
9   }
10  console.log('', fn(sum)(1, 2));           // 输出结果：3
11  // 将函数作为数组元素值
12  function sumFn(num1: number, num2: number) {
13    return num1 + num2;
14  }
15  let arr1 = [sumFn];
16  console.log('', arr1[0](1, 2));   // 输出结果：3
```

在上述代码中，对于第 10 行代码，由于 fn() 函数的返回值是一个函数，所以可以在 fn() 函数的后面再加一个"()"进行调用；对于第 16 行代码，由于 arr1[0] 的值是一个函数，所以可以在其后面加一个"()"进行调用。

当在一个函数中调用了通过参数传过来的函数时，这个通过参数传过来的函数被称为回调（callback）函数，示例代码如下。

```
1   type T2 = (num1: number, num2: number) => number;
2   function func1(num1: number, num2: number) {
3     return num1 + num2;
4   }
5   function sumFn1(sum: T2, num1: number, num2: number) {
6     return sum(num1, num2);
7   }
8   console.log('', sumFn1(func1, 1, 2));              // 输出结果：3
```

在上述代码中，第 6 行代码调用了通过参数传进来的 sum() 函数，此时该函数就是回调函数。

2.7.4 箭头函数

箭头函数是一种简化的定义函数的语法，它可以作为表达式的一部分使用。箭头函数的语法特点是有 "=>" 箭头。通常，箭头函数的语法格式以小括号开头，在小括号中放置参数，小括号后面跟着箭头 "=>"，箭头后面跟着 "{}"，"{}" 里面是函数体。

箭头函数的具体语法格式如下。

```
(参数 1：类型, 参数 2：类型, …)：返回值类型 => {
    函数体
}
```

将箭头函数赋给变量后，可以通过 "变量名()" 的方式实现箭头函数的调用。

下面通过代码演示箭头函数的使用方法，示例代码如下。

```
1   let sum3 = (num1: number, num2: number) => {
2     return num1 + num2;
3   };
4   console.log('', sum3(1, 2));        // 输出结果：3
```

在箭头函数中，当函数体只有一条语句，且该语句的运行结果就是函数的返回值时，可以省略函数体的大括号和 return 关键字，示例代码如下。

```
1   let sum4 = (num1: number, num2: number) => num1 + num2;
2   console.log('', sum4(1, 2));        // 输出结果：3
```

在上述代码中，定义了一个箭头函数，它接收两个参数，用于计算两数相加的结果并返回。

将箭头函数用小括号 "()" 标识后，可以在其后面加上小括号进行参数传递和函数调用，这种方式称为函数自调用，示例代码如下。

```
1   ((num1: number, num2: number) => {
2     console.log('', num1 + num2);
3   })(1, 2);                           // 输出结果：3
```

2.7.5 常用的内置函数

ArkTS 提供了一些内置函数，方便开发者使用，常用的内置函数如下。

1. parseInt()

使用 parseInt() 函数可以将给定的数据转换为 number 类型的数据，并且直接省略数据的小数部分，返回数据的整数部分，示例代码如下。

```
console.log('', parseInt('100.56'));        // 输出结果：100
```

上述代码表示将字符串'100.56'转换为数字 100，忽略了小数部分。

parseInt() 函数还可以自动识别各种进制，示例代码如下。

```
console.log('', parseInt('0xF'));        // 输出结果：15
```

在上述代码中，parseInt() 函数会自动识别'0xF'为十六进制数，转换结果为 15。

2. parseFloat()

使用 parseFloat() 函数可以将给定的数据转换为 number 类型的浮点数，示例代码如下。

```
1   console.log('', parseFloat('100.56'));        // 输出结果：100.56
2   console.log('', parseFloat('314e-2'));        // 输出结果：3.14
```

在上述代码中，第 1 行代码将字符串'100.56'转换为浮点数 100.56；第 2 行代码将字符串

'314e-2'转换为浮点数 3.14。

3. setTimeout()和 setInterval()

setTimeout()函数用于设置定时器，实现在达到指定时间后执行代码的功能。该函数有 2 个参数，第 1 个参数表示要执行的代码，第 2 个参数表示指定的时间，单位为毫秒。setTimeout()函数的返回值为定时器的标识。

setInterval()函数与 setTimeout()函数类似，唯一的区别是 setInterval()函数会以指定的时间为周期重复执行代码，而 setTimeout()函数只会执行一次代码。

下面通过代码演示 setTimeout()函数和 setInterval()函数的使用方法，示例代码如下。

```
1  let timer1 = setTimeout(() => {
2    console.log('1 秒后输出 1 次');
3  }, 1000);
4  let timer2 = setInterval(() => {
5    console.log('每隔 1 秒输出 1 次');
6  }, 1000);
```

上述代码执行后，会看到输出信息"1 秒后输出 1 次"和"每隔 1 秒输出 1 次"，并且"每隔 1 秒输出 1 次"会一直输出。

在开发中有同步操作和异步操作的概念，同步操作是指每个操作按先后顺序依次执行；异步操作是某个操作并不会立即执行，而是等某个时机成熟后再执行。异步操作的优势是不会阻塞代码的执行流程。setInterval()函数和 setTimeout()函数的第 1 个参数中的代码就属于异步操作，当这两个函数被调用时，它们会立即执行完成，然后继续执行它们后面的代码，直到到达指定时间后，才会执行第 1 个参数中的代码。

4. clearTimeout()和 clearInterval()

clearTimeout()函数用于清除由 setTimeout()函数设置的定时器；clearInterval()函数用于清除由 setInterval()函数设置的定时器。这两个函数都只有 1 个参数，表示要清除的定时器的标识。当清除定时器后，定时器的代码将不会执行。

下面以 clearInterval()函数为例进行演示，示例代码如下。

```
1  let timer = setInterval(() => {
2    console.log('1 秒后输出 1 次');
3    clearInterval(timer);
4  }, 1000);
```

在上述代码中，第 3 行代码清除了由 setInterval()函数设置的定时器。

2.8　变量的作用域和闭包

ArkTS 允许在函数中定义箭头函数，这样就使函数形成了嵌套关系。只有掌握了变量的作用域和闭包（Closure），才能在具有嵌套关系的函数中正确使用变量。本节将对变量的作用域和闭包进行详细讲解。

2.8.1　变量的作用域

通过前面的学习可知，变量需要声明后才能使用，但这并不意味着声明变量后就可以在任意位置使用该变量，变量的可用范围取决于变量的作用域。在大括号"{}"中，使用 let

关键字声明的变量称为块级变量，具有块级作用域，仅在大括号"{}"中有效，如 if 语句、for 语句、while 语句、函数等的"{}"中。

例如，定义一个 info() 函数，并在该函数中声明一个 student 变量，在 info() 函数外是无法访问 student 变量的，示例代码如下。

```
1   function info() {
2     let student = '小智';
3   }
4   info();
5   console.log(student);              // 错误代码
```

由上述代码可知，student 变量只能在它的作用范围（即 info() 函数体）内才能被访问。

变量的作用域可以向内传递，即从函数内部可以访问函数外部声明的变量，但从函数外部不能访问函数内部声明的变量，示例代码如下。

```
1   let num1 = 1;
2   function fn1() {
3     let num2 = 2;
4     let fn2 = () => {
5       console.log('', num1 + num2);
6     };
7     fn2();
8   }
9   fn1();                             // 输出结果：3
```

在上述代码中，第 5 行代码在 fn1() 函数内的箭头函数中访问了外部的变量 num1 和 num2，且访问成功。

2.8.2　闭包

当一个函数访问了外部的变量或函数时，就会形成闭包。简单来说，闭包就是由函数和这个函数访问的外部的变量或函数组成的一个整体。通过闭包，可以让开发者由内层函数访问外层函数中的变量和函数，其中，内层函数被称为闭包函数。

当把闭包函数作为返回值返回后，只要闭包函数一直被使用，闭包函数所访问的变量和函数就始终在内存中。下面通过一个统计闭包函数被调用的次数的例子进行演示，示例代码如下。

```
1   function fn01() {
2     let num = 0;
3     return () => {
4       ++num;
5       console.log(`第${num}次被调用`);
6     }
7   }
8   let fn02 = fn01();
9   fn02();                            // 输出结果：第 1 次被调用
10  fn02();                            // 输出结果：第 2 次被调用
11  fn02();                            // 输出结果：第 3 次被调用
```

在上述代码中，第 1~7 行代码定义了 fn01() 函数，其中，第 2 行代码在 fn01() 函数内部定义了一个变量 num，用于统计函数被调用的次数；第 3~6 行代码在 fn01() 函数内返回了一个函数，该函数就是一个闭包函数，用于自增变量 num 的值并输出函数被调用的次数；第 8 行代码声明了变量 fn2 并赋值为 fn01() 函数的返回值。

2.9 阶段案例——统计每个学生的总成绩

期末考试结束后，老师经常需要统计班级中每个学生的总成绩。本案例将利用二维数组保存下列学生的成绩，并通过遍历二维数组的方式对每个学生的成绩进行求和。

① 小明：语文成绩为 90，数学成绩为 99，英语成绩为 95。

② 小智：语文成绩为 98，数学成绩为 100，英语成绩为 85。

③ 小红：语文成绩为 95，数学成绩为 96，英语成绩为 97。

请读者扫描二维码，查看本案例的代码。

本章小结

本章讲解的内容主要包括初识 ArkTS，调试输出和注释，变量、常量和数据类型，运算符，流程控制，数组和枚举，函数，变量的作用域和闭包。通过本章的学习，读者应该能够掌握 ArkTS 的基础语法，能够运用 ArkTS 编写简单的程序。

课后练习

一、填空题

1. 在定义变量时，数字类型使用_____表示。

2. 在定义变量时，字符串类型使用_____表示。

3. 声明常量使用的关键字是_____。

4. 如果一个变量有多种类型，可以使用_____分隔不同的类型。

5. 三元运算符包括_____和_____。

二、判断题

1. ArkTS 支持 TypeScript 的所有语法。（   ）

2. 在定义变量时，变量的类型不能省略。（   ）

3. object 表示对象，它是一种引用数据类型。（   ）

4. 用于定义函数的关键字是 class。（   ）

5. 在声明变量时，如果类型不确定，可以使用 any 类型。（   ）

三、选择题

1. 下列选项中，不属于 ArkTS 中的数据类型的是（   ）。

    A. number   B. boolean   C. integer   D. string

2. 下列选项中，属于循环语句的是（   ）。

    A. if 语句   B. switch 语句

    C. if…else if…else 语句   D. for 语句

3. 下列选项中，属于跳转语句的是（   ）。

    A. while 语句   B. if…else 语句   C. break 语句   D. switch 语句

4. 下列选项中，正确定义了数组的语句是（   ）。

    A. int arr = [1, 2, 3];   B. var arr = [1, 2, 3];

    C.　let arr: number[] = [1, 2, 3];　　　　D.　number[] arr = [1, 2, 3];

5.　下列选项中，关于函数的说法错误的是（　　　）。

    A.　函数名不能以数字开头　　　　　　B.　一个函数至少要有一个参数

    C.　函数可以没有返回值　　　　　　　D.　函数的返回值使用 return 关键字返回

四、简答题

1.　请简述定时器的设置方法。

2.　请简述箭头函数的语法格式。

五、程序题

1.　利用算术运算符实现根据半径计算圆的周长和面积的程序。

2.　利用循环语句实现计算 1～100 所有整数之和的程序。

第 3 章

ArkTS（下）

学习目标

◆ 了解面向过程和面向对象，能够阐述面向过程和面向对象的区别
◆ 掌握对象的创建，能够通过字面量和类创建对象
◆ 掌握实例成员和静态成员，能够定义实例成员和静态成员并进行操作
◆ 掌握类与接口的语法细节，能够正确编写类与接口的代码
◆ 掌握泛型，能够定义泛型函数、泛型类和泛型接口
◆ 掌握常用的内置对象，能够使用常用的内置对象完成功能开发
◆ 掌握导出和导入，能够正确使用导出和导入的语法
◆ 掌握错误处理，能够使用错误处理语法对错误进行处理
◆ 掌握 ArkTS API，能够使用 ArkTS API 开发项目中的功能

本章主要聚焦于面向对象的概念和应用。面向对象能够将大型项目拆分成更小、更易于管理的部分，实现代码的高内聚低耦合。在项目开发中使用面向对象不仅可以提升项目的开发效率，还可以显著增强代码的可读性和可复用性，提高代码的质量。本章将对 ArkTS 进阶知识（面向对象语法）进行详细讲解。

3.1 面向过程和面向对象

面向过程和面向对象是两种基本的程序设计思想。在解决某个问题时，面向过程以解决问题的过程为中心，强调的是函数的调用，程序被设计成一系列函数的集合；面向对象以对象为中心，强调的是对象的属性和行为，程序被设计成一系列对象的集合。

在现实生活中，对象通常是指具体的事物，如一张桌子、一个水杯、一名学生等看得见、摸得着的实物。在 ArkTS 中，对象则是一种数据类型，它保存了对象的属性和方法。属性和方法的作用如下。

① 属性：用于保存对象的特征，例如学生的姓名、年龄、身高等。
② 方法：用于保存对象的行为，例如学生的听课、回答问题、做作业等行为。
对象的属性和方法统称为对象的成员，一个对象可以有 0 个或多个成员。我们可以把对

象简单理解为一个由变量组成的集合，当变量的值是函数时，这个变量相当于对象的方法；当变量的值不是函数时，这个变量相当于对象的属性。

程序设计经历了由面向过程到面向对象的转变。当程序的逻辑复杂时，面向过程的代码的可复用性差，一旦过程发生变化，就容易出现牵一发而动全身的情况。面向对象则是把问题分解为多个对象，这些对象可以完成它们各自负责的工作。相比面向过程，面向对象可以将开发者从复杂的解决问题的过程中解放出来，让一个团队能更好地分工协作。

下面对比面向过程和面向对象的优缺点，具体如表 3-1 所示。

表 3-1　面向过程和面向对象的优缺点

分类	优点	缺点
面向过程	代码无浪费，无额外开销，适合对性能要求极其苛刻的情况和项目规模非常小、功能非常少的情况	不易维护、复用和扩展
面向对象	易维护、易复用和易扩展，适合业务逻辑复杂的大型项目	增加了额外的开销

3.2　创建对象

创建对象有多种方式，例如通过字面量创建对象、通过构造函数创建对象、通过类创建对象和通过 Object() 创建对象。在实际开发中，通过字面量创建对象和通过类创建对象的方式更加普遍，本节主要对这两种创建对象的方式进行讲解。

3.2.1　通过字面量创建对象

通过字面量创建对象就是用大括号"{}"来标注对象成员，每个对象成员通过"键值对"的形式保存，即"key:value"的形式。对象字面量的语法格式如下。

```
{ key1: value1, key2: value2, … }
```

在上述语法格式中，key1 和 key2 表示对象成员的名称，即属性名或方法名；value1 和 value2 表示对象成员的值，即属性名对应的值或方法名对应的值。多个对象成员之间使用逗号","隔开。当对象中没有成员时，键值对可以省略，此时"{}"表示空对象。

当把一个字面量对象赋值给变量时，需要指定变量的类型，变量的类型可以用接口（interface）定义。接口是一种用于描述对象形状的结构化类型，它定义了对象应该具有的属性和方法。定义接口的语法格式如下。

```
interface 接口名 {
    成员名 1: 类型;
    成员名 2: 类型;
    …
}
```

在上述语法格式中，interface 是定义接口的关键字；接口名与变量名类似，但建议使用单词首字母大写的形式；成员名是指对象中成员的名称；类型是指对象成员的值的类型，与变量的类型类似。

定义接口后，可以直接使用接口名作为变量的类型，表示该变量是一个实现了该接口的对象，确保对象在结构上符合接口的要求。通过这种方式，在 ArkTS 类型检查阶段，若尝试为对象赋予不符合接口结构的值，编译过程将会报错，这提高了代码的可靠性和一致性。

下面通过代码演示如何定义接口以及如何使用字面量创建对象，示例代码如下。

```
1   // 定义接口
2   interface Student {
3     name: string;
4     age: number;
5     gender: string;
6     study: (subject: string) => string;
7   }
8   // 通过字面量创建对象
9   let stu: Student = {
10    name: '张三',
11    age: 20,
12    gender: '男',
13    study(subject: string) {
14      return `正在学习${subject}`;
15    }
16  };
```

在上述代码中，第 2～7 行代码用于定义接口 Student，描述了一个包含 name 属性、age 属性、gender 属性以及 study() 方法的对象；第 9～16 行代码用于以字面量的方式创建对象，并将创建出来的对象赋值给 Student 类型的变量 stu。

3.2.2　通过类创建对象

通过字面量的方式创建对象的缺点在于，当需要创建多个对象时，每个对象中都会保存一份对象的方法，这造成了内存浪费和代码重复。使用类创建对象则解决了这个问题。

类是指创建对象的模板，类的作用是将对象的属性和方法抽取出来，形成一段代码，通过这段代码可以创建出同一类的对象。例如，开发学生管理系统时，可以创建一个学生类，将学生的属性和方法写在类中，然后通过学生类创建出学生对象。通过类创建对象的过程称为类的实例化；通过类创建的对象称为类的实例。

定义类的语法格式如下。

```
class 类名 {
  属性名: 类型 = 值;
  方法名(参数1: 类型, 参数2: 类型, …): 返回值类型 {
    方法体
  }
}
```

在上述语法格式中，class 是定义类的关键字；类名与变量名类似，但是习惯上将单词的首字母大写。在类的大括号"{}"中可以写 0 个或多个属性和方法，属性的写法类似给变量赋值，方法的写法类似函数定义。

定义类之后，通过类创建对象并将其赋值给变量的语法格式如下。

```
let 变量名: 类名 = new 类名;
```

在上述语法格式中，new 关键字表示创建对象。由于通过类创建对象时变量的类型可以被自动推断，所以可以省略上述语法中的"：类名"。另外，如果类名是一个函数，则表示通过构造函数创建对象，这是 JavaScript 中传统的创建对象的方式。

下面通过代码演示如何定义类以及如何通过类创建对象，示例代码如下。

```
1    // 定义类
2    class Student {
3      name: string = '';
4      study(subject: string) {
5        return `正在学习${subject}`;
6      }
7    }
8    // 通过类创建对象
9    let stu = new Student;
```

在上述代码中，第 2～7 行代码用于定义 Student 类，其中第 3 行代码定义了 name 属性，第 4～6 行代码定义了 study()方法；第 9 行代码用于使用类创建对象，并将其赋值给变量 stu。

3.3 实例成员和静态成员

在类中定义的成员分为实例成员和静态成员，这两种成员的使用方式不同，本节将对这两种成员分别进行讲解。

3.3.1 实例成员

实例成员是指通过类创建对象后，创建出来的对象（即类的实例）所拥有的成员。在 3.2.2 小节中讲解类的定义时，在类中定义的成员就属于实例成员。实例成员其实就是对象成员，使用"实例成员"这个名称是为了与其他面向对象语言（如 Java）保持一致。而对于不需要类就能创建的字面量对象，习惯上还是使用"对象成员"这个名称。

访问实例成员分为通过对象访问实例成员和在方法中访问实例成员，下面分别进行讲解。

1. 通过对象访问实例成员

通过对象访问实例成员的语法格式为"对象名.成员名"。如果访问的是方法，可以在成员名后面加上小括号"()"表示调用，在小括号中可以传入参数。

下面以 3.2.2 小节创建的 stu 对象为例演示实例成员的访问，示例代码如下。

```
1    // 访问属性
2    stu.name = '小明';                        // 修改属性值
3    console.log(stu.name);                    // 获取属性值，输出结果：小明
4    // 访问方法
5    console.log(stu.study('语文'));           // 调用方法，输出结果：正在学习语文
6    let study = stu.study;                    // 将方法赋值给变量
```

上述代码以"对象名.成员名"的语法格式演示了实例成员的访问。

2. 在方法中访问实例成员

在方法中可以使用 this 关键字访问实例成员，this 表示对象本身。通过 this 访问实例成员的语法格式为"this.成员名"。如果访问的是方法，可以在成员名后面加上小括号"()"表示调用，在小括号中可以传入参数。

下面通过代码演示如何在对象的方法中访问实例成员，示例代码如下。

```
1    class Student {
2      name: string = '小明';
3      study(subject: string) {
```

```
4      let name = this.name;              // 访问属性
5      return `${name}正在学习${subject}`;
6    }
7  }
8  let stu = new Student;
9  console.log(stu.study('语文'));         // 输出结果：小明正在学习语文
```

在上述代码中，第 4 行代码通过 this 访问了 name 属性。

脚下留心：对象的引用传递

在将对象赋值给变量、参数或属性后，会发生引用传递。引用传递是指对象并没有在内存中被复制一份，而是被多个变量、参数或属性同时引用了。需要说明的是，数组、函数本质上都属于对象，所以数组、函数也具有引用传递的效果。

下面通过代码演示对象的引用传递，示例代码如下。

```
1  interface Student {
2    name: string;
3  }
4  let stu: Student = { name: '张三' };
5  let stu1 = stu;                        // 引用传递
6  stu1.name = '李四';
7  console.log(stu.name);                 // 输出结果：李四
```

在上述代码中，第 5 行代码将值为对象的变量 stu 赋值给另一个变量 stu1，此时发生了引用传递；第 6 行代码修改了 stu1.name 的值；第 7 行代码用于输出 stu.name 的值。可以看到 stu.name 的值也发生了修改。这是因为 stu 和 stu1 这两个变量引用了同一个对象。

多学一招：Record 类型

在 JavaScript 中支持使用"[]"语法访问对象的属性，而 ArkTS 不允许这样访问，但它提供了 Record 类型来解决这个问题，示例代码如下。

```
1  let obj = { 'a-b': 1 } as Record<string, string | number>;
2  console.log('', obj['a-b']);        // 输出结果：1
```

在上述代码中，第 1 行代码将字面量对象使用 as 关键字断言为 Record 类型，并指定这个对象的属性为 string 类型，属性值为 string 或 number 类型；第 2 行代码使用"[]"语法访问了对象的属性。"<string, string | number>"为泛型语法，该语法会在 3.5 节讲解。

3.3.2　静态成员

静态成员是一种不需要创建对象，直接通过类进行访问的成员。在类中使用 static 关键字可以定义静态成员。访问静态成员的语法格式为"类名.静态成员名"。

下面通过代码演示静态成员的定义和访问，示例代码如下。

```
1  class Student {
2    static title = '学生';
3    static introduce() {
4      return '我是' + Student.title;
5    }
6  }
7  console.log(Student.title);            // 输出结果：学生
8  console.log(Student.introduce());      // 输出结果：我是学生
```

在上述代码中，第 2 行代码用于定义静态属性 title；第 3～5 行代码用于定义静态方法 introduce()；第 7 行代码用于访问静态属性 title；第 8 行代码用于调用静态方法 introduce()。

3.4　类与接口的语法细节

前面学习了类和接口的基本使用方法。在实际开发中，还会涉及类与接口的一些语法细节，以便更好地实现面向对象程序设计。本节将对类与接口的语法细节进行讲解。

3.4.1　构造方法

构造方法是类中的一个特殊的方法，用于初始化类成员，它的名称为 constructor。在使用类创建对象时会自动调用构造方法，并传入实例化的参数。当在构造方法中初始化了属性时，该属性的默认值可以省略。对于有构造方法的类，在创建对象时需要在"new 类名"的右侧加上"(参数 1, 参数 2, ...)"，小括号中的参数将会传给构造方法。

在类中定义构造方法并为构造方法传入参数的示例代码如下。

```
1  class Student {
2    name: string;                      // name 属性的默认值可以省略
3    constructor(name: string) {
4      this.name = name;                // 在构造方法中初始化 name 属性
5    }
6  }
7  let stu = new Student('小明');
8  console.log(stu.name);               // 输出结果：小明
```

在上述代码中，第 3～5 行代码定义了 constructor()构造方法；第 7 行代码在创建对象时，在类名后面加上了小括号，并传入参数'小明'，这个参数将被构造方法的 name 参数接收。第 4 行代码将传入的 name 参数赋值给 name 属性，从而初始化 name 属性。

▌▌▌ **多学一招：链式操作**

当一个函数或方法的返回值是对象时，可以在函数或方法的"()"后面继续访问属性、调用函数或方法，这样的操作称为链式操作。其中，继续调用函数或方法的情况称为链式调用。

链式调用的示例代码如下。

```
1  class Student {
2    a () {
3      return this;
4    }
5    b () {}
6  }
7  let stu = new Student;
8  stu.a().b();
```

在上述代码中，第 3 行代码将 this 作为返回值返回，也就是将对象自身返回；第 8 行代码在调用了 a()方法后，以链式调用的方式调用了 b()方法。

另外，对于实例化的语法"new 类名()"，也可以在后面进行链式操作。例如，上述代码中的第 7～8 行可以写成以下形式。

```
new Student().a().b();
```

上述代码表示在通过 Student 类创建对象后链式调用了 a()方法和 b()方法。

3.4.2　类的继承

在项目开发中，经常需要创建多个具有相似属性和方法的类。例如，在一个电商管理系统中，可能有多个角色类（如管理员、运营人员、客服人员、财务人员等），它们都有一些共同的属性（如姓名、性别、联系方式等）和方法（如登录、注册、查询商品等）。为了避免多个类中出现重复的代码，可以使用类的继承。

类的继承是指一个类继承另一个类的成员，并可以在不改变另一个类的前提下进行扩展。例如，猫和犬都属于动物，在程序中可以描述猫和犬继承自动物。同理，波斯猫和巴厘猫都继承自猫，沙皮犬和斑点犬都继承自犬，它们之间的继承关系如图 3-1 所示。

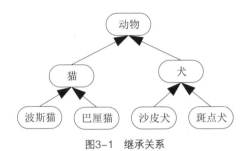

图3-1　继承关系

图 3-1 中，从波斯猫到猫再到动物，是一个逐渐抽象的过程。抽象可以使类的层次结构清晰。例如，当指挥所有的猫捉老鼠时，波斯猫和巴厘猫会听从命令，而沙皮犬和斑点犬不受影响。

当一个类（称为子类或派生类）继承另一个类（称为父类或基类）时，子类会获得父类的属性和方法。这意味着子类可以重用父类中定义的属性和方法，同时还可以添加新的属性和方法或覆盖（重写）父类中的方法。

在 ArkTS 中，子类继承父类可以通过 extends 关键字实现，语法格式如下。

```
class 子类名 extends 父类名 {}
```

下面以子类继承父类的 money() 方法为例演示类的继承，示例代码如下。

```
1   // 父类
2   class Father {
3     money() {
4       return '10万';
5     }
6   }
7   // 子类
8   class Son extends Father {}
9   let son = new Son();
10  console.log(son.money());        // 输出结果：10 万
```

在上述代码中，父类有一个 money() 方法，当子类继承父类后，通过子类创建的对象 son 也拥有了 money() 方法。

┃┃┃多学一招：instanceof 运算符

使用 instanceof 运算符可以判断某个对象是否为某个类（包括继承关系中所有处于上层的类）的实例，返回结果为 true 或 false，其语法格式如下。

```
变量名 instanceof 类名
```

下面通过代码演示 instanceof 运算符的具体使用方法，示例代码如下。

```
1   class A {}
2   class B extends A {}
3   class C {}
4   let b = new B();
5   console.log('', b instanceof A);  // 输出结果: true
6   console.log('', b instanceof B);  // 输出结果: true
7   console.log('', b instanceof C);  // 输出结果: false
```

在上述代码中，B 类继承了 A 类，C 类没有继承任何类。基于 B 类创建的对象 b 是 A 类和 B 类的实例，不是 C 类的实例。

3.4.3 子类调用父类的方法

当子类方法与父类方法同名时，子类方法会覆盖父类方法。如果希望在子类中调用父类方法，可以通过 super 关键字来实现。使用 super 可以调用父类的构造方法和非构造方法。

使用 super 调用父类的构造方法的语法格式如下。

```
super(参数1, 参数2, …);
```

需要注意的是，如果子类构造方法中使用了 this，super 需要出现在 this 之前。

使用 super 调用父类的非构造方法的语法格式如下。

```
super.方法名(参数1, 参数2, …);
```

下面通过代码演示子类调用父类的方法，示例代码如下。

```
1   class Father {
2     a: number;
3     b: number;
4     constructor(a: number, b: number) {
5       this.a = a;
6       this.b = b;
7     }
8     sum() {
9       return this.a + this.b;
10    }
11  }
12  class Son extends Father {
13    constructor(a: number, b: number) {
14      super(a + 1, b + 1);              // 调用父类的构造方法
15    }
16    sum() {
17      return super.sum() + 1;           // 调用父类的非构造方法
18    }
19  }
20  let son = new Son(1, 2);
21  console.log('', son.sum());           // 输出结果: 6
```

在上述代码中，子类与父类都有构造方法和 sum()方法，子类构造方法调用了父类构造方法，并将参数 a 和参数 b 的值都加 1，子类 sum()方法调用了父类 sum()方法，并将父类 sum()方法的返回值加 1，因此输出结果为 6。

3.4.4 访问控制修饰符

在 ArkTS 中，访问控制修饰符用于限制类的属性和方法的访问权限。访问控制修饰符有 3 个，分别是 public（公有修饰符）、protected（保护成员修饰符）和 private（私有修饰符）。当省略访问控制修饰符时，相当于使用 public。

访问控制修饰符的作用范围如表 3-2 所示。

表 3-2 访问控制修饰符的作用范围

访问控制修饰符	同一个类内	子类	类外
public	允许访问	允许访问	允许访问
protected	允许访问	允许访问	不允许访问
private	允许访问	不允许访问	不允许访问

当在程序中访问了不允许访问的属性或方法时，DevEco Studio 会使用红色波浪线标注错误代码，并且程序在编译时将会报错。

下面通过代码演示访问控制修饰符的使用方法，示例代码如下。

```
1  class Student {
2    public name = '小明';
3    protected phone = '123456';
4    private money = '5000';
5    public test() {
6      console.log(this.name);        // 允许访问
7      console.log(this.phone);       // 允许访问
8      console.log(this.money);       // 允许访问
9    }
10 }
11 class StudentA extends Student {
12   public test() {
13     console.log(this.name);        // 允许访问
14     console.log(this.phone);       // 允许访问
15     console.log(this.money);       // 不允许访问
16   }
17 }
18 let stu = new Student;
19 console.log(stu.name);             // 允许访问
20 console.log(stu.phone);            // 不允许访问
21 console.log(stu.money);            // 不允许访问
```

在上述代码中，第 2～4 行代码在 Student 类中定义了公有属性 name、受保护属性 phone 和私有属性 money；第 6～8 行代码演示了在类内访问属性；第 13～15 行代码演示了在子类中访问父类中定义的属性；第 19～21 行代码演示了在类外访问属性。

▌▌**多学一招：面向对象的三大特征**

面向对象具有三大特征，分别是封装、继承和多态，具体解释如下。

（1）封装

封装是指隐藏对象内部的实现细节，只对外开放操作接口。接口是对象开放的属性和方法，无论对象的内部多么复杂，用户只需知道这些接口怎么使用即可，而不需要知道内部的实现细节。例如，计算机是非常精密的电子设备，其实现原理也非常复杂，但用户在使用计算机时并不需要知道计算机的实现原理，只需要知道如何操作键盘和鼠标即可。

封装也有利于对象的修改和升级，无论一个对象内部的代码经过了多少次修改，只要不改变接口，就不会影响到使用这个对象时编写的代码。

通过合理设置访问控制修饰符，即可实现封装。

（2）继承

继承允许一个类继承另一个类的属性和方法，关于类的继承已经在 3.4.2 小节中讲过。

在实际开发中，使用继承不仅可以在保持接口兼容的前提下对功能进行扩展，而且可以增强代码的可复用性，为程序的修改和补充提供便利。

（3）多态

多态是指同一个操作作用于不同的对象，会产生不同的执行结果。例如，项目中有视频对象、音频对象、图片对象，用户在对这些对象进行增、删、改、查操作时，如果这些对象的接口的命名、用法都是相同的，用户的学习成本就会比较低；而如果每种对象都有一套对应的接口，用户就需要学习每一种对象的使用方法，学习成本就会比较高。

多态的实现往往离不开继承，这是因为多个对象继承同一个对象后，就获取了相同的方法，然后可以根据每个对象的特点来改变同名方法的执行结果。

3.4.5　类实现接口

通过前面的学习可知，使用接口可以定义对象应该具有的属性和方法。在实际开发中，经常需要先设计接口，再根据接口编写相应的类，这样的类被称为实现类，需要在该类中实现接口中定义的属性和方法。这种方式主要有两个优势，具体如下。

① 确保系统设计的清晰性和一致性。接口定义了类必须实现的属性和方法，但不提供具体的实现。这有助于在开发初期就明确各个类的用法和职责。

② 提高代码的灵活性和可扩展性。通过接口，可以轻松地替换实现类，而不需要修改使用接口的代码。这符合开闭原则（对扩展开放、对修改封闭），使得系统更容易修改和扩展。

类通过 implements 关键字可以实现接口，具体语法格式如下。

```
class 类名 implements 接口名1, 接口名2, … {}
```

在上述语法格式中，一个类可以实现多个接口，用英文逗号分隔每个接口名即可。

在通过类实现接口时，必须实现接口中定义的所有属性和方法。如果想不强制实现接口中的某些属性和方法，可以在接口中属性名或方法名的右侧加上"?"，表示它是可选的。

下面通过代码演示如何通过类实现接口，示例代码如下。

```
1  interface IStudent {
2    name: string;
3    age?: string;
4    introduce(subject: string): string;
5  }
6  class Student implements IStudent {
7    name: string = '';
8    introduce(subject: string): string {
9      return subject;
10   }
11 }
```

在上述代码中，第 1～5 行代码定义了 IStudent 接口，为接口名添加前缀"I"可以区分接口和类；第 6～11 行代码定义了 Student 类，该类通过 implements 关键字实现了 IStudent 接口。第 3 行代码通过"?"声明 age 属性是可选的，在 Student 类中可以不实现该属性。

3.4.6　接口的继承

ArkTS 允许一个接口继承另一个接口，类似于类的继承。使用关键字 extends 可以实现接口的继承，被继承的接口称为父接口，继承它的接口称为子接口。子接口会自动包含父接口中声明的属性和方法，并可以在此基础上添加新的属性或方法。

接口继承的语法格式如下。

```
interface 子接口名 extends 父接口名 {}
```

下面通过代码演示接口的继承，示例代码如下。

```
1  interface A {
2    x: number;
3    y: number;
4  }
5  interface B extends A {
6    z: number;
7  }
```

在上述代码中，B 接口继承了 A 接口，继承后，B 接口同时拥有 x 属性、y 属性和 z 属性。

3.5　泛型

泛型是一种表示类型的方式，其含义是"泛指的类型"，它允许开发者在定义函数、类或接口时不指定具体的类型，而是在使用时再确定类型。通过泛型可以提高代码的可复用性和灵活性。

下面对泛型函数、泛型类和泛型接口的定义分别进行讲解。

1. 定义泛型函数

在定义函数时，在函数名右侧添加"<泛型 1，泛型 2，...>"可以将函数定义成泛型函数。"<>"中泛型的数量可以是 1 个或多个，它们相当于类型占位符，名称可以自定义，实际代表的类型需要在调用函数时指定，或者由 ArkTS 自动推断类型。这些泛型可以在函数中作为类型使用，例如函数的参数类型、返回值类型、函数内变量的类型等。

定义泛型函数并调用该函数的示例代码如下。

```
1  function demo<T, U>(a: T, b: U): U {
2    return b;
3  }
4  let str = demo<number, string>(1, '2');
```

在上述代码中，第 1～3 行代码定义了 demo() 函数，该函数是泛型函数，有 T 和 U 两个泛型；第 4 行代码在调用函数时设置了泛型的具体类型为<number, string>，表示 T 的类型为 number，U 的类型为 string。调用函数时的<number, string>可以省略，省略后 ArkTS 会根据实际传入的参数值自动推断类型。

2. 定义泛型类

在定义类时，在类名右侧添加"<泛型 1，泛型 2，…>"可以将类定义成泛型类，其用法与泛型函数类似，示例代码如下。

```
1  class Demo<T, U> {
2    a: T;
3    b: U;
4    constructor(a: T, b: U) {
5      this.a = a;
6      this.b = b;
7    }
8  }
9  const demo = new Demo<number, string>(1, '2');
```

在上述代码中，第 1～8 行代码定义了 Demo 类，该类是泛型类，有 T 和 U 两个泛型；第 9 行代码在实例化 Demo 类时设置了泛型的具体类型为<number, string>，表示 T 的类型为 number，U 的类型为 string，也可以省略<number, string>。

3. 定义泛型接口

在定义接口时，在接口名右侧添加"<泛型 1，泛型 2，…>"可以将接口定义成泛型接口，其用法与泛型函数类似，示例代码如下。

```
1  interface DemoType<T, U> {
2    a: T;
3    b: U;
4  }
5  let demo: DemoType<number, string> = { a: 1, b: '2' };
```

在上述代码中，第 1～4 行代码定义了 DemoType 接口，该接口是泛型接口，有 T 和 U 两个泛型；第 5 行代码在创建对象时设置了泛型的具体类型为<number, string>，表示 T 的类型为 number，U 的类型为 string，这里的<number, string>不能省略。

泛型还可以继承接口，实现泛型约束的效果，语法为"泛型 extends 接口"，示例代码如下。

```
1   interface NumType {
2     num: number;
3   }
4   interface NumType2 {
5     num: number;
6   }
7   function test<T extends NumType>(arg: T): T {
8     return arg;
9   }
10  let num = test({ num: 123 } as NumType2);
```

在上述代码中，第 1～3 行代码定义了 NumType 接口；第 4～6 行代码定义了 NumType2 接口；第 7～9 行代码定义了 test()函数，该函数使用了泛型约束，要求参数 arg 的类型必须符合 NumType 接口的要求。由于 NumType2 接口和 NumType 接口的要求是相同的，所以在第 10 行代码中可以传入 NumType2 接口的对象。

3.6 常用的内置对象

ArkTS 提供了一些常用的内置对象，使用它们可以很方便地对数字、日期、数组、字符串等进行处理。本节将对常用的内置对象进行讲解。

3.6.1　Math 对象

在实际开发中，有时需要进行与数学相关的运算，例如获取圆周率、绝对值、最大值、最小值等，为了提高开发效率，可以通过 Math 对象提供的属性和方法，快速完成开发。

Math 对象表示数学对象，用于进行与数学相关的运算。Math 对象的常用属性和方法如表 3-3 所示。

表 3-3　Math 对象的常用属性和方法

属性和方法	作用
PI	获取圆周率，结果为 3.141592653589793
abs(x)	获取 x 的绝对值
max(…values)	获取所有参数中的最大值
min(…values)	获取所有参数中的最小值
pow(x, y)	获取基数（x）的指数（y）次幂，即 x 的 y 次幂
sqrt(x)	获取 x 的平方根，若 x 为负数，则返回 NaN
ceil(x)	获取大于或等于 x 的最小整数，即向上取整
floor(x)	获取小于或等于 x 的最大整数，即向下取整
round(x)	获取 x 的四舍五入后的整数值
random()	获取大于或等于 0 且小于 1 的随机值

在表 3-3 中，…values 表示参数数量不固定。需要注意的是，round()方法遵循的计算规则并非传统的四舍五入，而是在遇到 5 时始终选择更大的整数。例如，对于-2.5，候选整数为-2 和-3，其中-2 更大，因此结果为-2。

下面通过代码演示 Math 对象的使用方法，示例代码如下。

① 使用 PI 属性获取圆周率，并计算半径为 6 的圆的面积，示例代码如下。

```
console.log('', Math.PI * 6 * 6);        // 输出结果：113.09733552923255
```

② 使用 abs()方法计算数字-13 的绝对值，示例代码如下。

```
console.log('', Math.abs(-13));                          // 输出结果：13
```

③ 使用 max()方法和 min()方法计算一组数"12, 9, 21, 36, 15"的最大值和最小值，示例代码如下。

```
1  console.log('', Math.max(12, 9, 21, 36, 15));      // 输出结果：36
2  console.log('', Math.min(12, 9, 21, 36, 15));      // 输出结果：9
```

④ 使用 pow()方法计算 3 的 4 次幂，然后使用 sqrt()方法对其结果求平方根，示例代码如下。

```
1  let a = Math.pow(3, 4);
2  console.log('', a);                                // 输出结果：81
3  console.log('', Math.sqrt(a));                     // 输出结果：9
```

⑤ 使用 ceil()方法计算大于或等于 3.1 和 3.9 的最小整数，使用 floor()方法计算小于或等于 3.1 和 3.9 的最大整数，示例代码如下。

```
1  console.log('', Math.ceil(3.1));                   // 输出结果：4
2  console.log('', Math.ceil(3.9));                   // 输出结果：4
```

```
3    console.log('', Math.floor(3.1));              // 输出结果：3
4    console.log('', Math.floor(3.9));              // 输出结果：3
```

⑥ 使用 round()方法计算数字 2.1、2.5、2.9、–2.5 和–2.6 四舍五入后的整数值，示例代码如下。

```
1    console.log('', Math.round(2.1));              // 输出结果：2
2    console.log('', Math.round(2.5));              // 输出结果：3
3    console.log('', Math.round(2.9));              // 输出结果：3
4    console.log('', Math.round(-2.5));             // 输出结果：-2
5    console.log('', Math.round(-2.6));             // 输出结果：-3
```

⑦ 使用 random()方法生成一个大于或等于 min 且小于或等于 max 的随机整数，示例代码如下。

```
1    function getRandom(min: number, max: number) {
2      return Math.floor(Math.random() * (max - min + 1) + min);
3    }
4    console.log('', getRandom(1, 5));              // 输出 1~5 的随机整数
```

使用 Math 对象可以快速高效地处理各种数学运算和数据。在实际开发中，我们要学会灵活应用 Math 对象提供的各种数学运算方法，即结合实际开发需求，合理选择和组合这些方法，以达到最佳效果。同时，我们也要勇于探索和创新，不断挑战自己，提高自己的技术能力和数学素养，充分发挥求真务实、永攀科技高峰的精神，提高数据处理效率和准确性，创造出更加有价值和有意义的应用程序。

3.6.2 Number 对象

在 ArkTS 中，Number 对象用于对数字进行处理。创建 Number 对象的语法格式如下。

```
new Number(参数)
```

在上述语法格式中，参数可以是数字或其他类型数据，如果是其他类型数据，会被自动转换为数字，如果转换失败则用 NaN 表示。例如，字符串'123'会被转换为数字 123，true 会被转换为数字 1，false 会被转换为数字 0。另外，当省略上述语法格式中的 new 时，表示将给定的数据转换为数字。

需要说明的是，ArkTS 具有自动装箱的功能。自动装箱是指将普通数据自动转换为对应的对象。当对一个数字调用方法时，ArkTS 会将数字自动装箱为 Number 对象。

Number 对象的常用方法如表 3-4 所示。

表 3-4 Number 对象的常用方法

方法	作用
toFixed(fractionDigits?)	获取使用定点表示法表示给定数字的字符串。可选参数 fractionDigits 表示小数点后的位数，取值范围为 0~100，如果省略则被视为 0
toString()	获取数字转换为字符串的结果

在表 3-4 中，定点表示法是计算机中表示数字的一种方法，其小数点总是固定在指定的某一位置。需要注意的是，受浮点数精度影响，toFixed()方法并不是严格按照四舍五入的规则进行处理的，它更适用于实现将不足的小数位补零。toString()方法不仅在 Number 对象中可以使用，任何可以转换成字符串的对象都可以使用该方法。

下面通过代码演示 Number 对象的使用方法，示例代码如下。

```
1  // 通过数字调用方法
2  console.log('', 1.35.toFixed(1));        // 输出结果：1.4
3  console.log('', 1.45.toFixed(1));        // 输出结果：1.4
4  // 通过变量调用方法
5  let num1 = 1;
6  console.log(num1.toString());            // 输出结果：1
7  // 通过 Number() 函数将字符串转换为数字
8  let num2 = Number('2');
9  console.log(num2.toString());            // 输出结果：2
```

在上述代码中，第 2 行代码演示了将 1.35 保留一位小数的结果；第 3 行代码演示了将 1.45 保留一位小数的结果，结果是 1.4 而不是 1.5，说明 toFixed() 方法的结果不精确；第 5～6 行代码演示了通过值为数字的变量调用方法；第 8 行代码演示了通过 Number() 函数将字符串转换为数字。

3.6.3　Date 对象

在实际开发中，经常需要处理日期和时间。例如，商品促销活动中日期的实时显示、系统当前日期和时间的获取、时钟效果、时间差计算等。使用 Date 对象就可以实现这些功能。

Date 对象用于处理日期和时间，需要使用 Date() 构造函数创建后才能使用。在创建 Date 对象时，可以向 Date() 构造函数中传入表示具体日期和时间的参数。

Date() 构造函数有 3 种使用方式，第 1 种方式是省略参数；第 2 种方式是传入 number 类型的参数；第 3 种方式是传入 string 类型的参数。下面分别讲解这 3 种方式。

1. 省略参数

在使用 Date() 构造函数创建 Date 对象时，省略参数表示使用当前的日期和时间，示例代码如下。

```
1  let date = new Date();
2  console.log('', date);    // 输出结果：Mon Oct 07 2024 15:40:50 GMT+0800
```

在上述代码中，输出结果取决于执行代码的时间，注释提供的输出结果仅用于展示其格式。

2. 传入 number 类型的参数

在使用 Date() 构造函数创建 Date 对象时，可以传入以数字表示的年、月、日、时、分、秒参数，并且最少需要指定年、月两个参数，若省略日、时、分、秒参数会自动使用默认值，即当前的日期和时间。需要注意的是，月的取值范围是 0～11，其中 0 表示 1 月，1 表示 2 月，以此类推。当传入的数字大于取值范围时，会自动转换成相邻数字，例如，将月设置为 12 表示明年 1 月，将月设置为 -1 表示去年 12 月。

为 Date() 构造函数传入 number 类型的参数的示例代码如下。

```
1  let date = new Date(2024, 10 - 1, 7, 15, 40, 50);
2  console.log('', date);    // 输出结果：Mon Oct 07 2024 15:40:50 GMT+0800
```

在上述代码中，第 1 行代码中的第 2 个参数是 10 - 1，这是因为将 10 减 1 后才表示 10 月，相比直接传入 9，可读性更好。

3. 传入 string 类型的参数

在使用 Date()构造函数创建 Date 对象时，可以传入以字符串表示的日期和时间，字符串中最少需要指定年。日期和时间的格式有多种，下面以"年–月–日 时:分:秒"的格式为例进行讲解。

为 Date()构造函数传入 string 类型的参数的示例代码如下。

```
1   let date = new Date('2024-10-7 15:40:50');
2   console.log('', date);   // 输出结果: Mon Oct 07 2024 15:40:50 GMT+0800
```

创建 Date 对象后，若需要单独获取或设置年、月、日、时、分、秒中的某一项，可以调用 Date 对象的相关方法来实现。Date 对象的常用方法分为获取日期和时间的方法、设置日期和时间的方法，分别如表 3-5 和表 3-6 所示。

表 3-5　获取日期和时间的方法

方法	作用
getFullYear()	获取表示年的 4 位数字，如 2023
getMonth()	获取月，取值范围为 0~11（0 表示 1 月，1 表示 2 月，以此类推）
getDate()	获取月中的某一天，即获取日，取值范围为 1~31
getDay()	获取星期，取值范围为 0~6（0 表示星期日，1 表示星期一，以此类推）
getHours()	获取小时数，取值范围为 0~23
getMinutes()	获取分钟数，取值范围为 0~59
getSeconds()	获取秒数，取值范围为 0~59
getMilliseconds()	获取毫秒数，取值范围为 0~999
getTime()	获取从 1970-01-01 00:00:00（UTC）到 Date 对象中存放的时间所经历的毫秒数

表 3-6　设置日期和时间的方法

方法	作用
setFullYear(year, month?, date?)	设置年为 year，可选参数 month 和 date 可分别设置月和日
setMonth(month, date?)	设置月为 month，可选参数 date 可设置日
setDate(date)	设置日为 date
setHours(hours, min?, sec?, ms?)	设置时为 hours，可选参数 min、sec 和 ms 可分别设置分、秒、毫秒
setMinutes(min, sec?, ms?)	设置分为 min，可选参数 sec 和 ms 可分别设置秒、毫秒
setSeconds(sec, ms?)	设置秒为 sec，可选参数 ms 可设置毫秒
setMilliseconds(ms)	设置毫秒为 ms
setTime(time)	通过从 1970-01-01 00:00:00（UTC）开始计时的毫秒数来设置时间

此外，Date()构造函数还有一个常用的静态方法 now()，通过 Date.now()的方式调用。该方法与 getTime()方法作用类似，获取的时间是当前时间。

下面通过代码演示如何使用 Date 对象提供的方法设置和获取日期，并将获取到的日期输出，示例代码如下。

```
1  let date = new Date();
2  // 设置年、月、日
3  date.setFullYear(2024);
4  date.setMonth(10 - 1);
5  date.setDate(7);
6  // 获取年、月、日
7  let year = date.getFullYear();
8  let month = date.getMonth();
9  let day = date.getDate();
10 // 通过数组将星期值转换为字符串
11 let week = ['星期日', '星期一', '星期二', '星期三', '星期四', '星期五', '星期六'];
12 console.log(`${year}年${month + 1}月${day}日 ` + week[date.getDay()]);
13 // 输出结果：2024 年 10 月 7 日 星期一
```

在上述代码中，第 1 行代码用于创建 Date 对象并保存到 date 变量中，此时可以将该变量称为 date 对象；第 3～5 行代码用于设置 date 对象的年、月、日；第 7～9 行代码用于从 date 对象中获取年、月、日并将其分别保存到 year、month、day 这 3 个变量中；第 11 行代码用于通过数组将星期值转换为字符串；第 12 行代码中的 "week[date.getDay()]" 表示以 date 对象的 getDay() 方法的返回值为索引从 week 数组中取出相应的值。

在程序中使用 Date 对象可以进行与时间相关的操作和运算，从而提高时间的利用效率和准确性。时间是非常宝贵的资源，在生活中，我们都应该树立正确的时间观念，注重时间管理，合理利用时间，珍惜时间，从而在有限的时间内做更多有意义的事情。

3.6.4　Array 对象

Array 对象为数组。Array 对象是站在面向对象的角度对数组的称谓，但在日常开发中，数组这个称谓使用得更加普遍。

在创建数组时，除了通过数组字面量 "[]" 创建数组，还可以通过 new Array() 的方式创建数组，具体语法格式如下。

```
new Array(元素 1, 元素 2, …)
```

在上述语法格式中，"元素 1, 元素 2, …" 是指数组中实际保存的元素，元素的数量可以是 0 个或多个，各元素之间使用英文逗号分隔。若元素的数量是 0 个，则表示创建一个空数组。需要注意的是，如果只传入一个 number 数据类型的参数，则表示创建一个拥有指定数量的空位的数组，空位是指在数组中预留了元素的空间，但没有给元素赋值，空位会被计算在数组长度内。

下面通过代码演示如何通过 new Array() 的方式创建 Array 对象，示例代码如下。

```
1  let arr01: string[] = new Array();
2  let arr02: number[] = new Array(2);
3  let arr03: string[] = new Array('土豆', '黄瓜', '玉米');
4  console.log(`[${arr01}]`);          // 输出结果：[]
5  console.log('', arr02);             // 输出结果：,
6  console.log('', arr03);             // 输出结果：土豆,黄瓜,玉米
```

在上述代码中，第 1 行代码用于创建一个空数组，第 2 行代码用于创建含有两个空位的数组，第 3 行代码用于创建含有 3 个元素的数组。第 4～6 行代码用于输出变量 arr01、arr02

和 arr03 转换为字符串后的值，其中，第 4 行代码输出空字符串；第 5 行代码输出一个只有英文逗号的字符串，这是因为英文逗号前后各有一个空字符串，表示两个空位；第 6 行代码输出一个用英文逗号分隔每个元素的字符串。

下面对数组的一些使用方法进行详细讲解。

1. 获取和修改数组的长度

数组的长度是指数组中的元素（包含空位）的个数。使用数组的 length 属性可以获取数组的长度，为数组的 length 属性赋值可以修改数组的长度。如果修改的数组长度大于数组原长度，则数组的末尾会出现空位；如果修改的数组长度等于数组原长度，则数组长度不变；如果修改的数组长度小于数组原长度，则多余的数组元素将会被舍弃。

下面通过代码演示如何获取和修改数组长度，示例代码如下。

```
1   let arr1 = [1, 2];
2   console.log('', arr1.length);        // 获取数组长度，输出结果: 2
3   arr1.length = 4;                     // 修改数组长度为 4
4   console.log('', arr1);               // 输出结果: 1,2,,
5   let arr2 = [0, 1];
6   arr2.length = 2;                     // 修改数组长度为 2
7   console.log('', arr2);               // 输出结果: 0,1
8   let arr3 = [0, 1, 2, 3];
9   arr3.length = 3;                     // 修改数组长度为 3
10  console.log('', arr3);               // 输出结果: 0,1,2
```

在上述代码中，第 2 行代码用于获取数组长度并输出；第 3 行代码用于演示修改的数组长度大于数组原长度；第 6 行代码用于演示修改的数组长度等于数组原长度；第 9 行代码用于演示修改的数组长度小于数组原长度。

2. 数组类型的检测

在实际开发中，有时候需要检测变量的类型是否为数组类型。数组类型检测有两种常用的方式，分别是使用 instanceof 运算符和使用 Array.isArray()方法，示例代码如下。

```
1   interface Obj {}
2   let arr = [];
3   let obj: Obj = {};
4   // 第 1 种方式
5   console.log('', arr instanceof Array);          // 输出结果: true
6   console.log('', obj instanceof Array);          // 输出结果: false
7   // 第 2 种方式
8   console.log('', Array.isArray(arr));            // 输出结果: true
9   console.log('', Array.isArray(obj));            // 输出结果: false
```

在上述代码中，第 2 行代码用于创建数组 arr；第 3 行代码用于创建对象 obj；第 5 行代码使用 instanceof 运算符检测 arr 是否为数组；第 6 行代码使用 instanceof 运算符检测 obj 是否为数组；第 8 行代码使用 Array.isArray()方法检测 arr 是否为数组；第 9 行代码使用 Array.isArray()方法检测 obj 是否为数组。

3. 遍历数组中的元素

在开发中，有时需要对数组中的每个元素进行处理，这时可以对数组中的元素进行遍历。遍历数组中的元素有 3 种方式，分别是使用 forEach()方法进行遍历、使用 map()方法进行遍历和使用 for...of 语法进行遍历，下面分别进行讲解。

（1）使用 forEach()方法进行遍历

数组的 forEach()方法接收一个回调函数作为参数，该方法执行时，会针对数组中的每个元素调用一次 forEach()方法。回调函数有 3 个可选参数，分别表示元素的值、元素的索引和数组本身。下面通过代码演示 forEach()方法的使用方法，示例代码如下。

```
1  let arr = ['a', 'b'];
2  arr.forEach((value, index, array) => {
3    console.log(value, index, array);
4  });
```

上述代码执行后，输出结果为"a 0 a,b"和"b 1 a,b"。

（2）使用 map()方法进行遍历

map()方法与 forEach()方法类似，区别在于 map()方法可以在回调函数中通过返回值更改元素的值；map()方法调用后会返回一个新数组，这个新数组中的每个元素是回调函数处理后的结果。下面通过代码演示 map()方法的使用方法，示例代码如下。

```
1  let arr = ['a', 'b'];
2  let arr1 = arr.map((value, index, array) => {
3    console.log(value, index, array);
4    return 'c';
5  });
6  console.log('', arr1);
```

上述代码执行后，输出结果为"a 0 a,b""b 1 a,b""c,c"。

（3）使用 for...of 语法进行遍历

使用 for...of 语法可以遍历数组中的每一个元素，示例代码如下。

```
1  const arr = [1, 2, 3];
2  for (const value of arr) {
3    console.log('', value);
4  }
```

上述代码的输出结果为"1""2""3"。

另外，当 for...of 语法中 of 后面的值是一个字符串时，for...of 语法还可以对字符串中的字符进行遍历。

4. 添加或删除数组元素

数组提供了添加或删除数组元素的方法，可以实现在数组的末尾或开头添加新的数组元素，以及在数组的末尾或开头删除数组元素。添加或删除数组元素的方法如表 3-7 所示。

表 3-7　添加或删除数组元素的方法

方法	作用
push(…items)	在数组末尾添加一个或多个元素，会修改原数组，返回值为数组的新长度
unshift(…items)	在数组开头添加一个或多个元素，会修改原数组，返回值为数组的新长度
pop()	删除数组的最后一个元素，会修改原数组，若原数组是空数组则返回 undefined，否则返回值为删除的元素
shift()	删除数组的第一个元素，会修改原数组，若原数组是空数组则返回 undefined，否则返回值为删除的元素
splice(start, deleteCount?, …items)	在指定索引处删除或添加数组元素，会修改原数组，返回值是一个由被删除的元素组成的新数组

在表 3-7 中，push()方法和 unshift()方法中的参数 items 表示要添加的数组元素，可以同时传递多个参数；splice()方法中的参数 start 表示要删除或添加的数组元素的起始索引，deleteCount 参数为可选参数，表示要删除的数组元素个数，items 参数为可选参数，表示要添加的数组元素，可以同时传递多个参数。

下面通过代码演示添加或删除数组元素的方法的使用方法，示例代码如下。

```
1   // 使用 push()方法和 unshift()方法添加数组元素
2   let arr = ['星期一', '星期二', '星期三', '星期四', '星期五'];
3   console.log('', arr.push('星期六'));          // 输出结果: 6
4   console.log('', arr.unshift('星期日'));        // 输出结果: 7
5   // 使用 pop()方法和 shift()方法删除数组元素
6   console.log(arr.pop());                       // 输出结果: 星期六
7   console.log(arr.shift());                     // 输出结果: 星期日
8   // 使用 splice()方法在数组的指定索引处添加或删除数组元素
9   arr = ['老虎', '熊猫', '狮子', '大象'];
10  // 从索引 2 开始，删除 2 个元素
11  arr.splice(2, 2);
12  console.log('', arr);                         // 输出结果: 老虎,熊猫
13  // 从索引 1 开始，删除 1 个元素，再添加'狮子'元素
14  arr.splice(1, 1, '狮子');
15  console.log('', arr);                         // 输出结果: 老虎,狮子
16  // 从索引 1 处添加'斑马'和'猴子'元素
17  arr.splice(1, 0, '斑马', '猴子');
18  console.log('', arr);                         // 输出结果: 老虎,斑马,猴子,狮子
```

5. 数组排序

在实际开发中，有时需要对数组元素进行排序。数组提供了数组排序的方法，可以对数组的元素进行排序或者颠倒数组元素的顺序。数组排序的方法如表 3-8 所示。

表 3-8　数组排序的方法

方法	作用
reverse()	颠倒数组中元素的顺序，该方法会改变原数组，返回新数组
sort(compareFn?)	对数组的元素进行排序，返回新数组。compareFn 为可选参数，它表示 1 个用于指定按某种顺序排列元素的函数

当 sort()方法没有传入参数时，会先将元素转换为字符串，然后根据字符的 Unicode 代码点进行排序。如果要让元素按某种顺序排列，可以在 sort()方法中传入 compareFn 参数，该参数表示 1 个函数，会被 sort()方法多次调用，每次调用时选取数组中的 2 个元素进行排序，直到整个数组排序完成。

compareFn 表示的函数有 2 个参数，表示数组中待排序的 2 个元素，函数的返回值决定了 2 个元素的排列顺序，具体规则如下。

① 返回值是正数，第 2 个元素会被排列到第 1 个元素之前。

② 返回值是 0，2 个元素的顺序不变。

③ 返回值是负数，第 1 个元素会被排列到第 2 个元素之前。

下面通过代码演示数组排序方法的使用方法，示例代码如下。

```
1   // 反转数组
2   let arr1 = ['苹果', '香蕉', '杧果', '雪梨'];
3   arr1.reverse();
4   console.log('', arr1);                      // 输出结果: 雪梨,杧果,香蕉,苹果
5   // 升序排列
6   let arr2 = [3, 13, 23, 33, 43];
7   arr2.sort((a: number, b: number) => a - b);
8   console.log('', arr2);                      // 输出结果: 3,13,23,33,43
9   // 降序排列
10  arr2.sort((a: number, b: number) => b - a);
11  console.log('', arr2);                      // 输出结果: 43,33,23,13,3
```

上述代码演示了通过 reverse() 方法颠倒数组中元素的顺序，调用 sort() 方法对数组的元素进行升序和降序排列。

6. 获取数组元素索引

在实际开发中，若要获取指定的元素在数组中的索引，可以使用数组提供的获取数组元素索引的方法，具体如表 3-9 所示。

表 3-9　获取数组元素索引的方法

方法	作用
indexOf(searchElement, fromIndex?)	返回指定元素在数组中第一次出现的索引，若不存在，返回-1
lastIndexOf(searchElement, fromIndex?)	返回指定元素在数组中最后一次出现的索引，若不存在，返回-1

在表 3-9 中，searchElement 参数表示要查找的元素，fromIndex 参数为可选参数，表示从指定索引开始查找。需要注意的是，lastIndexOf() 方法用于逆向查找，即从后向前查找，当第一次找到元素时就返回其索引，此时找到的元素刚好是数组中最后一次出现的元素。

下面通过代码演示获取数组元素索引的方法的使用方法，示例代码如下。

```
1   let arr = ['苹果', '香蕉', '橘子', '香蕉', '葡萄'];
2   console.log('', arr.indexOf('橘子'));        // 输出结果: 2
3   console.log('', arr.lastIndexOf('香蕉'));     // 输出结果: 3
```

7. 数组转换为字符串

在实际开发中，将数组转换为字符串，不仅可以使用 "+" 实现，还可以使用数组的 join() 方法和 toString() 方法实现。数组转换为字符串的方法如表 3-10 所示。

表 3-10　数组转换为字符串的方法

方法	作用
join(separator?)	将数组的所有元素连接成一个字符串，默认使用英文逗号分隔数组中的每个元素。separator 为可选参数，用于指定字符串的分隔符
toString()	将数组转换为字符串，使用英文逗号分隔数组中的每个元素

当数组元素为 undefined、null 或空数组时，对应的元素会被转换为空字符串。

下面通过代码演示数组转换为字符串的方法的使用方法，示例代码如下。

```
1   let arr = ['莫等闲', '白了少年头', '空悲切'];
2   // 使用join()方法
```

```
3    console.log(arr.join());              // 输出结果: 莫等闲,白了少年头,空悲切
4    console.log(arr.join(''));            // 输出结果: 莫等闲白了少年头空悲切
5    console.log(arr.join('-'));           // 输出结果: 莫等闲-白了少年头-空悲切
6    // 使用 toString()方法
7    console.log(arr.toString());          // 输出结果: 莫等闲,白了少年头,空悲切
```

由上述代码可知, join()方法和 toString()方法都可以将数组转换为字符串,默认情况下使用英文逗号连接。join()方法可以指定连接数组元素的分隔符。

8. 数组填充、截取和连接

ArkTS 还提供了数组填充、截取和连接的方法,具体如表 3-11 所示。

表 3-11   数组填充、截取和连接的方法

方法	作用
fill(value, start?, end?)	用一个固定值填充数组,返回填充后的数组。value 表示要填充的值; start 和 end 为可选参数,分别表示填充的起始索引和终止索引(终止索引对应的元素不会被填充)
slice(start?, end?)	截取数组,返回由被截取元素组成的新数组。start 和 end 为可选参数,表示截取的起始索引和终止索引(终止索引对应的元素不会被截取)
concat(…items)	连接多个数组,或者将值添加到数组中,不影响原数组,返回一个新数组, items 为数组或值

fill()方法在运行后不会返回新的数组,而是在原数组基础上进行; slice()方法和 concat()方法在运行后返回一个新的数组,不会对原数组产生影响。

下面通过代码演示 fill()方法、slice()方法和 concat()方法的使用方法,示例代码如下。

```
1    // 使用 fill()方法填充数组
2    console.log('', [0, 1, 2].fill(4));          // 输出结果: 4,4,4
3    console.log('', [0, 1, 2].fill(4, 1));       // 输出结果: 0,4,4
4    console.log('', [0, 1, 2].fill(4, 1, 2));    // 输出结果: 0,4,2
5    // 使用 slice()方法截取数组
6    console.log('', [0, 1, 2].slice());          // 输出结果: 0,1,2
7    console.log('', [0, 1, 2].slice(1));         // 输出结果: 1,2
8    console.log('', [0, 1, 2].slice(1, 2));      // 输出结果: 1
9    // 使用 concat()方法将值添加到数组中并连接两个数组
10   console.log('', [0, 1, 2].concat(3));        // 输出结果: 0,1,2,3
11   console.log('', [0, 1, 2].concat([3, 4]));   // 输出结果: 0,1,2,3,4
```

▌▌多学一招: 剩余参数

ArkTS 中的函数和方法支持剩余参数,剩余参数是一种参数数量不固定的语法,在参数名前面加上 "..." 即表示剩余参数。例如,在一个函数的前两个参数的后面接收剩余参数,语法格式如下。

```
function 函数名(参数1: 类型, 参数 2: 类型, ...剩余参数: 类型) {}
```

在上述语法格式中,剩余参数的类型为数组。

下面通过代码演示剩余参数的使用方法,示例代码如下。

```
1    function sum(...nums: number[]) {
2        let sum = 0;
```

```
3    for (let num of nums) {
4      sum += num;
5    }
6    return sum;
7  }
8  console.log('', sum(1, 2, 3));          // 输出结果：6
```

在上述代码中，sum()函数的参数数量可以是 0 个或多个，实际传入的参数将被保存到 nums 数组中。

在函数中，还可以使用 arguments 对象获取参数，示例代码如下。

```
1  function sum1(...nums: number[]) {
2    let sum = 0, num = 0;
3    for (num of arguments) {
4      sum += num;
5    }
6    return sum;
7  }
8  console.log('', sum1(1, 2, 3));          // 输出结果：6
```

在上述代码中，arguments 对象是函数和方法特有的对象，它保存了当前接收到的所有参数，通过 for...of 语法可以遍历参数。

3.6.5　String 对象

在 ArkTS 中，String 对象用于对字符串进行处理。创建 String 对象的语法格式如下。

```
new String(参数)
```

在上述语法格式中，参数可以是字符串或其他类型数据，如果是其他类型数据，会被自动转换为字符串。例如，数字 123 会被转换为字符串'123'，true 会被转换为字符串'true'，false 会被转换为字符串'false'。另外，当省略上述语法格式中的 new 时，表示将给定的数据转换为字符串。

当一个字符串或值为字符串的变量调用方法时，ArkTS 会将字符串自动装箱为 String 对象。

下面对 String 对象的一些使用方法进行详细讲解。

1. 获取字符串的长度

String 对象提供了 length 属性来获取字符串的长度，示例代码如下。

```
console.log('', 'hello'.length); // 输出结果：5
```

上述代码定义了一个字符串'hello'，并访问其 length 属性，在访问时，字符串'hello'会被自动装箱为 String 对象。

2. 根据字符串返回索引

String 对象提供了用于根据字符串返回索引的方法，具体如表 3-12 所示。

表 3-12　根据字符串返回索引的方法

方法	作用
indexOf(searchString, position?)	获取 searchString 在字符串中首次出现的索引，如果找不到则返回-1。可选参数 position 表示从指定索引开始向后搜索，默认为 0

方法	作用
lastIndexOf(searchString, position?)	获取 searchString 在字符串中最后一次出现的索引，如果找不到则返回−1。可选参数 position 表示从指定索引开始向前搜索，默认为最后一个字符的索引

下面通过代码演示 indexOf()方法和 lastIndexOf()方法的使用方法，示例代码如下。

```
1  let str = 'HelloWorld';
2  // 获取'l'在字符串中首次出现的位置
3  console.log('', str.indexOf('l'));          // 输出结果：2
4  // 获取'l'在字符串中最后出现的位置
5  console.log('', str.lastIndexOf('l'));      // 输出结果：8
```

通过上述代码可知，索引从 0 开始计算，字符串的第 1 个字符的索引是 0，第 2 个字符的索引是 1，以此类推，最后一个字符的索引是字符串的长度减 1。

3. 根据索引返回字符

String 对象提供了用于根据索引返回字符的方法，具体如表 3-13 所示。

表 3-13　根据索引返回字符的方法

方法	作用
charAt(pos)	获取索引 pos 对应的字符，字符串第 1 个字符的索引为 0
charCodeAt(index)	获取索引 index 对应的字符的 ASCII 值

值得一提的是，除了表 3-13 中列举的方法，ArkTS 还支持一种更简便的根据索引返回字符的"[]"语法，其用法与数组类似。

下面通过代码演示 charAt()方法、charCodeAt()方法和"[]"语法的使用方法，示例代码如下。

```
1  let str = 'Monday';
2  // 获取索引为 3 的字符
3  console.log(str.charAt(3));              // 输出结果：d
4  // 获取索引为 3 的字符的 ASCII 值
5  console.log('', str.charCodeAt(3));      // 输出结果：100
6  // 获取索引为 3 的字符
7  console.log(str[3]);                     // 输出结果：d
```

由上述代码的输出结果可知，使用 charAt()方法、charCodeAt()方法和"[]"语法成功获取了索引对应的字符。

4. 字符串搜索、匹配、替换和大小写转换

String 对象提供了用于字符串搜索、匹配、替换和大小写转换的方法，具体如表 3-14 所示。

表 3-14　字符串搜索、匹配、替换和大小写转换的方法

方法	作用
search(regexp)	使用 regexp（字符串或正则表达式）搜索字符串，获取索引
match(regexp)	使用 regexp（字符串或正则表达式）匹配字符串，获取匹配结果

续表

方法	作用
replace(searchValue, replaceValue)	获取使用 replaceValue（字符串或正则表达式）替换后的字符串。searchValue 用于搜索要替换的内容，replaceValue 用于指定替换的内容
toLowerCase()	获取字符串的小写形式
toUpperCase()	获取字符串的大写形式

在使用表 3-14 中的方法对字符串进行操作时，处理结果是通过方法的返回值直接返回的，并不会改变字符串本身。正则表达式是一种用于描述和匹配一系列符合某种规则的对象，例如，正则表达式"/Hello/"表示匹配字符串中的 Hello。

下面通过代码演示字符串搜索、匹配、替换和大小写转换，示例代码如下。

```
1  let str = 'Hello World';
2  // 搜索字符串中的"World"
3  console.log('', str.search(/World/));        // 输出结果: 6
4  // 匹配字符串中的"Hello"
5  console.log('', str.match(/Hello/));         // 输出结果: Hello
6  // 将字符串中的"World"替换为"!"
7  console.log(str.replace(/World/, '!'));      // 输出结果: Hello !
8  // 获取字符串的小写形式
9  console.log(str.toLowerCase());              // 输出结果: hello world
10 // 获取字符串的大写形式
11 console.log(str.toUpperCase());              // 输出结果: HELLO WORLD
```

5. 字符串填充、连接和截取

String 对象提供了用于字符串填充、连接和截取的方法，具体如表 3-15 所示。

表 3-15 字符串填充、连接和截取的方法

方法	作用
padStart(maxLength, fillString?)	使用 fillString 将字符串填充到 maxLength 指定的长度，填充的内容在字符串开头，获取字符串填充结果。若省略 fillString，则默认填充为空格
padEnd(maxLength, fillString?)	使用 fillString 将字符串填充到 maxLength 指定的长度，填充的内容在字符串末尾，获取字符串填充结果。若省略 fillString，则默认填充为空格
concat(...strings)	连接一个或多个字符串，获取连接结果
slice(start?, end?)	截取从起始索引 start 到终止索引 end（不含）之间的一个子字符串，获取截取结果，若省略 end 则表示从起始索引 start 开始截取到字符串末尾；若省略所有参数则返回原字符串
substring(start, end?)	截取从起始索引 start 到终止索引 end（不含）之间的一个子字符串，获取截取结果，其作用和 slice() 的作用基本相同，但是不接收负值
split(separator, limit?)	获取使用 separator（字符串或正则表达式）将字符串分割成的数组，limit 用于限制数量

在使用表 3-15 中的方法对字符串进行操作时，处理结果是通过方法的返回值直接返回的，并不会改变字符串本身。

下面通过代码演示字符串填充、连接和截取，示例代码如下。

```
1   let str = 'Hello World';
2   // 将字符串的长度填充到 12，在开头填充
3   console.log(str.padStart(12, '!'));        // 输出结果：!Hello World
4   // 将字符串的长度填充到 12，在末尾填充
5   console.log(str.padEnd(12, '!'));          // 输出结果：Hello World!
6   // 在字符串末尾连接"!"
7   console.log(str.concat('!'));              // 输出结果：Hello World!
8   // 截取索引 1～6 (不含) 对应的内容
9   console.log(str.slice(1, 6));              // 输出结果：ello
10  // 截取从索引 7 开始到最后的内容
11  console.log(str.substring(7));             // 输出结果：orld
12  // 截取索引 6～8 (不含) 对应的内容
13  console.log(str.substring(6, 8));          // 输出结果：Wo
14  // 使用'l'切割字符串为数组
15  console.log('', str.split('l'));           // 输出结果：He,,o Wor,d
16  // 使用'l'切割字符串为数组，最多切割成 3 份
17  console.log('', str.split('l', 3));        // 输出结果：He,,o Wor
```

3.6.6　JSON 对象

JSON（JavaScript Object Notation，JavaScript 对象表示法）是一种轻量级的数据交换格式，被广泛应用在服务器与客户端或网页的数据交换中。在程序中，可以使用 JSON 对象将数据转换为 JSON 字符串，从而将其用于数据交换。当收到一个 JSON 字符串后，还可以通过 JSON 对象将 JSON 字符串解析为原数据。

JSON 对象的常用方法如表 3-16 所示。

表 3-16　JSON 对象的常用方法

方法	作用
JSON.parse(text, reviver?)	解析 JSON 字符串，返回解析后的值或对象。text 表示要解析的字符串；可选参数 reviver 表示一个函数，用于在返回前对所得到的对象执行操作
JSON.stringify(value, replacer?, space?)	将一个对象或值转换为 JSON 字符串。value 表示要转换的对象或值。可选参数 replacer 可以是一个函数或数组，如果是函数则用于选择性地替换值，如果是数组则可选择性地仅包含数组指定的属性；可选参数 space 指定缩进用的字符串，用于美化输出，如果该参数是数字，代表有多少个空格，上限为 10

下面通过代码演示 JSON 对象的常用方法的使用方法，示例代码如下。

```
1   interface Obj { name: string; }
2   let obj: Obj = { name: '小明' };
3   let str = 'Hello';
4   // 将 obj 和 str 转换为 JSON 字符串
5   console.log(JSON.stringify(obj));          // 输出结果：{"name":"小明"}
```

```
6  console.log(JSON.stringify(str));        // 输出结果: "Hello"
7  // 解析 JSON 字符串
8  obj = JSON.parse('{"name":"小明"}');
9  console.log(obj.name);                    // 输出结果: 小明
10 str = JSON.parse('"Hello"');
11 console.log(str);                         // 输出结果: Hello
```

3.7　导出和导入

在前文介绍的开发中，代码都是写在同一个文件中的，当代码过多时不利于维护。为此，ArkTS 提供了导出和导入语法，可以将代码拆分到多个文件中。导出和导入语法有利于代码的模块化，通过模块化可以轻松地在不同的模块之间共享代码，提高代码的可复用性。下面对导出和导入进行讲解。

1. 导出

使用 export 关键字可以将变量、函数、类、接口等内容导出，导出的内容可以在其他文件中使用。在 export 关键字后面加上 default 关键字表示默认导出，如果不加 default 关键字表示命名导出。默认导出与命名导出的区别在于导入方式不同，并且一个文件中只能有一个默认导出，但可以有多个命名导出。

下面通过代码演示导出的实现，具体步骤如下。

① 在 entry/src/main/ets 目录下创建 modules 目录，用于保存模块文件。

② 在 entry/src/main/ets/modules 目录下创建 index.ets 文件，该文件示例代码如下。

```
1  export default class A {
2    name = 'A';
3  }
4  export class B {
5    name = 'B';
6  }
7  export class C {
8    name = 'C'
9  }
```

上述代码导出了 3 个类，分别是 A 类、B 类和 C 类，其中 A 类是默认导出，B 类和 C 类是命名导出。

命名导出还可以写成下面的形式。

```
1  class B {
2    name = 'B';
3  }
4  class C {
5    name = 'C';
6  }
7  export { B, C }
```

上述代码先定义了 B 类和 C 类，然后使用 export 关键字进行导出。

2. 导入

使用 import 关键字可以在当前文件中导入其他文件导出的内容。默认导出和命名导出的导入方式不同，下面分别进行讲解。

默认导出的导入称为默认导入，其语法格式如下。

```
import 名称 from '路径';
```

在上述语法格式中，名称是指导入后的名称，它与导出时的名称（如类名、函数名等）可以不同。路径是指要导入的文件的路径，应使用相对路径，不用加扩展名，如果要导入的文件是 index.ets，可以省略文件名。路径中的分隔符应使用"/"，上级目录可以用".."表示。需要注意的是，在一个文件中，导入的代码必须写在其他代码的前面。

命名导出的导入称为按需导入，可以根据需要进行导入，导入的名称必须与导出的名称保持一致，导入的顺序与导出的顺序可以不同，语法格式如下。

```
import { 名称1, 名称2, … } from '路径';
```

在上述语法格式中，名称表示要导入的名称（如类名、函数名等），数量可以是一个或多个。如果想要更改导入的名称，可以在名称后面加上"as 新名称"，语法格式如下。

```
import { 名称1 as 新名称1, 名称2 as 新名称2, … } from '路径';
```

另外，默认导入和按需导入的代码可以写在一起，语法格式如下。

```
import 名称, { 名称1, 名称2, … } from '路径';
```

下面通过代码演示在 entry/src/main/ets/pages/Index.ets 文件中导入 A 类、B 类和 C 类，并进行实例化和访问 name 属性，示例代码如下。

```
1  import A, { B, C } from '../modules';
2  console.log(new A().name);                    // 输出结果：A
3  console.log(new B().name);                    // 输出结果：B
4  console.log(new C().name);                    // 输出结果：C
```

在上述代码中，导入了 A 类、B 类和 C 类，并进行实例化，成功访问了 name 属性。

3.8　错误处理

在编写程序时，经常会遇到各种各样的错误。虽然大部分错误都可以被 DevEco Studio 自动检测出来，但是还有一些错误只会在运行时出现，示例代码如下。

```
JSON.parse('{name":"小明"}');
```

在上述代码中，为 JSON.parse()方法传入的字符串不是一个合法的 JSON 字符串，错误原因是 name 前面缺少了双引号。上述代码出错后，会导致后面的代码也无法运行。

上述代码运行后，在 DevEco Studio 底部的"日志"面板中可以看到下面的错误信息。

```
[Engine Log]Lifetime: 0.000000s
[Engine Log]Js-Engine: ark
[Engine Log]page: pages/Index.js
[Engine Log]Error message: Unexpected Object Prop in JSON
[Engine Log]Stacktrace:
[Engine Log]   at func_main_0 (entry/src/main/ets/pages/Index.ets:1:1)
```

在上述错误信息中，Lifetime 表示花费的时间；Js-Engine 表示使用的引擎；page 表示出错的页面；Error message 表示错误消息；Stacktrace 表示堆栈追踪，它显示了出错的代码的具体位置，其中，":1:1"表示错误发生在第 1 行第 1 列。

如果不希望因某个错误导致整个程序无法继续运行，可以使用 try…catch 语句对错误进行捕获处理。try…catch 语句的语法格式如下。

```
try {
    可能出现错误的代码
} catch (错误对象) {
    处理错误的代码
}
```

在上述语法格式中，在 try 的"{}"中编写可能出现错误的代码；在 catch 的"{}"中编写处理错误的代码；错误对象用于获取错误信息。此外，try…catch 语句支持嵌套，可以在 try 的"{}"或 catch 的"{}"中嵌套 try…catch 语句。

如果 try 中有多行代码，只要其中一行代码出现错误，后面的代码都不会执行。当程序发生错误后，就会执行处理错误的代码，执行完成后，try…catch 语句后面的代码会继续执行。

错误对象是由发生错误的代码（例如 JSON.parse()方法）抛出的，当抛出错误对象后，就表示程序发生了错误。用户也可以通过 new Error('错误信息')手动创建一个错误对象，使用 throw 关键字进行抛出。

当 try 的"{}"中的代码是函数调用时，函数中抛出的错误对象也会被 try…catch 语句捕获。如果存在函数嵌套，则错误对象会一层层向上抛出。错误对象被抛出后只会被离它最近的 try…catch 语句捕获，一旦被捕获，在后面的代码中就不存在错误对象了。

下面通过代码演示错误的捕获处理，示例代码如下。

```
1  try {
2      JSON.parse('{name":"小明"}');
3  } catch (e) {
4      console.log(e);      // 输出结果：SyntaxError: Unexpected Object Prop in JSON
5  }
```

上述代码运行后，"日志"面板中没有出现错误信息，而是通过第 4 行代码输出了一个调试信息。

下面通过代码演示如何手动创建一个错误并抛出，然后进行捕获处理，示例代码如下。

```
1  try {
2      throw new Error('错误信息');
3  } catch (e) {
4      console.log(e);      // 输出结果：Error: 错误信息
5  }
```

在上述代码中，第 2 行代码用于创建一个错误并抛出，第 4 行代码用于输出错误对象。

3.9　ArkTS API

鸿蒙提供了丰富的 ArkTS API，方便开发者实现各种各样的功能。由于 ArkTS API 的数量非常多，对于开发者来说，一开始并不需要学习每个 ArkTS API 的使用方法，而是仅掌握 ArkTS API 的基本使用步骤即可。当项目中用到了某个 ArkTS API 时，再通过华为开发者联盟中的鸿蒙开发文档学习该 ArkTS API 的使用方法。

ArkTS API 通常以对象的形式提供，有些对象是直接通过 import 关键字导入的，有些对象则是通过类创建的，具体采用哪种方式可参考鸿蒙开发文档。

下面以 ArkTS API 中的 promptAction 对象为例，讲解 ArkTS API 的使用方法。promptAction 对象用于在页面中弹出一个对话框，该对象有两种导入方式，第 1 种导入方式如下。

```
import promptAction from '@ohos.promptAction';
```

第 2 种导入方式如下。

```
import { promptAction } from '@kit.ArkUI';
```

以上两种导入方式的效果相同。

导入 promptAction 对象后，通过调用该对象的 showDialog()方法可以弹出一个对话框。该方法的参数是一个对象，这个对象有两个常用属性（message 和 buttons），其中 message 属性表示对话框中显示的内容，buttons 属性表示对话框中的按钮。

下面通过代码演示利用 promptAction 对象弹出一个内容为"确认要付款吗？"的对话框，并在对话框中提供两个按钮，示例代码如下。

```
1  import { promptAction } from '@kit.ArkUI';
2  promptAction.showDialog({
3    message: '确认要付款吗？',
4    buttons: [
5      { text: '取消', color: '#F00' },
6      { text: '确认', color: '#09F' }
7    ]
8  });
```

在上述代码中，第 5～6 行代码用于在对话框中提供"取消"和"确认"按钮，其中，text 属性表示按钮文本，color 属性表示按钮文本的颜色。

通过上述代码实现的对话框如图 3-2 所示。

图3-2　对话框

需要注意的是，showDialog()方法是异步操作的方法，当该方法被调用后，后面的代码会继续执行。

showDialog()方法的返回值是一个 Promise 对象。在 ArkTS 中，Promise 对象是一种用于处理异步操作的对象，它解决了异步操作的代码嵌套过多导致代码难以维护的问题。

Promise 对象的执行结果包括 resolve（解决）和 reject（拒绝），可以简单理解为成功和失败。在 ArkTS 中有两种方式可以对 Promise 对象的执行结果进行处理，分别是通过 then()、catch()方法处理和通过 async、await 关键字处理，下面分别进行讲解。

1. 通过 then()、catch()方法处理

Promise 对象提供了可以链式调用的 then()、catch()方法来处理执行结果，具体介绍如下。

① then()方法用于在 Promise 对象的执行结果为 resolve 或 reject 时执行相应的回调函数。该方法有两个参数，第 1 个参数表示当执行结果为 resolve 时执行的回调函数，结果数据会作为参数传递给这个回调函数；第 2 个参数是可选参数，表示当执行结果为 reject 时执行的回调函数，错误原因数据会作为参数传递给这个回调函数。

② catch()方法用于在 Promise 对象的执行结果为 reject 时执行回调函数。该方法有一个参数，该参数的含义与 then()方法的第 2 个参数相同。当 then()方法的第 2 个参数（回调函数）执行后，如果没有新的 reject 产生，catch()方法的参数（回调函数）将不再执行。

下面通过代码演示 then()、catch()方法的使用方法，示例代码如下。

```
1  import { promptAction } from '@kit.ArkUI';
2  promptAction.showDialog({
3    message: '确认要付款吗？',
4    buttons: [
5      { text: '取消', color: '#F00' },
6      { text: '确认', color: '#09F' }
7    ]
8  }).then(result => {
9    if (result.index == 0) {
10     console.log('用户点击了取消按钮');
11   } else if (result.index == 1) {
12      console.log('用户点击了确认按钮');
13   }
14 }).catch((e: string) => {
15   console.log(e);
16 });
```

在上述代码中，第 9～13 行代码用于判断用户点击的按钮，result 对象的属性 index 表示用户点击的按钮的索引，即第 5～6 行代码中的按钮在数组中的索引。

当用户点击"取消"按钮时，程序输出"用户点击了取消按钮"；当用户点击"确认"按钮时，程序输出"用户点击了确认按钮"。如果用户没有点击"取消"和"确认"按钮，而是点击对话框以外的区域，则会进入 catch()方法中，执行第 15 行代码，输出"Error: cancel"。

2. 通过 async、await 关键字处理

async、await 关键字简化了异步操作的代码，可以使异步操作的代码像同步操作的代码一样简洁。async、await 关键字的作用具体如下。

① async 关键字用于声明一个异步的函数，它总是返回一个 Promise 对象。无论函数或方法内部是否返回了 Promise 对象，函数返回值都会被自动装箱成 Promise 对象。

② await 关键字只能在 async 关键字声明的异步函数的内部使用，它需要写在调用异步函数的代码前，用于等待异步函数的执行，并且将异步函数的返回值从 Promise 对象更改为结果数据。如果异步函数的执行结果为 reject，程序会抛出错误对象，使用 try...catch 语句可以对错误进行处理。

下面通过代码演示 async、await 关键字的使用方法，示例代码如下。

```
1  (async () => {
2    try {
3      const result = await promptAction.showDialog({
4        message: '确认要付款吗？',
5        buttons: [
6          { text: '取消', color: '#F00' },
7          { text: '确认', color: '#09F' }
8        ]
9      });
10     if (result.index == 0) {
11       console.log('用户点击了取消按钮');
12     } else if (result.index == 1) {
13       console.log('用户点击了确认按钮');
```

```
14        }
15    } catch (e) {
16      console.log(e);
17    }
18 })();
```

在上述代码中，第 1 行代码使用了 async 关键字，第 3 行代码使用了 await 关键字。因为使用 await 关键字后，showDialog()方法的返回值为结果数据，所以第 10～14 行代码可以对 result.index 进行判断。

当用户点击"取消"按钮时，程序输出"用户点击了取消按钮"；当用户点击"确认"按钮时，程序输出"用户点击了确认按钮"。如果用户没有点击"取消"和"确认"按钮，而是点击对话框以外的区域，则会执行第 16 行代码，输出"Error: cancel"。

3.10　阶段案例——计算时间差

我们在网上购物时，经常会看到商家推出一些抢购活动，页面会显示活动开始时间的倒计时，如"距离活动开始还有 39 天 19 时 02 分 11 秒"，其中，"39 天 19 时 02 分 11 秒"是一个时间差。本案例将会编写程序完成时间差的计算，程序中需要定义一个函数，用于计算时间差，该函数的参数表示活动开始时间，在函数内获取当前时间，并计算当前时间距离活动开始时间还有多久，以"x 天 x 时 x 分 x 秒"的格式返回计算结果。

请读者扫描二维码，查看本案例的代码。

本章小结

本章讲解的内容主要包括面向过程和面向对象、创建对象、实例成员和静态成员、类与接口的语法细节、泛型、常用的内置对象、导出和导入、错误处理以及 ArkTS API。通过本章的学习，读者应该能够掌握 ArkTS 的面向对象语法，能够运用 ArkTS 编写复杂的程序。

课后练习

一、填空题

1. 定义接口的关键字是_____。
2. 定义类的关键字是_____。
3. 通过类创建对象使用的关键字是_____。
4. 在类中，用于初始化类成员的方法称为_____方法。
5. 子类继承父类使用的关键字是_____。

二、判断题

1. 定义类中的成员时，访问控制修饰符不能省略。（　　）
2. Math 对象用于进行与数学相关的运算。（　　）
3. 泛型是一种固定的类型。（　　）

4. 一个类只能实现一个接口。（　　　）

5. 一个接口可以继承另一个接口。（　　　）

三、选择题

1. 下列选项中，用于通过获取月中的某一天的方法是（　　　）。

　　A. getFullYear()　　　　B. getDate()　　　　　C. getDay()　　　　　D. getTime()

2. 下列选项中，用于实现删除数组的第一个元素的方法是（　　　）。

　　A. push()　　　　　　　B. shift()　　　　　　　C. pop()　　　　　　　D. unshift()

3. 下列选项中，表示公有修饰符的是（　　　）。

　　A. public　　　　　　　B. protected　　　　　　C. private　　　　　　D. static

4. 下列选项中，导出使用的关键字是（　　　）。

　　A. class　　　　　　　　B. extends　　　　　　　C. export　　　　　　D. import

5. 下列选项中，关于导入的说法错误的是（　　　）。

　　A. 导入使用的关键字是 import

　　B. 默认导出和命名导出的导入方式相同

　　C. 如果想要更改导入的名称，可以在名称后面加上“as 新名称”

　　D. 在一个文件中，导入的代码必须写在其他代码的前面

四、简答题

1. 请简述如何在 ArkTS 中进行错误处理。

2. 请简述 async、await 关键字的作用。

五、程序题

1. 请编写程序实现从数组[83, 92, 88, 76, 93, 90, 84, 77, 96, 90]中找出所有大于或等于 90 的数字。

2. 请编写程序实现判断用户名是否合法，对用户名的要求如下。

① 用户名长度为 3～6。

② 不允许出现敏感词 admin 的任何大小写形式。

第4章

ArkUI（上）

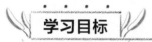

学习目标

◆ 了解组件的概念，能够说出 ArkUI 组件的分类

◆ 掌握组件的基本使用方法，能够通过查阅鸿蒙开发文档的方式学习组件

◆ 熟悉自定义组件，能够说出自定义组件的结构

◆ 掌握 ArkUI 中常用组件的使用方法，能够灵活运用组件

◆ 掌握组件多态样式的实现方法，能够针对组件的不同内部状态设置不同的样式

◆ 掌握双向数据绑定，能够实现将组件的状态与变量的值自动同步

UI 开发对于提升用户体验、增强应用吸引力，以及确保应用功能直观、易用至关重要。鸿蒙应用的 UI 框架 ArkUI 为开发者提供了丰富的组件，通过使用这些组件可以极大地提高 UI 的开发效率。本章将对 ArkUI 的基础知识进行详细讲解。

4.1 初识组件

ArkUI 中的组件用于构建 UI 的各个部分。除了使用 ArkUI 提供的组件，开发者还可以根据需求创建自定义组件。本节将详细讲解什么是组件及组件的基本使用方法。

4.1.1 什么是组件

组件是独立的代码块，具有特定的功能和样式，并且可以在页面中独立使用和重复使用。组件类似我们生活中的汽车发动机，不同型号的汽车可以使用同一款发动机，这样就不需要为每一辆汽车生产一款发动机。

ArkUI 为开发者提供了可以直接在程序中使用的组件，通过组件可以快速构建 UI，提高 UI 的开发效率和一致性。

组件可以按照其功能和用途进行分类，ArkUI 中的组件分类如下。

① 基础组件：提供了构建 UI 的基础，如按钮、单行文本输入框、标签等，它们通常是构建其他复杂组件的基础。

② 容器组件：帮助开发者构建不同样式的页面布局，如栅格系统、弹性布局、网格布

局等，使页面的布局更加灵活。

③ 媒体组件：用于处理和展示音视频内容，丰富 UI 的视觉和交互体验。

④ 绘制组件：用于绘制图形，例如线条、矩形、圆形等，通常用于实现涂鸦板、绘图工具等应用场景。

⑤ 画布组件：提供了一个可绘制的画布，开发者可以在画布上绘制各种图形、文本等内容。这些组件通常用于创建自定义的图形界面或实现特定的绘图功能。

⑥ 其他组件：包括操作块组件、弹出框组件、气泡组件、工具栏组件等。

ArkUI 为组件提供了属性和事件，包括所有组件通用的属性和事件，以及每个组件特有的属性和事件。关于属性和事件的介绍如下。

① 属性用于定义组件的样式、数据、特性等。其中，定义组件样式的属性与网页中的 CSS（Cascading Style Sheets，串联样式表）样式属性类似，能让 Web 前端开发者快速上手鸿蒙应用的 UI 开发。

② 事件用于定义组件的交互逻辑。开发者可以为组件的事件设置事件处理程序，当用户的交互触发了事件时，系统就会执行事件处理程序，从而处理用户的操作。

组件的属性和事件都是以调用方法的形式设置的。例如，调用 width() 方法可以设置 width 属性，调用 onClick() 方法可以设置 onClick 事件。通过链式调用的方式可以连续设置多个属性和事件。

4.1.2　组件的基本使用方法

鸿蒙开发文档提供了 ArkUI 组件的示例代码，用于展示组件的实际应用，这些示例代码可以帮助开发者了解如何使用组件。

建议初学者在学习本书时，同时查阅鸿蒙开发文档，通过鸿蒙开发文档获取组件的相关信息。

通过查阅鸿蒙开发文档的方式学习 ArkUI 组件的基本流程如下。

① 在鸿蒙开发文档中找到所需组件，阅读组件的概述部分，了解组件的基本信息、特性和用途。

② 查看文档中提供的示例代码，以便了解如何使用该组件及其各种属性和方法。

③ 根据文档提供的示例代码和说明，在 DevEco Studio 中进行实际操作并测试组件的各种功能。

④ 如果效果与实际需求有差异，可以进一步调整和修改代码，以达到期望的效果。

在使用组件时，经常会用到通用属性和通用事件。读者可以通过鸿蒙开发文档查阅通用属性和通用事件的相关信息，文档的路径为"API 参考 ＞ 应用框架 ＞ ArkUI（方舟 UI 框架）＞ ArkTS 组件 ＞ 组件通用信息"。

下面通过表 4-1 列举一些 ArkUI 中常用的通用属性和通用事件。

表 4-1　ArkUI 中常用的通用属性和通用事件

类型	名称	说明
通用属性	width	用于设置宽度
	height	用于设置高度

续表

类型	名称	说明
通用属性	margin	用于设置外边距
	padding	用于设置内边距
	background	用于设置背景
	backgroundColor	用于设置背景颜色
	border	用于设置边框的样式
	borderRadius	用于设置边框的圆角半径
通用事件	onClick	点击事件

从表 4-1 可以看出，ArkUI 中的通用属性和通用事件与 CSS 和 JavaScript 有很高的相似度，这样可以使 Web 前端开发者快速上手鸿蒙应用的 UI 开发。

在设置组件的属性时，经常需要设置一些数字（如高度、宽度等）和颜色（如背景颜色、边框色等）。下面对 ArkUI 中数字的单位和颜色的取值方式分别进行介绍。

（1）数字的单位

ArkUI 中数字的默认单位是 vp。vp 的含义是虚拟像素（virtual pixel），它提供了一种灵活的方式来使组件适应不同屏幕像素密度的显示效果，使组件在不同像素密度的屏幕上都具有较好的视觉效果。在代码中，直接使用 number 类型的数字即表示使用 vp 单位，此外还可以使用 string 类型的百分比数来设置相对值。

（2）颜色的取值方式

ArkUI 中颜色的取值方式有 5 种，分别是预定义的颜色名、十六进制颜色值、RGB 值、RGBA 值以及资源中的颜色，具体如下。

① 预定义的颜色名：例如，Color.Red、Color.Green、Color.Blue 分别表示红色、绿色和蓝色。当在 DevEco Studio 中输入"Color."后，DevEco Studio 会提示所有可用的颜色名。

② 十六进制颜色值：有字符串和数字两种类型，具体如下。

· 字符串：由以"#"开头的 8 位十六进制数字符串组成，每两位代表一个值，一共 4 个值，从左到右依次表示不透明度、红色、绿色、蓝色，每个值的取值范围是 00～FF。如果每个值的两位都相同，可以简写成一位，例如'#FFFF0000'（红色）可以简写为'#FF00'。如果不需要设置不透明度，可以省略。例如，'#FFFF0000'可以简写成'#FF0000'或'#F00'。十六进制颜色值中的英文字母不区分大小写。

· 数字：由"0x"开头的 6 位十六进制数表示，每两位代表一个值，一共 3 个值，从左到右分别表示红色、绿色、蓝色，每个值的取值范围是 00～FF。例如，0xFF0000 表示红色。

③ RGB 值：使用'rgb(r, g, b)'格式表示，其中 r、g 和 b 分别表示红色、绿色、蓝色，每个颜色的取值范围为 0～255 的整数。例如，'rgb(255, 0, 0)'表示红色。

④ RGBA 值：使用'rgba(r, g, b, a)'格式表示，它相比 RGB 值多了 a，a 表示不透明度。不透明度的取值范围为 0～1，0 表示完全透明。例如，'rgba(255, 0, 0, 0.5)'表示半透明的红色。

⑤ 资源中的颜色：通过 $r() 函数读取 entry/src/main/resources/base 目录下的 color.json 文件中的内容，写法为"$r('app.color.资源名')"。

为了让读者更好地掌握组件的使用方法，下面演示如何通过查阅鸿蒙开发文档的方式实现按钮效果，具体步骤如下。

① 右击 entry/src/main/ets/pages 目录，在弹出的快捷菜单中选择"新建"→"Page"→"Empty Page"，根据提示输入页面名称"Example"，完成页面的创建。

② 打开华为开发者联盟中的鸿蒙开发文档，进入"API 参考"页面（进入后会自动打开"API 参考 > API 参考概述 > 开发说明"子页面），如图 4-1 所示。

图4-1　"API参考"页面

③ 在左侧的搜索框中输入"Button"，单击左侧菜单中的"Button"菜单项，进入 Button 组件的文档页面，如图 4-2 所示。

图4-2　Button组件的文档页面

读者可以在图 4-2 所示的页面中查询 Button 组件的使用方法。

④ 参考 Button 组件的文档页面，在 Example.ets 文件中编写代码，利用 Button 组件制作一个简单的按钮，示例代码如下。

```
1   @Entry
2   @Component
3   struct Example {
4     build() {
```

```
5      Button('OK', { type: ButtonType.Normal })
6        .borderRadius(8)                    // 边框的圆角半径为 8
7        .backgroundColor(0x317aff)          // 背景颜色为 0x317aff
8        .width(90)                          // 宽度为 90
9        .onClick(() => {                    // 点击事件
10         console.log('Button 组件被点击了');
11       })
12   }
13 }
```

上述代码使用 Button 组件定义了一个按钮,将按钮上显示的文本设置为"OK",并设置了按钮的一些属性,包括圆角、背景颜色和宽度,实现了当用户点击"OK"按钮时,输出"Button 组件被点击了"。

第 5 行代码调用了 Button()函数,调用即代表使用 Button 组件,Button()函数的第 1 个参数用于设置按钮上显示的文本,第 2 个参数用于设置按钮的显示样式,ButtonType.Normal 表示普通按钮样式。

第 6~8 行代码用于设置组件的属性,第 9~11 行代码用于设置组件的事件。

保存上述代码,预览 Example.ets 文件,按钮效果如图 4-3 所示。

图4-3   按钮效果

另外,如果读者的预览器中显示的是 Index.ets 文件的效果,而不是当前正在编辑的 Example.ets 文件的效果,可以单击预览器中的 按钮进行重新加载,如图 4-4 所示。

图4-4   重新加载

重新加载后,预览器即可显示当前正在编辑的 Example.ets 文件。

至此,已经通过查阅鸿蒙开发文档,成功实现了按钮效果。读者此时无须深入分析代码,只需要了解通过鸿蒙开发文档学习 ArkUI 组件的基本流程即可。

4.2   自定义组件

在 entry/src/main/ets/pages 目录下,每个文件对应一个页面,在每个文件中可以定义多个自定义组件。打开该目录下的 Index.ets 文件,会看到里面的代码主要包括@Entry、@Component、struct Index {}、@State 和 build(),示例代码如下。

```
1  @Entry
2  @Component
3  struct Index {
4    @State message: string = 'Hello World';
5    build() {
6      ……(此处省略一些代码)
```

```
7    }
8  }
```

上述代码定义了一个名称为 Index 的自定义组件（简称 Index 组件）。

在简单了解了自定义组件的基本代码后，下面对自定义组件的各部分代码进行详细讲解。

1. 装饰器

装饰器用于装饰类、结构、方法以及变量，并赋予特殊的含义。装饰器既可以与被装饰的内容写在同一行，用空格分隔，也可以单独写在一行，写在被装饰内容的上方。多个装饰器可以同时使用，用空格或换行分隔即可。常用的装饰器有@Component、@Entry、@State、@Preview，具体解释如下。

（1）@Component

使用@Component 装饰的 struct 具有组件化能力，能够成为一个独立的组件，即自定义组件。自定义组件可以调用其他自定义组件和 ArkUI 提供的组件，自定义组件内部必须使用 build()方法来描述 UI 结构。

（2）@Entry

@Entry 用于将一个自定义组件装饰为页面的入口组件。入口组件用于展示页面，一个页面只能有一个入口组件。当一个页面有入口组件时，需要通过自动或手动的方式将页面注册到 entry/src/main/resources/base/profile 目录下的 main_pages.json 文件中，具体如下。

① 自动注册：通过"新建"→"Page"→"Empty Page"的方式创建页面时，页面会自动注册到 main_pages.json 文件中。

② 手动注册：通过"新建"→"ArkTS File"的方式创建页面时，需要在 main_pages.json 文件中手动注册页面。如果删除了入口组件，则需要手动从 main_pages.json 文件中删除相应的注册页面的代码，否则编译时会报错。

在本书的操作步骤中，对于 entry/src/main/ets/pages 目录下的页面文件，默认采用"新建"→"Page"→"Empty Page"的方式进行创建，其他目录下的文件（非页面）则默认采用"新建"→"ArkTS File"的方式进行创建。

main_pages.json 文件的示例代码如下。

```
1  {
2    "src": [
3      "pages/Index",
4      "pages/Example"
5    ]
6  }
```

在上述代码中，注册了两个页面，它们对应的文件是 entry/src/main/ets/pages 目录下的 Index.ets 和 Example.ets。

（3）@State

@State 用于装饰自定义组件内的变量，以保存状态数据。状态数据变化会触发所在组件的 UI 重新渲染（或称为刷新）。所有被@State 装饰的变量必须设置初始值。

（4）@Preview

@Preview 用于实现自定义组件在 DevEco Studio 预览器上的预览。入口组件不需要添加@Preview 即可预览，@Preview 通常用于预览非入口组件。

2. UI 描述

UI 描述是指以声明式的方式来描述自定义组件的 UI 结构。UI 描述的代码写在 build() 方法中。在 build()方法中可以使用 ArkUI 提供的组件和自定义组件。

build()方法可以没有内容，如果有内容，需要注意以下两点。

① 对于被@Entry 装饰的自定义组件，build()方法必须有且只能有一个根组件，且该根组件必须能够容纳子组件。

② 对于被@Component 装饰的自定义组件，build()方法必须有且只能有一个根组件，但这个根组件可以没有子组件。

3. struct

struct 是指使用 struct 关键字声明的结构（或称为结构体），被@Component 装饰的 struct 代表一个自定义组件。自定义组件是一个可复用的 UI 单元，可以组合其他组件。struct 关键字后面的 Index 表示自定义组件的名称，该名称不能和 ArkUI 提供的组件名称相同。

4.3 ArkUI 中的常用组件

ArkUI 提供了非常丰富的组件，为开发带来了很大的便利。虽然 ArkUI 中的组件非常多，但是这些组件的使用方式是相似的。因此，本节仅选取 ArkUI 中的部分常用组件进行讲解，其他组件读者可通过鸿蒙开发文档自学。

4.3.1 Column 组件

Column 组件是用于沿垂直方向布局其子组件的容器组件，可以实现纵向布局效果。Column 容器（Column 组件创建的容器）内的子组件会按照代码中的顺序依次在垂直方向上排列。如果 Column 容器中的子组件的内容超出了父容器组件的宽度或高度，超出部分不会换行也不会出现滚动条。

Column 容器的布局如图 4-5 所示。

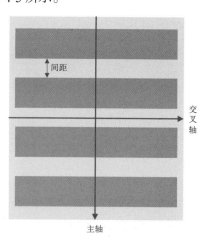

图4-5　Column容器的布局

在图 4-5 中，Column 容器的主轴（Main Axis）为垂直方向，交叉轴（Cross Axis）为水平方向，子组件默认沿着主轴方向排列。

Column 组件的语法格式如下。

```
Column(value)
```

在上述语法格式中，value 参数为一个对象，该对象包含 space 属性，用于设置垂直方向上子组件的间距。

Column 组件的常用属性如表 4-2 所示。

表 4-2   Column 组件的常用属性

属性	说明
alignItems	用于设置子组件在交叉轴（水平）方向上的对齐方式
justifyContent	用于设置子组件在主轴（垂直）方向上的对齐方式

alignItems 属性的常用取值如下。

① HorizontalAlign.Start：表示子组件在水平方向上左对齐。

② HorizontalAlign.Center：默认值，表示子组件在水平方向上居中对齐。

③ HorizontalAlign.End：表示子组件在水平方向上右对齐。

Column 容器内子组件在水平方向上的对齐方式如图 4-6 所示。

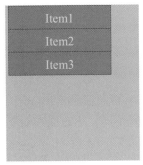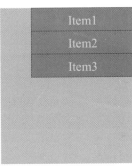

图 4-6   Column 容器内子组件在水平方向上的对齐方式

justifyContent 属性的常用取值如下。

① FlexAlign.Start：默认值，表示子组件在垂直方向上首端对齐，第一个子组件与首端边沿对齐，同时后续的子组件与前一个子组件对齐。

② FlexAlign.Center：表示子组件在垂直方向上中心对齐，第一个子组件与首端边沿的距离与最后一个子组件与尾部边沿的距离相同。

③ FlexAlign.End：表示子组件在垂直方向上尾部对齐，最后一个子组件与尾部边沿对齐，其他子组件与后一个子组件对齐。

④ FlexAlign.SpaceBetween：表示在垂直方向上均匀分布子组件，相邻子组件之间距离相同。第一个子组件与首端边沿对齐，最后一个子组件与尾部边沿对齐。

⑤ FlexAlign.SpaceAround：表示在垂直方向上均匀分布子组件，相邻子组件之间距离相同。第一个子组件到首端边沿的距离和最后一个子组件到尾部边沿的距离是相邻子组件之间距离的一半。

⑥ FlexAlign.SpaceEvenly：表示在垂直方向上均匀分布子组件，相邻子组件之间的距离、第一个子组件与首端边沿的距离、最后一个子组件与尾部边沿的距离相同。

Column 容器内子组件在垂直方向上的对齐方式如图 4-7 所示。

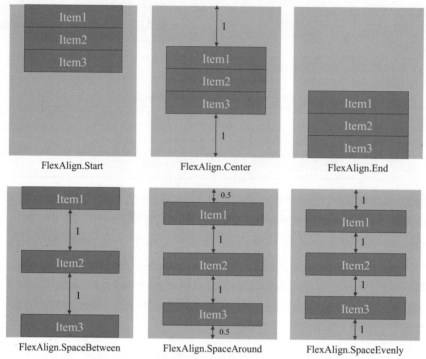

图4-7　Column容器内子组件在垂直方向上的对齐方式

　　下面通过代码演示 Column 组件的使用方法。在 entry/src/main/ets/pages 目录下创建 ColumnPage.ets 文件，在该文件中使用 Column 组件实现纵向布局，示例代码如下。

```
1   @Entry
2   @Component
3   struct ColumnPage {
4     build() {
5       Column({ space: 50 }) {
6         Column()
7           .width(200)
8           .height(100)
9           .backgroundColor(Color.Grey)
10        Column()
11          .width(150)
12          .height(100)
13          .backgroundColor(Color.Grey)
14        Column()
15          .width(100)
16          .height(100)
17          .backgroundColor(Color.Grey)
18      }
19      .width('100%')
20      .height('100%')
21      .alignItems(HorizontalAlign.Start)
22      .justifyContent(FlexAlign.Center)
23    }
24  }
```

在上述代码中，第 5～18 行代码使用 Column 组件创建了一个纵向布局的容器，使用 space 属性设置子组件的间距为 50，其中，第 6～17 行代码在容器内部添加了 3 个 Column 子组件，每个子组件都设置了宽度、高度和背景颜色；第 19～22 行代码设置了整个容器的宽度和高度为当前父容器宽度和高度的 100%，水平方向上左对齐，垂直方向上中心对齐。

保存上述代码，预览 ColumnPage.ets 文件，纵向布局效果如图 4-8 所示。

图4-8　纵向布局效果

从图 4-8 可以看出，页面中的 3 个子组件在水平方向上左对齐，垂直方向上中心对齐。

4.3.2　Row 组件

Row 组件是用于沿水平方向布局其子组件的容器组件，可以实现横向布局效果。Row 容器（Row 组件创建的容器）内的子组件会按照代码中的顺序依次在水平方向上排列。如果 Row 容器中的子组件的内容超出了父容器组件的宽度或高度，超出部分不会换行也不会出现滚动条。

Row 容器的布局如图 4-9 所示。

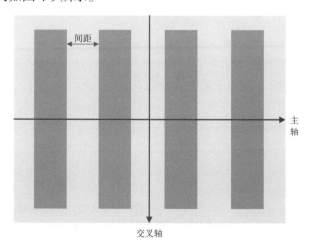

图4-9　Row容器的布局

在图 4-9 中，Row 容器的主轴为水平方向，交叉轴为垂直方向，子组件默认沿着主轴方向排列。

Row 组件的语法格式如下。

```
Row(value)
```

在上述语法格式中，value 参数为一个对象，该对象包含 space 属性，用于设置水平方向上子组件的间距。

Row 组件的常用属性如表 4-3 所示。

表 4-3　Row 组件的常用属性

属性	说明
alignItems	用于设置子组件在交叉轴（垂直）方向上的对齐方式
justifyContent	用于设置子组件在主轴（水平）方向上的对齐方式

alignItems 属性的常用取值如下。

① VerticalAlign.Top：表示子组件在垂直方向上顶部对齐。

② VerticalAlign.Center：默认值，表示子组件在垂直方向上居中对齐。

③ VerticalAlign.Bottom：表示子组件在垂直方向上底部对齐。

Row 容器内子组件在垂直方向上的对齐方式如图 4-10 所示。

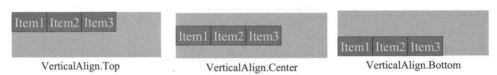

图4-10　Row容器内子组件在垂直方向上的对齐方式

justifyContent 属性的常用取值如下。

① FlexAlign.Start：默认值，表示子组件在水平方向上首端对齐，第一个子组件与首端边沿对齐，同时后续的子组件与前一个子组件对齐。

② FlexAlign.Center：表示子组件在水平方向上中心对齐，第一个子组件与首端边沿的距离与最后一个子组件与尾部边沿的距离相同。

③ FlexAlign.End：表示子组件在水平方向上尾部对齐，最后一个子组件与尾部边沿对齐，其他子组件与后一个子组件对齐。

④ FlexAlign.SpaceBetween：表示在水平方向上均匀分布子组件，相邻子组件之间距离相同。第一个子组件与首端边沿对齐，最后一个子组件与尾部边沿对齐。

⑤ FlexAlign.SpaceAround：表示在水平方向上均匀分布子组件，相邻子组件之间距离相同。第一个子组件到首端边沿的距离和最后一个子组件到尾部边沿的距离是相邻子组件之间距离的一半。

⑥ FlexAlign.SpaceEvenly：表示在水平方向上均匀分布子组件，相邻子组件之间距离、第一个子组件与首端边沿的距离、最后一个子组件与尾部边沿的距离相同。

Row 容器内子组件在水平方向上的对齐方式如图 4-11 所示。

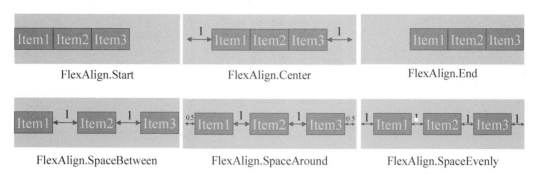

图4-11 Row容器内子组件在水平方向上的对齐方式

下面通过代码演示 Row 组件的使用方法。在 entry/src/main/ets/pages 目录下创建 RowPage.ets 文件，在该文件中使用 Row 组件实现横向布局，示例代码如下。

```
1   @Entry
2   @Component
3   struct RowPage {
4    build() {
5     Row({ space: 15 }) {
6      Row()
7       .width(100)
8       .height(200)
9       .backgroundColor(Color.Gray)
10     Row()
11      .width(100)
12      .height(200)
13      .backgroundColor(Color.Gray)
14     Row()
15      .width(100)
16      .height(200)
17      .backgroundColor(Color.Gray)
18    }
19    .width('100%')
20    .height('100%')
21    .alignItems(VerticalAlign.Top)
22    .justifyContent(FlexAlign.Center)
23   }
24  }
```

在上述代码中，第 5~18 行代码使用 Row 组件创建了一个横向布局的容器，使用 space 属性设置子组件的间距为 15，其中，第 6~17 行代码在容器内部添加了 3 个 Row 子组件，每个子组件都设置了宽度、高度和背景颜色；第 19~22 行代码设置了整个容器的宽度和高度为当前父容器宽度和高度的 100%，垂直方向上顶部对齐，水平方向上中心对齐。

保存上述代码，预览 RowPage.ets 文件，横向布局效果如图 4-12 所示。

从图 4-12 可以看出，页面中的 3 个子组件在水平方向上中心对齐，垂直方向上顶部对齐。需要说明的是，3 个子组件的顶部有留白的区域，这部分区域是系统的状态栏区域。

图4-12　横向布局效果

4.3.3　Image 组件

Image 组件是图像组件,常用于在应用程序中显示图像,它支持多种图像格式,例如 PNG、JPEG、BMP、SVG、WebP 和 GIF。

Image 组件的语法格式如下。

```
Image(src)
```

在上述语法格式中, src 参数用于指定要显示的图像源, 可以是 string、PixelMap 和 Resource 类型, 具体介绍如下。

① string 类型常用于加载网络图像,需要先申请网络访问权限才能使用。当使用相对路径(相对 ets 目录)引用本地图像时, 不支持跨包和跨模块访问图像, 例如 Image('images/test.jpg')。

② PixelMap 类型用于加载像素图像, 常用于图像编辑场景。

③ Resource 类型用于加载本地图像,支持跨包和跨模块访问图像。开发人员可以将图像放到 entry/src/main/resources/base/media 目录下,通过$r()函数读取并转换为 Resource 类型。例如, 访问 media 目录下的 icon.png 文件, 示例代码如下。

```
Image($r('app.media.icon'))
```

在上述代码中, 省略了图像文件的扩展名。

此外, 还可以将图像放到 entry/src/main/resources/rawfile 目录下,通过$rawfile()函数读取并转换为 Resource 类型。例如, 访问 rawfile 目录下的 icon.png 文件, 示例代码如下。

```
Image($rawfile('icon.png'))
```

在上述代码中, 图像文件的扩展名不能省略。

Image 组件的常用属性如表 4-4 所示。

表 4-4　Image 组件的常用属性

属性	说明
alt	用于设置图像加载时显示的占位图
objectFit	用于设置图像的填充效果
interpolation	用于设置图像的插值效果，可缓解图像在缩放时的锯齿问题。SVG 格式的图像不支持使用该属性
objectRepeat	用于设置图像的重复样式，从中心点向两边重复，剩余空间不足以放下一张图像时图像会被截断。SVG 格式的图像不支持使用该属性
renderMode	用于设置图像的渲染模式为原色或黑白。SVG 格式的图像不支持使用该属性
fillColor	用于设置填充颜色，设置后填充颜色会覆盖在图像上。该属性仅对 SVG 格式的图像生效，设置后会替换图像的填充颜色

objectFit 属性的常用取值如下。

① ImageFit.Cover：默认值，表示在保持宽高比的情况下进行缩小或者放大，使图像完全覆盖显示区域，如果图像的宽高比与显示区域的宽高比不同，则图像会被裁剪。

② ImageFit.Contain：表示在保持宽高比的情况下进行缩小或者放大，使得图像完全显示在显示边界内。

③ ImageFit.Auto：表示自适应显示。

④ ImageFit.Fill：表示在不保持宽高比的情况下进行放大或者缩小，使得图像充满显示边界。

⑤ ImageFit.ScaleDown：表示保持宽高比显示，图像需缩小或者保持不变。

⑥ ImageFit.None：表示保持图像原有尺寸显示。

interpolation 属性的常用取值如下。

① ImageInterpolation.Low：默认值，表示在图像缩放时使用较低质量的插值算法。

② ImageInterpolation.None：表示在图像缩放时不使用插值算法，这可能导致图像显示锯齿或像素化。

③ ImageInterpolation.Medium：表示在图像缩放时使用中等质量的插值算法。

④ ImageInterpolation.High：表示在图像缩放时使用较高质量的插值算法，尽可能减少锯齿效应和失真。

objectRepeat 属性的常用取值如下。

① ImageRepeat.NoRepeat：默认值，表示不重复绘制图像。

② ImageRepeat.X：表示只在水平方向上重复绘制图像。

③ ImageRepeat.Y：表示只在垂直方向上重复绘制图像。

④ ImageRepeat.XY：表示在水平方向上和垂直方向上重复绘制图像。

renderMode 属性的常用取值如下。

① ImageRenderMode.Original：默认值，表示图像的渲染模式为原色。

② ImageRenderMode.Template：表示图像的渲染模式为黑白。

下面通过代码演示 Image 组件的使用方法。在 entry/src/main/ets/pages 目录下创建 ImagePage.ets 文件，在该文件中使用 Image 组件加载图像，示例代码如下。

```
1    @Entry
2    @Component
3    struct ImagePage {
4      build() {
5        Row() {
6          Column() {
7            Image($r('app.media.law'))
8              .width(300)
9              .height(300)
10             .borderRadius(20)
11             .margin({ top: 20 })
12             .interpolation(ImageInterpolation.High)
13         }
14         .width('100%')
15       }
16       .height('100%')
17     }
18   }
```

在上述代码中，第 7～12 行代码使用 Image 组件加载 media 目录下名为 law 的图像，将其宽度和高度设置为 300，边框圆角半径设置为 20，设置与上方组件的间距为 20，并采用较高质量的插值算法进行图像处理。

需要说明的是，读者需要从本书配套资源中获取该图像的文件，将其放入 media 目录下，也可以自行准备图像文件。

保存上述代码，预览 ImagePage.ets 文件，图像效果如图 4-13 所示。

图4-13　图像效果

4.3.4　Text 组件

Text 组件是文本组件，用于显示文本内容，其内部可以包含 Span 组件和 ImageSpan 组件，Span 组件用于显示行内文本，ImageSpan 组件用于显示行内图像。

Text 组件的语法格式如下。

```
Text(content)
```

在上述语法格式中，content 参数用于设置文本内容，可以是 string 类型或 Resource 类型，具体介绍如下。

① string 类型用于直接写入文本内容，例如 Text('图像高度')。

② Resource 类型用于读取本地资源文件，即通过$r()函数从 entry/src/main/resources/

zh_CN/element 目录下的 string.json 文件中读取内容，例如 Text($r('app.string.资源名'))。

当不传递参数时，可以在 Text 组件中嵌套 Span 组件和 ImageSpan 组件。若嵌套 Span 组件，则显示 Span 组件的内容且 Text 组件的样式不生效。

Text 组件嵌套 Span 组件的语法格式如下。

```
Text(){
  Span()
}
```

在上述语法格式中，Text 组件的小括号后面添加了大括号"{}"，在大括号中使用了 Span 组件。

Text 组件除了设置文本内容，还可以通过设置各种属性来自定义文本的外观和行为。Text 组件的常用属性如表 4-5 所示。

表 4-5　Text 组件的常用属性

属性	说明
textAlign	用于设置文本段落在水平方向上的对齐方式
textOverflow	用于设置文本超长时的显示方式
lineHeight	用于设置文本的行高
fontSize	用于设置文本的字号
fontColor	用于设置文本的字体颜色
fontWeight	用于设置文本的字体粗细
letterSpacing	用于设置文本字符间距
textCase	用于设置文本大小写
decoration	用于设置文本装饰线样式及其颜色

textAlign 属性的常用取值如下。

① TextAlign.Start：默认值，表示文本左对齐。

② TextAlign.Center：表示文本居中对齐。

③ TextAlign.End：表示文本右对齐。

textOverflow 属性的常用取值如下。

① TextOverflow.Clip：默认值，表示文本超长时进行裁剪。

② TextOverflow.Ellipsis：表示文本超长时显示不下的文本用省略号代替。

③ TextOverflow.None：表示文本超长时不进行裁剪。

textCase 属性的常用取值如下。

① TextCase.Normal：默认值，表示保持文本原有大小写。

② TextCase.LowerCase：表示文本采用全小写。

③ TextCase.UpperCase：表示文本采用全大写。

decoration 属性的文本装饰线样式取值如下。

① TextDecorationType.None：默认值，表示不使用文本装饰线。

② TextDecorationType.Overline：表示在文本上方添加上划线。

③ TextDecorationType.Underline：表示在文本下方添加下划线。

④ TextDecorationType.LineThrough：表示为文本添加删除线。

文本装饰线的默认颜色为 Color.Black，即黑色。

下面通过代码演示 Text 组件的使用方法。在 entry/src/main/ets/pages 目录下创建 TextPage.ets 文件，在该文件中使用 Image 组件和 Text 组件实现图文展示效果，示例代码如下。

```
1   @Entry
2   @Component
3   struct TextPage {
4     build() {
5       Row() {
6         Column() {
7           Image($r('app.media.ShadowPuppets'))
8             .width('100%')
9           Text('皮影戏')
10            .fontSize(25)
11            .decoration({
12              type: TextDecorationType.Underline,
13              color: Color.Blue
14            })
15        }
16        .width('100%')
17      }
18      .height('100%')
19    }
20  }
```

在上述代码中，第 7 ~ 8 行代码使用 Image 组件加载 media 目录中名为 ShadowPuppets 的图像（该图像可从本书配套源码中获取），将其宽度设置为父组件宽度的 100%；第 9 ~ 14 行代码使用 Text 组件显示文本 "皮影戏"，并设置文本的字号为 25，在文本下方添加一条蓝色的下划线。

皮影戏

保存上述代码，预览 TextPage.ets 文件，图文展示效果如图 4-14 所示。

图4-14　图文展示效果

多学一招：限定词目录

限定词目录指的是 entry/src/main/resources/en_US 目录和 entry/src/main/resources/zh_CN 目录，如图 4-15 所示。

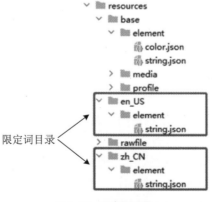

图4-15　限定词目录

从图 4-15 可以看到，en_US 目录和 zh_CN 目录都包含一个 string.json 文件，该文件用于保存限定词。

当使用\$r()函数读取本地资源文件时，系统会根据当前设备的信息优先选择匹配的限定词目录，然后从该目录下查找资源。系统首先会检查设备的系统语言，若为中文，则会在 zh_CN 目录的 string.json 文件中查找资源；若为英文，则会在 en_US 目录的 string.json 文件中查找资源。

如果在限定词目录下找不到所需资源，则系统会到 entry/src/main/resources/base 目录的 string.json 文件中查找资源。因此，当在 zh_CN 目录和 en_US 目录的 string.json 文件中添加资源时，也需要在 base 目录下的 string.json 文件中添加相同的资源，以避免 DevEco Studio 报错。

4.3.5　TextInput 组件

TextInput 组件是单行文本输入框组件，其语法格式如下。

```
TextInput(value)
```

在上述语法格式中，value 参数是一个 TextInputOptions 类型的对象，该对象包含 placeholder 属性和 text 属性，其中 placeholder 属性用于设置单行文本输入框无输入时的提示文本；text 属性用于设置单行文本输入框当前的文本内容。

下面通过代码演示如何设置单行文本输入框当前的文本内容，示例代码如下。

```
TextInput({ text: '请输入账号或手机号' })
```

上述代码中设置单行文本输入框当前的文本内容为"请输入账号或手机号"。

TextInput 组件的常用属性如表 4-6 所示。

表 4-6　TextInput 组件的常用属性

属性	说明
type	用于设置单行文本输入框的类型
caretColor	用于设置单行文本输入框中光标的颜色
placeholderColor	用于设置 placeholder 属性对应的文本字体颜色
placeholderFont	用于设置 placeholder 属性对应的文本样式，包括 size 属性、weight 属性、family 属性和 style 属性，分别用于设置文本字号、字体粗细、字体列表、字体样式

type 属性的常用取值如下。

① InputType.Normal：默认值，表示基本输入模式，支持输入数字、字母、下划线、空格和特殊字符。

② InputType.Password：表示密码输入模式，支持输入数字、字母、下划线、空格和特殊字符。

③ InputType.Email：表示电子邮箱地址输入模式，支持输入数字、字母、下划线和@字符，只能输入一个@字符。

④ InputType.Number：表示纯数字输入模式，支持输入数字。

⑤ InputType.PhoneNumber：表示电话号码输入模式，支持输入数字、+、-、*、#，长度不限。

TextInput 组件的常用事件如表 4-7 所示。

表4-7　TextInput 组件的常用事件

事件	说明
onChange	输入内容发生变化时触发，例如键盘输入、粘贴或剪切内容时触发
onSubmit	按下键盘中的"Enter"键时触发
onCopy	当长按单行文本输入框内部区域弹出剪贴板后，点击剪贴板"复制"按钮时触发
onCut	当长按单行文本输入框内部区域弹出剪贴板后，点击剪贴板"剪切"按钮时触发
onPaste	当长按单行文本输入框内部区域弹出剪贴板后，点击剪贴板"粘贴"按钮时触发

下面通过代码演示 TextInput 组件的使用方法。在 entry/src/main/ets/pages 目录下创建 TextInputPage.ets 文件，在该文件中使用 TextInput 组件实现单行文本输入框效果，示例代码如下。

```
1   @Entry
2   @Component
3   struct TextInputPage {
4     build() {
5       Row() {
6         Column() {
7           TextInput({ placeholder: '请输入账号或手机号' })
8             .width(300)
9             .placeholderColor(Color.Gray)
10            .placeholderFont({ size: 14 })
11            .caretColor(Color.Red)
12            .onChange(value => {
13              console.log(value);
14            })
15        }
16        .width('100%')
17      }
18      .height('100%')
19    }
20  }
```

在上述代码中，第 7 行代码使用 TextInput 组件定义一个单行文本输入框，并设置该单行文本输入框无输入时的提示文本为"请输入账号或手机号"；第 8～11 行代码用于设置单行文本输入框的宽度为 300，提示文本的颜色为灰色、字号为 14、单行文本输入框中光标的颜色为红色；第 12～14 行代码为单行文本输入框添加 onChange 事件，监听单行文本输入框内容的变化，当内容发生变化时，将新值输出。

保存上述代码，预览 TextInputPage.ets 文件，单行文本输入框效果如图 4-16 所示。

请输入账号或手机号

图4-16　单行文本输入框效果

在单行文本输入框中输入"test"，输出结果为"t""te""tes""test"，说明成功监听到单行文本输入框内容的变化，并将新值输出。

4.3.6　Button 组件

Button 组件是按钮组件，可快速创建不同样式的按钮，其语法格式如下。

```
Button(label, options)
```

在上述语法格式中，label 参数用于设置按钮的文本内容；options 参数为一个对象，包含 type 属性和 stateEffect 属性，具体会在后文进行讲解。

当不传递 label 参数时，可以在 Button 组件内嵌套其他组件，语法格式如下。

```
Button() {
  // 其他组件
}
```

Button 组件的常用属性如表 4-8 所示。

表 4-8　Button 组件的常用属性

属性	说明
type	用于设置按钮显示样式
stateEffect	用于设置按钮按下时是否开启按压效果，默认值为 true，表示开启按压效果；当设置为 false 时，表示关闭按压效果

type 属性的常用可选值如下。

① ButtonType.Capsule：默认值，表示为胶囊形按钮，圆角半径默认为高度的一半。

② ButtonType.Circle：表示为圆形按钮。

③ ButtonType.Normal：表示为普通按钮，不带圆角。

下面通过代码演示 Button 组件的使用方法。在 entry/src/main/ets/pages 目录下创建 ButtonPage.ets 文件，在该文件中使用 Button 组件实现"登录"按钮，示例代码如下。

```
1  @Entry
2  @Component
3  struct ButtonPage {
4    build() {
5      Row() {
6        Column() {
7          Button('登录')
8            .width(100)
9            .type(ButtonType.Normal)
10           .borderRadius(10)
11         }
12         .width('100%')
13       }
14       .height('100%')
15     }
16  }
```

在上述代码中，第 7～10 行代码使用 Button 组件定义了一个按钮，并设置按钮上显示的文本为"登录"，按钮的宽度为 100，按钮的类型为普通按钮，按钮的边框圆角半径为 10。

保存上述代码，预览 ButtonPage.ets 文件，"登录"按钮效果如图 4-17 所示。

图4-17　"登录"按钮效果

4.3.7　Slider 组件

Slider 组件是滑动条组件，通常用于快速调节设置值，常用在音量调节、亮度调节、进度调节等场景。Slider 组件的语法格式如下。

```
Slider(options)
```

在上述语法格式中，options 参数为一个对象，用于设置滑动条的各种配置属性，常用的配置属性如下。

① value：用于设置当前进度值。

② min：用于设置最小值，默认值为 0。

③ max：用于设置最大值，默认值为 100。

④ step：用于设置滑动条的滑动步长，默认值为 1。当值小于 0 时，按默认值显示。

⑤ style：用于设置滑动条的滑块与滑轨显示样式，具体取值如下。

- SliderStyle.OutSet：默认值，表示滑块在滑轨上。
- SliderStyle.InSet：表示滑块在滑轨内。

⑥ direction：用于设置滑动条滑动方向为水平方向还是竖直方向，具体取值如下。

- Axis.Horizontal：默认值，表示滑动方向为水平方向。
- Axis.Vertical：表示滑动方向为竖直方向。

⑦ reverse：用于设置滑动条取值范围是否反向，横向滑动条默认为从左往右滑动，竖向滑动条默认为从上往下滑动。默认值为 false，表示滑动条的取值范围是正向的；若值为 true，表示滑动条的取值范围是反向的。

下面通过代码演示如何配置 Slider 组件参数，示例代码如下。

```
1  Slider({
2    min: 0,
3    max: 100,
4    value: 50
5    step: 10,
6    style: SliderStyle.OutSet,
7    direction: Axis.Horizontal,
8    reverse: false
9  })
```

上述代码用于设置滑动条的最小值为 0，最大值为 100，当前值为 50，滑动步长为 10，滑块在滑轨上，滑动条的滑动方向为水平方向，滑动条的取值范围为正向。

Slider 组件的常用属性如表 4-9 所示。

表 4-9　Slider 组件的常用属性

属性	说明
blockColor	用于设置滑块的颜色
trackColor	用于设置滑轨的背景颜色
selectedColor	用于设置滑轨的已滑动部分颜色
showSteps	用于设置当前是否显示步长刻度值，默认值为 false，表示不显示步长刻度值；若值为 true，表示显示步长刻度值

续表

属性	说明
showTips	用于设置滑动时是否显示百分比气泡提示，默认值为 false，表示不显示百分比气泡提示；若值为 true，表示显示百分比气泡提示
trackThickness	用于设置滑轨的粗细。当配置属性 style 的值为 SliderStyle.OutSet 时，默认值为 4；为 SliderStyle.InSet 时，默认值为 20

下面通过代码演示 Slider 组件的使用方法。在 entry/src/main/ets/pages 目录下创建 SliderPage.ets 文件，在该文件中使用 Slider 组件实现滑动条效果，示例代码如下。

```
1   @Entry
2   @Component
3   struct SliderPage {
4     build() {
5       Row() {
6         Column() {
7           Slider({
8             min: 50,
9             max: 200,
10            value: 80,
11            step: 10,
12            style: SliderStyle.InSet
13          })
14            .showSteps(true)
15            .showTips(true)
16            .trackThickness(10)
17        }
18        .width('100%')
19      }
20      .height('100%')
21    }
22  }
```

在上述代码中，第 7～16 行代码使用 Slider 组件定义了一个滑动条，并设置滑动条的最小值为 50，最大值为 200，当前进度值为 80，滑动步长为 10，滑块在滑轨内，显示滑动条步长刻度值和百分比气泡提示，滑轨的粗细为 10。

保存上述代码，预览 SliderPage.ets 文件，操作滑动条后，滑动条效果如图 4-18 所示。

图4-18　滑动条效果

4.3.8　Scroll 组件

Scroll 组件是可滚动的容器组件，当子组件中的布局尺寸超出了父容器组件的尺寸时，内容可以滚动。在 Scroll 组件中，只能放置一个子组件。

Scroll 组件的语法格式如下。

```
Scroll(scroller)
```

在上述语法格式中，scroller 参数用于控制 Scroll 组件的滚动。

如果需要对滚动进行控制，可以创建 Scroller 对象，示例代码如下。

```
scroller: Scroller = new Scroller()
```

在上述代码中，创建了一个 Scroller 对象，并将其赋值给 scroller 属性，以便进行滚动控制。一个 Scroller 对象代表一个控制器，它可以绑定到 Scroll、List、Grid 等容器组件上，但同一个控制器不可以控制多个容器组件。

Scroller 对象的常用属性如表 4-10 所示。

表 4-10　Scroller 对象的常用属性

属性	说明
scrollEdge	用于设置滚动到容器的哪个边缘
scrollPage	用于设置滚动到下一页还是上一页，接收一个对象作为参数，该对象中包含 next 属性，表示是否向下翻页。如果 next 值为 true，则表示向下翻页；如果 next 值为 false，则表示向上翻页

scrollEdge 属性的可选值如下。

① Edge.Top：表示垂直方向的顶部。

② Edge.Bottom：表示垂直方向的底部。

③ Edge.Start：表示水平方向的起始位置。

④ Edge.End：表示水平方向的末尾位置。

Scroll 组件的常用属性如表 4-11 所示。

表 4-11　Scroll 组件的常用属性

属性	说明
scrollable	用于设置滚动方向
scrollBar	用于设置滚动条状态
scrollBarColor	用于设置滚动条的颜色
scrollBarWidth	用于设置滚动条的宽度，不支持百分比，默认值为 4
edgeEffect	用于设置边缘滑动效果

scrollable 属性的常用可选值如下。

① ScrollDirection.Vertical：默认值，表示在垂直方向上滚动。

② ScrollDirection.Horizontal：表示在水平方向上滚动。

③ ScrollDirection.None：表示不可滚动。

scrollBar 属性的常用可选值如下。

① BarState.Auto：默认值，表示按需显示，会在触摸时显示，2s 后消失。

② BarState.On：表示常驻显示。

③ BarState.Off：表示不显示。

edgeEffect 属性的常用可选值如下。

① EdgeEffect.None：默认值，表示滑动到边缘后无效果。

② EdgeEffect.Spring：表示滑动到边缘后可以根据初始速度或通过触摸事件继续滑动一

段距离，松手后回弹。

③ EdgeEffect.Fade：表示滑动到边缘后会显示圆弧状的阴影。

当用户进行滚动操作时，会触发组件区域变化事件 onAreaChange，其事件处理程序接收 2 个参数：oldValue 和 newValue。oldValue 表示目标组件变化之前的宽度、高度以及目标组件相对父组件和页面左上角的坐标位置；newValue 表示目标组件变化之后的宽度、高度以及目标组件相对父组件和页面左上角的坐标位置。

下面通过代码演示 Scroll 组件的使用方法，具体实现步骤如下。

① 在 entry/src/main/ets/pages 目录下创建 ScrollPage.ets 文件，在该文件中实现页面基本布局，示例代码如下。

```
1  @Entry
2  @Component
3  struct ScrollPage {
4    @State middleHeight: number = 0;
5    build() {
6      Column() {
7        Row() {
8          Text('顶部')
9            .fontColor(Color.White)
10           .textAlign(TextAlign.Center)
11           .width('100%')
12       }
13       .width('100%')
14       .height(50)
15       .backgroundColor(Color.Red)
16       Scroll()
17         .width('100%')
18         .height(this.middleHeight)
19         .backgroundColor(Color.Gray)
20       Row() {
21         Text('底部')
22           .fontColor(Color.White)
23           .textAlign(TextAlign.Center)
24           .width('100%')
25       }
26       .width('100%')
27       .height(50)
28       .backgroundColor(Color.Red)
29     }
30     .justifyContent(FlexAlign.SpaceBetween)
31     .width('100%')
32     .height('100%')
33     .onAreaChange((old: Area, newArea: Area) => {
34       this.middleHeight = (newArea.height as number) - 100;
35     })
36   }
37 }
```

在上述代码中，第 4 行代码定义状态变量 middleHeight，表示页面的滚动区域的初始高度；第 7~15 行代码使用 Row 组件实现页面的顶部；第 16~19 行代码使用 Scroll 组件实现页面的滚动区域，其中第 18 行代码将高度设置为 middleHeight 变量；第 20～28 行代码使用 Row 组件实现页面的底部；第 33～35 行代码使用 onAreaChange 事件监听组件区域的变化，通过 newArea.height 获取到整个区域的高度，然后减去 100（包括页面顶部的高度 50 和页面底部的高度 50），即可得出滚动区域的高度。

保存上述代码，预览 ScrollPage.ets 文件，页面基本布局如图 4-19 所示。

图4-19　页面基本布局

从图 4-19 可以看出，滚动区域的高度占满了页面除顶部和底部的剩余空间。需要说明的是，顶部上方的留白区域是状态栏区域，底部下方的留白区域是导航栏区域。

② 替换步骤①的第 16 行代码，在 Scroll 组件中嵌套一个 Column 组件，在 Column 组件中放置自定义组件，示例代码如下。

```
1   Scroll() {
2     Column() {
3       ScrollItem()
4       ScrollItem()
5       ScrollItem()
6       ScrollItem()
7       ScrollItem()
8       ScrollItem()
9       ScrollItem()
10      ScrollItem()
11      ScrollItem()
12      ScrollItem()
13    }
14  }
```

③ 在步骤①的第 37 行代码下方编写自定义组件 ScrollItem，示例代码如下。

```
1   @Component
2   struct ScrollItem {
3     build() {
```

```
4        Row() {
5          Text('滚动区域内容')
6        }
7        .width('100%')
8        .height(80)
9        .backgroundColor(Color.Pink)
10       .borderRadius(8)
11       .margin({ top: 20, bottom: 10 })
12       .justifyContent(FlexAlign.Center)
13     }
14  }
```

在上述代码中，第 4～6 行代码使用 Row 组件设置滚动区域内容；第 7～12 行代码设置了滚动区域的样式，包括宽度、高度、背景颜色、边框圆角半径、外边距、水平方向上的对齐方式。

保存上述代码，预览 ScrollPage.ets 文件，页面滚动效果如图 4-20 所示。

图4-20　页面滚动效果

由图 4-20 可知，当用户进行滑动操作时，会出现滚动条，并且滚动区域的内容会随着用户的滑动而滚动。

4.3.9　List 组件

List 组件是列表组件，用于展示一系列具有相同宽度的列表项。列表项既可以纵向排列，也可以横向排列，适合呈现连续、多行的同类数据，例如图像和文本。当列表项数量过多，超出屏幕后，会自动出现滚动条，以便用户浏览。

List 组件可以包含组件 ListItem 和 ListItemGroup。ListItem 组件用于展示列表中的具体项；ListItemGroup 组件用于实现列表项分组，其宽度默认充满 List 组件，必须配合 List 组件使用。

List 组件的语法格式如下。

```
List(value)
```

在上述语法格式中，value 参数为一个对象，该对象包含的属性如下。

① space：用于设置列表项的间距。

② initialIndex：用于设置列表项的初始索引位置。

③ scroller：用于控制 List 组件的滚动。

List 组件的常用属性如表 4-12 所示。

表 4-12　List 组件的常用属性

属性	说明
listDirection	用于设置列表项的排列方向
divider	用于设置列表项分割线的样式，默认无分割线
edgeEffect	用于设置列表的边缘滑动效果

listDirection 属性的常用可选值如下。

① Axis.Vertical：默认值，表示纵向排列。

② Axis.Horizontal：表示横向排列。

divider 属性的属性值为一个对象，该对象的常用属性如下。

① strokeWidth：用于设置分割线的宽度。

② color：用于设置分割线的颜色。

③ startMargin：用于设置分割线与列表项侧边起始端的距离。

④ endMargin：用于设置分割线与列表项侧边结束端的距离。

edgeEffect 属性的可选值与 Scroll 组件的 edgeEffect 属性的可选值相同，但其默认值为 EdgeEffect.Spring。

下面通过代码演示 List 组件的使用方法。在 entry/src/main/ets/pages 目录下创建 ListPage.ets 文件，在该文件中使用 List 组件实现列表效果，示例代码如下。

```
1  @Entry
2  @Component
3  struct ListPage {
4    build() {
5      Row() {
6        Column() {
7          Text('页面标题')
8            .fontSize(24)
9            .fontWeight(FontWeight.Bold)
10         List({ space: 20 }) {
11           ListItem(){
12             Text('1')
13               .width('100%')
14               .height(100)
15               .backgroundColor(Color.Gray)
16               .textAlign(TextAlign.Center)
17               .borderRadius(10)
18           }
19           ……（此处省略 7 个 ListItem 子组件）
20         }
```

```
21          .divider({
22            strokeWidth: 2,
23            color: 'red',
24            startMargin: 20,
25            endMargin: 20
26          })
27          .edgeEffect(EdgeEffect.Fade)
28          .width('100%')
29          .height('100%')
30        }
31      .width('100%')
32      .padding(10)
33      }
34    .height('100%')
35    }
36  }
```

在上述代码中，第 10 行代码使用 List 组件定义列表，并设置列表项的间距为 20；第 11～18 行代码使用 ListItem 组件定义第一个列表项，其中包含一个 Text 组件，显示数字 1，该文本宽度为父组件宽度的 100%，高度为 100，背景颜色为灰色，文本居中，边框圆角半径为 10。

第 19 行代码表示省略了 7 个 ListItem 组件的定义，这些 ListItem 组件定义的列表项中的 Text 组件依次显示数字 2～8，并且这些 Text 组件的样式与第一个列表项中 Text 组件的样式相同。

第 21～26 行代码为列表项设置分割线样式，设置分割线的宽度、颜色等样式；第 27 行代码用于设置滑动到边缘后显示圆弧状的阴影效果。

保存上述代码，预览 ListPage.ets 文件，列表效果如图 4-21 所示。

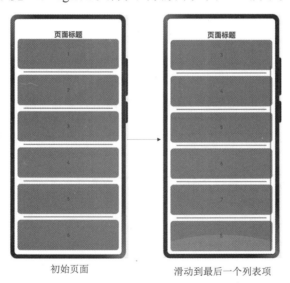

初始页面   滑动到最后一个列表项

图4-21 列表效果

从图 4-21 可以看出，滑动到边缘后出现了圆弧状的阴影效果。

4.3.10 Flex 组件

Flex 组件是一个以弹性方式布局子组件的容器组件，使用 Flex 组件可以实现弹性布局，也称为 Flex 布局。弹性布局主要由 Flex 容器（由 Flex 组件创建的容器）和子组件组成。Flex 容器包含两根轴：主轴和交叉轴。默认情况下，主轴为水平方向，交叉轴为垂直方向。子组件默认沿主轴排列，根据实际需要可以更改子组件的排列方式。

主轴为水平方向的弹性布局结构如图 4-22 所示。

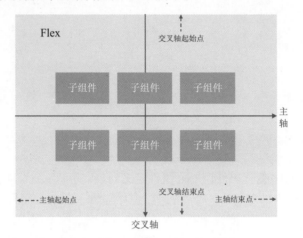

图4-22　主轴为水平方向的弹性布局结构

Flex 组件的语法格式如下。

```
Flex(value)
```

在上述语法格式中，value 参数为一个对象，用于设置弹性布局相关的配置属性，常用的配置属性如下。

① direction 属性用于设置 Flex 容器中子组件的排列方向，即主轴的方向，常用的可选值如下。

- FlexDirection.Row：默认值，主轴为从左到右的水平方向。
- FlexDirection.RowReverse：主轴为从右到左的水平方向。
- FlexDirection.Column：主轴为从上到下的垂直方向。
- FlexDirection.ColumnReverse：主轴为从下到上的垂直方向。

② wrap 属性用于设置 Flex 容器中子组件的换行方式，常用的可选值如下。

- FlexWrap.NoWrap：默认值，表示不允许换行，Flex 容器为单行或单列，该情况下子组件可能会溢出 Flex 容器。
- FlexWrap.Wrap：允许换行，如果 Flex 容器为多行或多列，子组件溢出的部分会被放置到新的一行，第一行显示在上方。
- FlexWrap.WrapReverse：按照反方向换行，如果 Flex 容器为多行或多列，子组件溢出的部分会被放置到新的一行，第一行显示在下方。

③ justifyContent 属性用于设置 Flex 容器中子组件在主轴方向上的对齐方式，常用的可选值如下。

- FlexAlign.Start：默认值，表示子组件在主轴方向上首端对齐，第一个子组件与首端边沿对齐，同时后续的子组件与前一个子组件对齐。
- FlexAlign.Center：表示子组件在主轴方向上中心对齐，第一个子组件到首端边沿的距离与最后一个子组件到尾部边沿的距离相同。
- FlexAlign.End：表示子组件在主轴方向上尾部对齐，最后一个子组件与尾部边沿对齐，其他子组件与后一个子组件对齐。

- FlexAlign.SpaceBetween：表示在主轴方向上均匀分布子组件，相邻子组件之间距离相同。第一个子组件与首端边沿对齐，最后一个子组件与尾部边沿对齐。
- FlexAlign.SpaceAround：表示在主轴方向上均匀分布子组件，相邻子组件之间距离相同。第一个子组件到首端边沿的距离和最后一个子组件到尾部边沿的距离是相邻子组件之间距离的一半。
- FlexAlign.SpaceEvenly：表示在主轴方向上均匀分布子组件，相邻子组件之间的距离、第一个子组件与首端边沿的距离、最后一个子组件与尾部边沿的距离相同。

④ alignItems 属性用于设置 Flex 容器中子组件在交叉轴方向上的对齐方式，常用的可选值如下。

- ItemAlign.Stretch：表示子组件在 Flex 容器中，在交叉轴方向拉伸填充。
- ItemAlign.Start：默认值，表示子组件在 Flex 容器中，在交叉轴方向首部对齐。
- ItemAlign.Center：表示子组件在 Flex 容器中，在交叉轴方向居中对齐。
- ItemAlign.End：表示子组件在 Flex 容器中，在交叉轴方向底部对齐。
- ItemAlign.Auto：表示使用 Flex 容器中默认配置。
- ItemAlign.Baseline：表示子组件在 Flex 容器中，在交叉轴方向文本基线对齐。

⑤ alignContent 属性用于设置多轴线的对齐方式，适用于多行排列的情况，默认值为 FlexAlign.Start，属性值可以参考 justifyContent 属性的说明。

下面通过代码演示 Flex 组件的使用方法。在 entry/src/main/ets/pages 目录下创建 FlexPage.ets 文件，在该文件中使用 Flex 组件实现弹性布局，示例代码如下。

```
1   @Entry
2   @Component
3   struct FlexPage {
4    build() {
5     Flex({ wrap: FlexWrap.Wrap, justifyContent: FlexAlign.SpaceEvenly }) {
6      Column()
7       .width('30%')
8       .height(300)
9       .margin(5)
10      .backgroundColor(Color.Pink)
11     Column()
12      .width('30%')
13      .height(300)
14      .margin(5)
15      .backgroundColor(Color.Red)
16     Column()
17      .width('30%')
18      .height(300)
19      .margin(5)
20      .backgroundColor(Color.Blue)
21     Column()
22      .width('30%')
23      .height(300)
24      .margin(5)
25      .backgroundColor(Color.Pink)
26     Column()
27      .width('30%')
```

```
28          .height(300)
29          .margin(5)
30          .backgroundColor(Color.Red)
31      Column()
32          .width('30%')
33          .height(300)
34          .margin(5)
35          .backgroundColor(Color.Blue)
36      Column()
37          .width('30%')
38          .height(300)
39          .margin(5)
40          .backgroundColor(Color.Pink)
41      Column()
42          .width('30%')
43          .height(300)
44          .margin(5)
45          .backgroundColor(Color.Red)
46      Column()
47          .width('30%')
48          .height(300)
49          .margin(5)
50          .backgroundColor(Color.Blue)
51      }
52    }
53 }
```

在上述代码中，第 5～51 行代码使用 Flex 组件定义一个 Flex 容器，该容器中的子组件允许换行，且相邻子组件之间的距离、第一个子组件与首端边沿的距离、最后一个子组件与尾部边沿的距离相同。其中，第 6～50 行代码使用 9 个 Column 组件定义容器中的子组件，每个子组件的宽度为父组件宽度的 30%，高度为 300，外边距为 5，并为每个子组件设置背景颜色。

保存上述代码，预览 FlexPage.ets 文件，弹性布局效果如图 4-23 所示。

图4-23　弹性布局效果

4.3.11　Grid 组件

Grid 组件是网格容器组件，由行和列的单元格组成。在 Grid 组件中，只能放置 GridItem 子组件。GridItem 子组件用于创建网格容器中的单项内容容器。如果在 GridItem 子组件中使用 Row 组件或 Column 组件，Row 组件中的组件将默认垂直居中排列，而 Column 组件中的组件将默认水平居中排列。

Grid 组件的语法格式如下。

```
Grid(scroller)
```

在上述语法格式中，scroller 参数用于控制 Grid 组件的滚动。

Grid 组件的常用属性如表 4-13 所示。

表 4-13　Grid 组件的常用属性

属性	说明
columnsTemplate	用于设置当前网格布局列的数量，不设置时默认为 1 列。例如，'1fr 1fr 2fr' 表示将父组件分为 3 列，将父组件的宽度分为 4 等份，第 1 列占 1 份，第 2 列占 1 份，第 3 列占 2 份
rowsTemplate	用于设置当前网格布局行的数量，不设置时默认为 1 行。例如，'1fr 1fr 2fr' 表示将父组件分为 3 行，将父组件的高度分为 4 等份，第 1 行占 1 份，第 2 行占 1 份，第 3 行占 2 份
columnsGap	用于设置列与列的间距。默认值为 0，表示不存在间距
rowsGap	用于设置行与行的间距。默认值为 0，表示不存在间距

下面通过代码演示 Grid 组件的使用方法。在 entry/src/main/ets/pages 目录下创建 GridPage.ets 文件，在该文件中使用 Grid 组件实现网格布局，示例代码如下。

```
1   @Entry
2   @Component
3   struct GridPage {
4     build() {
5       Grid() {
6         GridItemCase()
7         GridItemCase()
8         GridItemCase()
9         GridItemCase()
10        GridItemCase()
11        GridItemCase()
12        GridItemCase()
13        GridItemCase()
14      }
15      .width('100%')
16      .height('100%')
17      .columnsTemplate('1fr 1fr')
18      .columnsGap(10)
19      .rowsGap(10)
20      .padding(10)
21    }
22  }
```

```
23  @Component
24  struct GridItemCase {
25    build() {
26      GridItem() {
27        Row() {
28          Column() {
29            Text('内容')
30          }
31          .width('100%')
32        }
33        .height(200)
34        .borderRadius(4)
35        .backgroundColor(Color.Pink)
36      }
37    }
38  }
```

在上述代码中，第 5～20 行代码使用 Grid 组件定义一个网格容器，其中，第 6～13 行代码用于设置 GridItemCase 自定义组件，第 15～20 行代码用于设置 Grid 组件的样式。第 17 行代码用于设置每行显示 2 列，每列各占 1 等份；第 18 行代码用于设置列与列的间距为 10；第 19 行代码用于设置行与行的间距为 10。

第 23～38 行代码用于定义 GridItemCase 组件。其中，通过 GridItem 组件定义了一个网格容器中的项，该项包含一个 Text 组件，用于显示文本"内容"。

保存上述代码，预览 GridPage.ets 文件，网格布局效果如图 4-24 所示。

图4-24　网格布局效果

4.3.12　Stack 组件

Stack 组件是堆叠容器组件，其子组件按照顺序依次入栈，后一个子组件覆盖前一个子组件。Stack 组件的语法格式如下。

```
Stack(value)
```

在上述语法格式中，value 参数为一个对象，对象中可以包含一个 alignContent 属性，用于设置子组件在堆叠方向上的对齐方式，该属性的常用值如下。

① Alignment.TopStart：表示子组件位于顶部起始端。

② Alignment.Top：表示子组件位于顶部横向居中。

③ Alignment.TopEnd：表示子组件位于顶部尾端。

④ Alignment.Start：表示子组件位于起始端纵向居中。

⑤ Alignment.Center：默认值，表示子组件位于横向和纵向居中。

⑥ Alignment.End：表示子组件位于尾端纵向居中。

⑦ Alignment.BottomStart：表示子组件位于底部起始端。

⑧ Alignment.Bottom：表示子组件位于底部横向居中。

⑨ Alignment.BottomEnd：表示子组件位于底部尾端。

Stack 容器（由 Stack 组件创建的容器）内的子组件的对齐方式如图 4-25 所示。

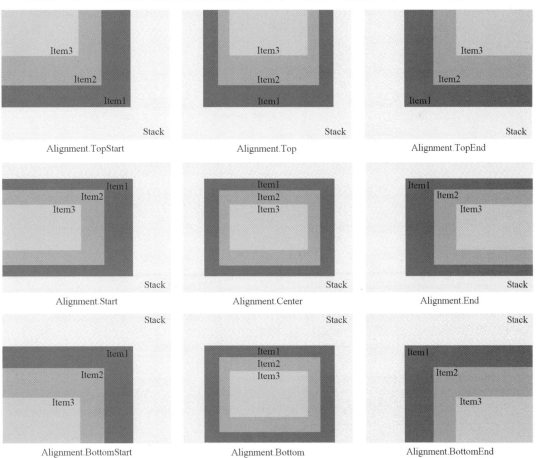

图4-25　Stack容器内的子组件的对齐方式

下面通过代码演示 Stack 组件的使用方法。在 entry/src/main/ets/pages 目录下创建 StackPage.ets 文件，在该文件中使用 Stack 组件实现堆叠布局，示例代码如下。

```
1   @Entry
2   @Component
3   struct StackPage {
4     build() {
5       Stack({ alignContent: Alignment.Bottom }) {
6         Flex({ wrap: FlexWrap.Wrap }) {
7           Text('App1')
8             .width(100)
9             .height(100)
10            .fontSize(18)
11            .margin(10)
12            .textAlign(TextAlign.Center)
13            .borderRadius(10)
14            .fontColor(Color.Black)
15            .backgroundColor(0xFFFFFF)
16          Text('App2')
17            .width(100)
18            .height(100)
19            .fontSize(18)
20            .margin(10)
21            .textAlign(TextAlign.Center)
22            .borderRadius(10)
23            .fontColor(Color.Black)
24            .backgroundColor(0xFFFFFF)
25          Text('App3')
26            .width(100)
27            .height(100)
28            .fontSize(18)
29            .margin(10)
30            .textAlign(TextAlign.Center)
31            .borderRadius(10)
32            .fontColor(Color.Black)
33            .backgroundColor(0xFFFFFF)
34          Text('App4')
35            .width(100)
36            .height(100)
37            .fontSize(18)
38            .margin(10)
39            .textAlign(TextAlign.Center)
40            .borderRadius(10)
41            .fontColor(Color.Black)
42            .backgroundColor(0xFFFFFF)
43        }
44        .width('100%')
45        .height('100%')
46        Flex({ justifyContent: FlexAlign.SpaceEvenly, alignItems: ItemAlign.Center }) {
47          Text('联系人').fontSize(16)
48          Text('设置').fontSize(16)
49          Text('短信').fontSize(16)
50        }
```

```
51        .width('50%')
52        .height(50)
53        .backgroundColor('#16302e2e')
54        .margin({ bottom: 15 })
55        .borderRadius(15)
56      }
57      .width('100%')
58      .height('100%')
59      .backgroundColor('#CFD0CF')
60    }
61  }
```

在上述代码中，第 5～56 行代码使用 Stack 组件定义一个堆叠容器，设置子组件位于底部横向居中。第 6～45 行代码使用 Flex 组件定义一个 Flex 容器，子组件可以换行显示。第 7～42 行代码在 Flex 容器中依次放置 4 个 Text 组件，分别显示文本 App1、App2、App3、App4，并为每个 Text 组件都设置宽度、高度、字号、外边距、文本对齐方式、边框圆角、文本的字体颜色和背景颜色。

第 46～55 行代码使用 Flex 组件定义另一个 Flex 容器，设置子组件在主轴方向上均匀分布，并且相邻子组件之间的距离、第一个子组件与首端边沿的距离、最后一个子组件与尾部边沿的距离相同，还设置子组件在交叉轴方向上居中对齐。在 Flex 容器中依次放置 3 个 Text 组件，分别显示文本"联系人""设置""短信"。

保存上述代码，预览 StackPage.ets 文件，堆叠布局效果如图 4-26 所示。

图4-26　堆叠布局效果

4.4　组件多态样式

一个组件可能会有多个不同的内部状态。例如，一个组件可能会有按下状态、禁用状态、获取焦点状态等。在开发中，有时需要针对组件不同的内部状态设置不同的样式，这样的方式被称为组件多态样式。

ArkUI 提供了 stateStyles()方法用于实现组件多态样式，其语法格式如下。

```
stateStyles(value)
```

在上述语法格式中，value 参数为一个对象，用于设置组件不同内部状态的样式。

ArkUI 提供了常见的组件内部状态，如表 4-14 所示。

表 4-14　常见的组件内部状态

状态	说明
normal	组件无状态
pressed	组件按下状态
disabled	组件禁用状态
focused	组件获取焦点状态
clicked	组件点击状态
selected	组件选中状态

下面通过代码演示组件多态样式的实现。

在 entry/src/main/ets/pages 目录下创建 StateStylesPage.ets 文件，在该文件中实现组件被按下时变色的效果，示例代码如下。

```
1    @Entry
2    @Component
3    struct StateStylesPage {
4      build() {
5        Column({ space: 20 }) {
6          Row() {
7            Text('文本 1')
8          }
9          .padding(20)
10         .width('100%')
11         .height(80)
12         .border({ color: '#f3f4f5', width: 3 })
13         .borderRadius(4)
14         .stateStyles({
15           normal: {
16             .backgroundColor(Color.White)
17           },
18           pressed: {
19             .backgroundColor('#ccc')
20           }
21         })
22       }
23       .padding(20)
24       .justifyContent(FlexAlign.Center)
25       .width('100%')
26       .height('100%')
27     }
28   }
```

在上述代码中，第 14～21 行代码调用了 stateStyles()方法，设置 Text 组件无状态时背景颜色为 Color.White（白色），按下状态的背景颜色为#ccc（灰色）。

保存上述代码，预览 StateStylesPage.ets 文件，组件多态样式效果如图 4-27 所示。

图4-27　组件多态样式效果

从图 4-27 可以看出，当组件处于按下状态时，背景颜色变为灰色，说明实现了组件多态样式。

4.5　双向数据绑定

双向数据绑定是一种将组件的状态与变量的值自动同步的机制，即组件状态变化时会自动更新变量的值，变量的值变化时会自动更新组件状态。这种机制简化了数据管理和 UI 更新的过程。

ArkUI 提供了一系列支持双向数据绑定的组件，例如 Checkbox 组件（复选框组件）、Slider 组件、TextInput 组件等。通过双向数据绑定，这些组件的状态会与变量的值保持同步。例如，对 TextInput 组件进行双向数据绑定后，当在 TextInput 组件中输入文字时，文字会自动保存到对应的变量中；当修改了变量的值时，对应的 TextInput 组件中的文字也会自动修改。

为了实现双向数据绑定，需要先定义状态变量，语法格式如下。

```
@State 变量名: 类型 = 值;
```

在上述语法格式中，状态变量除了可以用@State 装饰，还可以用其他装饰器装饰，其他装饰器会在第 7 章进行讲解。

双向数据绑定的方式分为绑定参数和绑定属性，不同组件支持不同的双向数据绑定方式，有的可能只支持绑定参数，有的可能只支持绑定属性，有的则可能两者都支持，具体情况可参考鸿蒙开发文档。

绑定参数的语法格式如下。

```
组件名({ 参数名: $$this.变量名 })
```

绑定属性的语法格式如下。

```
组件名()
  .属性名($$this.变量名)
```

下面通过代码演示组件双向数据绑定的使用方法，具体实现步骤如下。

① 在 entry/src/main/ets/pages 目录下创建 MessagePage.ets 文件，在该文件中对 Checkbox 组件的 select 属性（该属性表示复选框的选中状态）进行双向数据绑定，实现通过点击按钮改变复选框的选中状态，示例代码如下。

```
1  @Entry
2  @Component
3  struct MessagePage {
4    @State isMarry: boolean = false;
5    build() {
6      Row() {
7        Grid() {
```

```
8          GridItem() {
9           Column({ space: 5 }) {
10           Text('Checkbox')
11             .fontSize(16)
12             .fontWeight(FontWeight.Bold)
13           Checkbox()
14             .select($$this.isMarry)
15           Button('改值')
16             .onClick(() => {
17               this.isMarry = !this.isMarry;
18             })
19          }
20         }
21         .height(200)
22         .border({ width: 1, color: Color.Black })
23       }
24     .width('100%')
25     .height('100%')
26     .columnsTemplate('1fr 1fr')
27     .columnsGap(20)
28     }
29   }
30 }
```

在上述代码中，第 4 行代码定义了状态变量 isMarry，表示复选框的初始状态为未选中；第 13～14 行代码使用 Checkbox 组件定义了一个复选框，同时将 select 属性与 isMarry 变量进行双向数据绑定。

第 15～18 行代码通过 Button 组件定义按钮，按钮的文本为"改值"，为按钮设置了 onClick 事件。在事件处理程序中，当按钮被点击时，会切换复选框的选中状态，即将 isMarry 变量的值取反，实现通过点击按钮来改变复选框的选中状态的功能。

② 实现通过点击按钮改变单行文本输入框中的文本的功能。在步骤①的第 4 行代码的下方定义状态变量，用于存放单行文本输入框的内容，示例代码如下。

```
@State searchText: string = '';
```

在上述代码中定义了状态变量 searchText，值为空字符串，表示单行文本输入框当前的文本内容为空。

③ 在步骤①的第 22 行代码的下方，对 TextInput 组件的 text 参数进行双向数据绑定，实现通过点击按钮改变单行文本输入框的文本内容，示例代码如下。

```
1  GridItem() {
2    Column({ space: 5 }) {
3      Text('TextInput')
4        .fontSize(16)
5        .fontWeight(FontWeight.Bold)
6      TextInput({ text: $$this.searchText })
7        .fontSize(14)
8      Text(this.searchText + '')
9        .fontSize(14)
10     Button('改值')
11       .onClick(() => {
12         this.searchText = '请输入账号或手机号';
```

```
13            })
14      }
15  }
16  .height(200)
17  .border({ width: 1, color: Color.Black })
```

在上述代码中，第 6 行代码使用 TextInput 组件定义了一个单行文本输入框，并将 TextInput 组件的文本内容与 searchText 变量进行双向数据绑定；第 8 行代码使用 Text 组件显示 searchText 变量的值；第 10～13 行代码通过 Button 组件定义按钮，按钮的文本为"改值"，为按钮设置了 onClick 事件，在事件处理程序中，当按钮被点击时，将 searchText 变量的值修改为字符串"请输入账号或手机号"。

保存上述代码，预览 MessagePage.ets 文件，双向数据绑定的效果如图 4-28 所示。

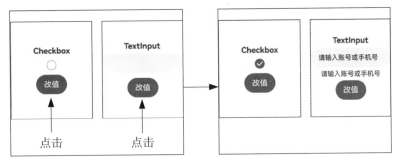

图4-28 双向数据绑定的效果

在图 4-28 中，左侧为初始状态，右侧为点击了两个"改值"按钮后的状态，可以看到组件的状态与变量的值是同步的。

4.6　阶段案例——华为登录页面

本案例将实现一个简单的华为登录页面，其效果如图 4-29 所示。

图4-29 华为登录页面

请读者扫描二维码，查看本案例的代码。

本章小结

本章主要讲解了组件的概念和基本使用方法、自定义组件、ArkUI 中的常用组件、组件多态样式以及双向数据绑定。通过本章的学习，读者应该能够掌握 ArkUI 常用组件的使用方法，能够构建和设计鸿蒙应用的 UI，并灵活设置组件的样式。

课后练习

一、填空题

1. ArkUI 为组件提供了_____和事件。
2. 用于设置宽度的通用属性是_____。
3. @Entry 装饰器用于将一个自定义组件装饰为页面的_____。
4. 单行文本输入框组件是_____。
5. _____组件是一个以弹性方式布局子组件的容器组件。

二、判断题

1. 每个页面只能有一个@Entry 装饰的组件。（　　　）
2. @State 装饰的变量的值发生变化时，会触发所在组件的 UI 重新渲染。（　　　）
3. build()方法必须有内容。（　　　）
4. Column 组件是一个自定义组件。（　　　）
5. Row 组件是用于沿水平方向布局其子组件的容器组件，可以实现横向布局效果。
（　　　）

三、选择题

1. 下列关于 Slider 组件的配置属性的说法中，错误的是（　　　）。
   A. value 属性用于设置当前进度值
   B. min 属性用于设置最小值，默认值为 1
   C. step 属性用于设置滑动条的滑动步长，默认值为 1
   D. max 属性用于设置最大值，默认值为 100

2. 下列关于 Flex 组件的配置属性的说法中，错误的是（　　　）。
   A. direction 属性用于设置 Flex 容器中子组件的排列方向，即交叉轴的方向
   B. wrap 属性用于设置 Flex 容器中子组件的换行方式
   C. justifyContent 属性用于设置 Flex 容器中子组件在主轴方向上的对齐方式
   D. alignItems 属性用于设置 Flex 容器中子组件在交叉轴方向上的对齐方式

3. 下列关于 Grid 组件的属性的说法中，正确的是（　　　）。
   A. columnsTemplate 属性用于设置当前网格布局列的数量，不设置时默认为 2 列
   B. rowsTemplate 属性用于设置当前网格布局行的数量，不设置时默认为 1 行
   C. columnsGap 属性用于设置列与列的间距，默认值为 10
   D. rowsGap 属性用于设置行与行的间距，默认值为 10

4. 下列选项中，用于实现组件多态样式的方法是（　　　）。

    A. style()　　　　　　　B. css()　　　　　　　C. class()　　　　　　　D. stateStyles()

5. 下列关于 Stack 组件的 alignContent 属性值的说法中，错误的是（　　　）。

    A. Alignment.TopEnd：表示子组件位于顶部尾端

    B. Alignment.Start：表示子组件位于起始端纵向居中

    C. Alignment.BottomStart：表示子组件位于底部起始端

    D. Alignment.BottomEnd：表示子组件位于底部横向居中

四、简答题

请简述 ArkUI 中的 5 种颜色取值的方式。

五、程序题

请使用所学知识实现图 4-30 所示的效果，允许用户通过按钮、文本输入框和滑动条来控制显示的图像宽度，具体要求如下。

① 在页面加载时，显示一个宽度为 120 的图像。

② 提供一个文本输入框，显示当前图像的宽度，并允许用户手动输入新的宽度。

③ 提供两个按钮，分别用于减小和增大图像的宽度，每次改变 10 个单位，并保证图像宽度不小于 100 且不大于 300。

④ 提供一个滑动条，允许用户通过拖动滑块来改变图像的宽度，滑动条的取值范围为 100~300，步进为 10，并且显示当前宽度的提示信息。

图4-30　控制图像宽度

第 **5** 章

ArkUI（下）

学习目标

◆ 掌握渲染语句的使用方法，能够根据实际需求使用条件渲染语句和循环渲染语句

◆ 掌握组件导出和导入，能够通过 export 关键字和 import 关键字实现组件的导出和导入

◆ 掌握组件代码复用，能够使用@Styles、@Extend 和@Builder 装饰器实现组件代码复用

◆ 掌握组件代码定制，能够使用@BuilderParam 装饰器和尾随闭包实现组件代码定制

在 UI 开发中，开发者经常会遇到编写相似或重复代码的情况，以确保整体外观和样式的一致性。ArkUI 提供了渲染语句、组件的导出和导入、组件代码复用等功能，可以帮助开发者减少编写相似或重复代码的情况，同时确保整体外观和样式的一致性。本章将对 ArkUI 进阶知识进行详细讲解。

5.1 渲染语句

在 ArkUI 中，渲染是指将 UI 的布局和样式绘制在屏幕上的过程。ArkUI 提供了渲染语句，主要包括条件渲染语句和循环渲染语句，可以实现控制组件是否渲染，以及通过循环的方式渲染一批相同的组件。本节将对条件渲染语句和循环渲染语句进行详细讲解。

5.1.1 条件渲染语句

在开发中，有时需要根据某个条件决定是否渲染某个组件，此时可以使用条件渲染语句。条件渲染语句包括 if 语句、if...else 语句、if...else if...else 语句。

下面以 if 语句为例演示条件渲染语句的使用方法，具体如下。

在 entry/src/main/ets/pages 目录下创建 IfPage.ets 文件，实现选中复选框时切换图像的渲染和不渲染效果，示例代码如下。

```
1   @Entry
2   @Component
3   struct IfPage {
4     @State showImg: boolean = true;
```

```
5    build() {
6      Row() {
7        Column() {
8          Checkbox()
9            .select(this.showImg)
10           .onChange(isON => {
11             this.showImg = isON;
12           })
13         if (this.showImg) {
14           Image($r('app.media.coin'))
15             .width(150)
16             .height(150)
17         }
18       }
19       .width('100%')
20     }
21     .height('100%')
22   }
23 }
```

在上述代码中，第4行代码定义了状态变量 showImg，它的值为 true，表示图像的初始状态为渲染；第8～12行代码使用 Checkbox 组件定义了一个复选框，将复选框的选中状态与 showImg 变量的值进行绑定，以控制复选框的选中状态。同时，给复选框设置 onChange 事件，在事件处理程序中实现了当复选框状态改变时更新 showImg 变量的值。

第13～17行代码使用 if 语句实现在 showImg 变量为 true 时渲染图像，否则不渲染图像。

保存上述代码，预览 IfPage.ets 文件，条件渲染的效果如图5-1所示。

图5-1 条件渲染的效果

图5-1 左侧是页面的初始效果，由于 showImg 变量的值为 true，所以图像被渲染了；当取消选中复选框后，页面就会变成图5-1右侧图像没有被渲染的效果。

5.1.2 循环渲染语句

在开发中，有时需要渲染一批相同的组件。对于这样的需求，可以通过循环渲染语句来实现，从而减少重复的组件代码。

循环渲染语句主要是通过 ForEach() 函数实现的。使用 ForEach() 函数可以基于数组进行循环渲染，在渲染过程中，系统会为每个数组元素生成一个唯一且持久的键，用于标识对应的组件。当这个键发生变化时，ArkUI 将视为该数组元素已被替换或修改，并会基于新的键创建一个新的组件。

ForEach()函数的语法格式如下。

```
ForEach(
  arr: Array,
  itemGenerator: (item: 类型, index?: number) => void,
  keyGenerator?: (item: 类型, index?: number): string => string
)
```

在上述语法格式中，参数 arr 表示数据源，它是一个数组；参数 itemGenerator 表示组件生成函数；参数 keyGenerator 表示键生成函数。在这两个函数中，item 参数表示数组中元素的值，index 参数表示数组中元素的索引。

itemGenerator 表示的函数会为数组中的每个元素创建组件，该函数中可以包含条件渲染语句，也可以在条件渲染语句中使用 ForEach()函数。

在用 keyGenerator 参数表示的函数中可以自定义键的生成规则。如果开发者没有定义 keyGenerator 表示的函数，则 ArkUI 会使用默认的键生成函数，相当于如下代码。

```
(item: 类型, index: number) => index + '__' + JSON.stringify(item);
```

下面通过代码演示 ForEach()函数的使用方法，具体步骤如下。

① 在 entry/src/main/ets/pages 目录下创建 ForEachPage.ets 文件，定义商品数据的结构，示例代码如下。

```
1  interface GoodsItem {
2    id: number;
3    goods_name: string;
4    goods_img: Resource;
5    goods_price: number;
6    goods_count: number;
7  }
8  @Entry
9  @Component
10 struct ForEachPage {
11   build() {
12   }
13 }
```

在上述代码中，定义了一个 GoodsItem 接口，其中包含 id（商品标识）、goods_name（商品名称）、goods_img（商品图像）、goods_price（商品价格）、goods_count（商品数量）这 5 个属性，并指明了它们各自的数据类型。

② 在 struct ForEachPage {}中定义状态变量 list，并保存商品数据，示例代码如下。

```
1  @State list: GoodsItem[] = [{
2    id: 1,
3    goods_name: 'Vue.js 前端开发实战（第 2 版）',
4    goods_img: $r('app.media.vue'),
5    goods_price: 49.8,
6    goods_count: 1,
7  }, {
8    id: 2,
9    goods_name: '软件测试（第 2 版）',
10   goods_img: $r('app.media.test'),
11   goods_price: 49.8,
12   goods_count: 1,
13 }, {
```

```
14    id: 3,
15    goods_name: 'PHP+MySQL 动态网站开发',
16    goods_img: $r('app.media.mysql'),
17    goods_price: 49.8,
18    goods_count: 1,
19  }, {
20    id: 4,
21    goods_name: 'Python 数据预处理',
22    goods_img: $r('app.media.python'),
23    goods_price: 39.8,
24    goods_count: 1,
25  }];
```

上述代码定义了状态变量 list，类型为 GoodsItem[]，即一个包含 GoodsItem 接口定义的对象数组。list 数组包含多个保存商品信息的对象，每个对象包含 id、goods_name、goods_img、goods_price 和 goods_count 属性。

③ 在 build()方法中编写代码，实现列表数据的展示，示例代码如下。

```
1   List() {
2     ForEach(this.list, (item: GoodsItem) => {
3       ListItem() {
4         Row({ space: 10 }) {
5           Image(item.goods_img)
6             .borderRadius(8)
7             .width(120)
8             .height(200)
9           Column() {
10            Text(item.goods_name)
11              .fontWeight(FontWeight.Bold)
12            Text('¥' + item.goods_price.toString() )
13              .fontColor(Color.Red)
14              .fontWeight(FontWeight.Bold)
15          }
16          .padding({ top: 5, bottom: 5 })
17          .alignItems(HorizontalAlign.Start)
18          .justifyContent(FlexAlign.SpaceBetween)
19          .height(200)
20          .layoutWeight(1)
21        }
22        .width('100%')
23      }
24    })
25  }
26  .width('100%')
27  .height('100%')
28  .divider({ color: '#E7E9E8', strokeWidth: 1 })
29  .padding(10)
```

在上述代码中，在 List 组件中使用 ForEach()函数遍历 list 数组，在 List 组件的内部定义了一个 ListItem 组件，用于展示单个商品信息，包括商品的图像、商品的名称、商品的价格。

保存上述代码，预览 ForEachPage.ets 文件，商品列表的效果如图 5-2 所示。

图5-2   商品列表的效果

5.2   组件导出和导入

ArkUI 中的组件可以被导出和导入，从而方便复用组件。使用 export 关键字可以对组件进行导出，可以添加 default 关键字实现默认导出；使用 import 关键字可以对组件进行导入。导出和导入的语法在 3.7 节已经讲过。

将组件导入后，在 build()方法中通过"组件名()"的方式可以使用组件。

下面通过代码演示组件的导出和导入。假设一个页面有头部、主体和底部 3 部分内容，现需要将头部、主体和底部单独抽出为 3 个子组件，具体实现步骤如下。

① 在 entry/src/main/ets 目录下创建 views 目录，该目录用于保存子组件。

② 在 entry/src/main/ets/views 目录下创建 HomeHeader.ets 文件，用于展示头部子组件的相关内容，示例代码如下。

```
1  @Component
2  export default struct HomeHeader {
3    build() {
4      Row() {
5        Text('头部')
6          .width('100%')
7          .textAlign(TextAlign.Center)
8      }
9      .width('100%')
10     .height(60)
11     .backgroundColor(Color.Pink)
12   }
13 }
```

在上述代码中，定义并导出了一个 HomeHeader 组件，该组件包含一个 Text 组件，显示文本为"头部"。

③ 在 entry/src/main/ets/views 目录下创建 HomeMain.ets 文件，用于展示主体子组件的相关内容，示例代码如下。

```
1   @Component
2   export default struct HomeMain {
3     build() {
4      Row() {
5        Text('主体')
6          .width('100%')
7          .textAlign(TextAlign.Center)
8      }
9       .width('100%')
10    }
11  }
```

在上述代码中，定义并导出了一个 HomeMain 组件，该组件包含一个 Text 组件，显示文本为"主体"。

④ 在 entry/src/main/ets/views 目录下创建 HomeFooter.ets，用于展示底部子组件的相关内容，示例代码如下。

```
1   @Component
2   export default struct HomeFooter {
3     build() {
4       Row() {
5         Text('底部')
6           .width('100%')
7           .textAlign(TextAlign.Center)
8       }
9       .width('100%')
10      .height(60)
11      .backgroundColor(Color.Pink)
12    }
13  }
```

在上述代码中，定义并导出了一个 HomeFooter 组件，该组件包含一个 Text 组件，显示文本为"底部"。

⑤ 在 entry/src/main/ets/pages 目录下创建 HomePage.ets 文件，用于展示父组件的相关内容，示例代码如下。

```
1   import HomeHeader from '../views/HomeHeader';
2   import HomeMain from '../views/HomeMain';
3   import HomeFooter from '../views/HomeFooter';
4   @Entry
5   @Component
6   struct HomePage {
7     build() {
8       Column() {
9         HomeHeader()
10        HomeMain()
11          .layoutWeight(1)
12          .backgroundColor('#ccc')
```

```
13        HomeFooter()
14      }
15    .height('100%')
16    }
17 }
```

在上述代码中，第 1～3 行代码导入了 HomeHeader 组件、HomeMain 组件和 HomeFooter 组件，第 9 行、第 10 行、第 13 行代码分别使用了这 3 个组件。第 11 行代码调用了 layoutWeight() 方法，该方法用于设置组件通用属性 layoutWeight，表示对子组件进行重新布局，将其参数设为 1，表示子组件占满父组件的剩余可用空间。

保存上述代码，预览 HomePage.ets 文件，组件导出和导入的效果如图 5-3 所示。

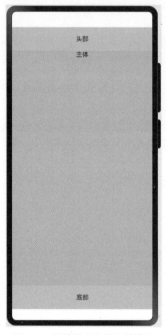

图5-3　组件导出和导入的效果

从图 5-3 中可以看出，页面中显示了头部、主体、底部 3 部分内容，说明成功实现了组件的导出和导入。

5.3　组件代码复用

在开发过程中，如果每个组件的属性和事件都需要单独设置，就会出现大量重复的代码。虽然可以复制、粘贴这些代码，但为了保持代码的简洁性和便于维护，ArkUI 提供了@Styles、@Extend 和@Builder 装饰器，用于提取公共代码以便复用。本节将对组件代码复用进行详细讲解。

5.3.1　@Styles 装饰器

@Styles 装饰器用于装饰一个方法。在被@Styles 装饰器装饰的方法中可以编写多条通用属性和通用事件的代码，通过组件调用该方法即可复用该方法中的代码。

定义方法时，可以在 struct 外使用@Styles 装饰器定义或在 struct 内使用@Styles 装饰器定义。如果在 struct 外使用@Styles 装饰器定义，该方法可以在同一文件的所有 struct 中使用；如果在 struct 内使用@Styles 装饰器定义，则该方法只能在相应的 struct 中使用。

在 struct 外使用@Styles 装饰器定义方法的语法格式如下。

```
@Styles
function 方法名() {}
```

在 struct 内使用@Styles 装饰器定义方法的语法格式如下。

```
@Styles
方法名() {}
```

通过以上两种方式定义的方法的调用方式是相同的，语法格式如下。

```
组件名()
  .方法名()
```

需要注意的是，在 struct 内使用@Styles 装饰器定义的方法中的代码具有更高的优先级，会覆盖在 struct 外使用@Styles 装饰器定义的方法中的代码。另外，这两个方法都不允许传递参数。

下面通过代码演示基于@Styles 装饰器的组件代码复用，具体步骤如下。

① 在 entry/src/main/ets/pages 目录下创建 StylesPage.ets 文件，在 struct 外使用@Styles 装饰器定义方法并通过组件调用它，示例代码如下。

```
1  import { promptAction } from '@kit.ArkUI';
2  @Styles
3  function payStyle () {
4    .width('100%')
5    .height(50)
6    .borderRadius(4)
7    .backgroundColor('#00c168')
8    .onClick(() => {
9      promptAction.showToast({ message: '微信支付成功' });
10   })
11 }
12 @Entry
13 @Component
14 struct StylesPage {
15   build() {
16     Column({ space: 20 }) {
17       Row() {
18         Button('微信支付', { type: ButtonType.Normal })
19           .payStyle()
20           .fontColor(Color.White)
21       }
22       .padding(10)
23       Row() {
24         Button('微信支付', { type: ButtonType.Normal })
25           .payStyle()
26           .fontColor(Color.White)
27       }
28       .padding(10)
29       Row() {
```

```
30        Button('微信支付', { type: ButtonType.Normal })
31          .payStyle()
32          .fontColor(Color.White)
33      }
34    .padding(10)
35    }
36  }
37 }
```

在上述代码中，第 1 行代码导入了 promptAction 对象用于弹出提示，第 8～10 行代码使用它弹出一个"微信支付成功"的提示。第 2～11 行代码使用@Styles 装饰器在 struct 外定义了一个 payStyle()方法，在该方法内编写了设置宽度、高度、边框圆角、背景颜色和 onClick 事件的代码，实现当按钮被点击时显示提示。

第 16～35 行代码在 Column 组件内定义 3 个 Row 组件，每个 Row 组件中包含一个按钮，按钮显示文本为"微信支付"，调用 payStyle()方法，并设置字体颜色为白色。

保存上述代码，预览 StylesPage.ets 文件，组件代码复用的效果如图 5-4 所示。

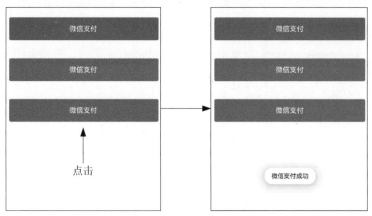

图5-4　组件代码复用的效果（1）

在图 5-4 中，左侧为初始效果，3 个按钮的样式是相同的，点击任意一个"微信支付"按钮后，底部都会弹出"微信支付成功"的提示。

② 将代码中所有的"微信支付"修改为"支付宝支付"，然后在步骤①的第 14 行代码的下方编写代码，在 struct 内使用@Styles 装饰器定义方法，示例代码如下。

```
1  @Styles
2  payStyle() {
3    .width('100%')
4    .height(50)
5    .borderRadius(4)
6    .backgroundColor("#ff1256e0")
7    .onClick(() => {
8      promptAction.showToast({ message: '支付宝支付成功' });
9    })
10 }
```

在上述代码中，使用@Styles 装饰了一个 payStyle()方法，在该方法内设置了宽度、高度、边框圆角、背景颜色和 onClick 事件，实现当按钮被点击时显示"支付宝支付成功"的提示。

保存上述代码，预览 StylesPage.ets 文件，组件代码复用的效果如图 5-5 所示。

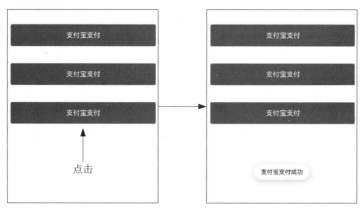

图5-5 组件代码复用的效果（2）

从图 5-5 可以看出，在 struct 内使用@Styles 装饰的方法生效了。

5.3.2 @Extend 装饰器

@Extend 装饰器与@Styles 装饰器功能类似，区别在于@Extend 装饰器支持组件的私有属性和私有事件的代码，允许传递参数，并且它仅支持在 struct 外定义方法，该方法可以在同一文件的所有 struct 中使用。

在 struct 外使用@Extend 装饰器定义方法的语法格式如下。

```
@Extend(组件名)
function 方法名(参数1：类型，参数2：类型，…) {}
```

在上述语法格式中，参数的数量可以是 0 个或多个。

调用方法的语法格式如下。

```
组件名()
  .方法名(参数1，参数2，…)
```

在上述语法格式中，参数应与方法定义时的参数一致。

下面通过代码演示基于@Extend 装饰器的组件代码复用。在 entry/src/main/ets/pages 目录下创建 ExtendPage.ets 文件，在 struct 外使用@Extend 装饰器定义方法并通过组件调用它，示例代码如下。

```
1  import { promptAction } from '@kit.ArkUI';
2  @Extend(Button)
3  function PayButton(type: 'alipay' | 'wechat') {
4    .type(ButtonType.Normal)
5    .fontColor(Color.White)
6    .width('100%')
7    .height(50)
8    .borderRadius(8)
9    .fontSize(20)
10   .backgroundColor(type === 'wechat' ? Color.Green : Color.Blue)
11   .onClick(() => {
12     if(type === 'alipay') {
13       promptAction.showToast({ message: '支付宝支付成功' });
14     } else {
15       promptAction.showToast({ message: '微信支付成功' });
16     }
```

```
17    })
18  }
19  @Entry
20  @Component
21  struct ExtendPage {
22    build() {
23      Column({ space: 10 }) {
24        Button('微信支付')
25          .PayButton('wechat')
26        Button('支付宝支付')
27          .PayButton('alipay')
28      }
29      .padding({ top: 100, left: 20, right: 20 })
30      .width('100%')
31    }
32  }
```

在上述代码中，第 2～18 行代码定义了一个 PayButton()方法，该方法接收一个 type 参数，在该方法中定义了按钮的样式和 onClick 事件。根据传入参数的不同，按钮的样式和被点击时出现的提示也会不同。

第 23～28 行代码在 Column 组件中使用 Button 组件定义了 2 个按钮，分别显示文本"微信支付"和"支付宝支付"，并调用了 PayButton()方法。

保存上述代码，预览 ExtendPage.ets 文件，组件代码复用的效果如图 5-6 所示。

点击"微信支付"按钮   点击"支付宝支付"按钮

图5-6 组件代码复用的效果（3）

从图 5-6 可以看出，使用@Extend 装饰的方法生效了。

5.3.3 @Builder 装饰器

@Builder 装饰器用于装饰一个函数，被装饰的函数称为自定义构建函数，用于定义组件的声明式 UI 结构，以便复用这些 UI 结构。

在定义自定义构建函数时，可以在 struct 外使用@Builder 装饰器定义或在 struct 内使用 @Builder 装饰器定义。如果在 struct 外使用@Builder 装饰器定义，该自定义构建函数可以在同一文件的所有 struct 中使用；如果在 struct 内使用@Builder 装饰器定义，则该自定义构建函数只能在相应的 struct 中使用。

在 struct 外使用@Builder 装饰器定义自定义构建函数的语法格式如下。

```
@Builder
function 函数名(参数 1: 类型, 参数 2: 类型, …) {}
```

调用自定义构建函数的语法格式如下。

函数名(参数1，参数2，…)

在 struct 内使用@Builder 装饰器定义自定义构建函数的语法格式如下。

```
@Builder
函数名(参数1：类型，参数2：类型，…) {}
```

调用自定义构建函数的语法格式如下。

this.函数名(参数1，参数2，…)

在上述语法格式中，this 表示当前所属组件的对象。需要说明的是，虽然由对象调用的函数一般称为方法，但鸿蒙官方文档使用的是"自定义构建函数"这一称呼，所以本书也使用此称呼。在 ArkTS 中，方法本质上就是函数。

自定义构建函数可以传递参数。传递参数有值传递和引用传递两种方式。下面以定义在 struct 内的自定义构建函数为例对这两种方式进行讲解。

1．值传递

函数参数的值传递是指在调用函数时将传入的变量的值复制一份给参数，在函数内参数的值是复制后的，当函数内参数的值改变时，不影响函数外变量的值；当函数外变量的值改变时，不影响函数内参数的值，它们之间是彼此独立的。

在调用自定义构建函数时，如果传递的参数为状态变量，则状态变量会以值传递的方式传递，状态变量的改变不会自动触发自定义构建函数的 UI 结构刷新。

下面通过代码演示自定义构建函数的参数的值传递。在 entry/src/main/ets/pages 目录下创建 BuilderPage1.ets 文件，制作一个异常位置上报的界面，在该文件中使用@Builder 装饰自定义构建函数，并在调用自定义构建函数时使用值传递的方式传递参数，将状态变量作为参数传递，示例代码如下。

```
1   @Entry
2   @Component
3   struct BuilderPage1 {
4     @State area: string = '西直门';
5     @Builder
6     getCellContent(leftValue: string, rightValue: string) {
7       Row() {
8         Row() {
9           Text(leftValue)
10          Text(rightValue)
11        }
12        .width('100%')
13        .justifyContent(FlexAlign.SpaceBetween)
14        .padding({ left: 15, right: 15 })
15        .backgroundColor(Color.White)
16        .borderRadius(8)
17        .height(40)
18      }
19      .padding({ left: 20, right: 20 })
20    }
21    build() {
22      Column({ space: 10 }) {
23        Text(this.area)
24        this.getCellContent('异常位置', this.area)
```

```
25        this.getCellContent('异常时间', '2024-4-10')
26        this.getCellContent('异常类型', '无法锁车')
27        Button('上报位置')
28          .onClick(() => {
29            this.area = '望京';
30          })
31      }
32      .width('100%')
33      .padding({ top: 20 })
34      .backgroundColor('#ccc')
35      .height('100%')
36    }
37  }
```

在上述代码中，第 4 行代码定义状态变量 area，初始值为 "西直门"；第 5～20 行代码使用@Builder 装饰 getCellContent()函数，该函数接收 leftValue 和 rightValue 两个参数，表示要输出的左侧值和右侧值，类型都为 string。

第 23 行代码使用 Text 组件显示当前状态变量 area 的值；第 24～26 行代码调用了 3 次 getCellContent()函数，并传入不同的参数。其中，第 24 行代码用于设置左侧值为 "异常位置"，右侧值为状态变量 area 的值；第 25 行代码用于设置左侧值为 "异常时间"，右侧值为 "2024-4-10"；第 26 行代码用于设置左侧值为 "异常类型"，右侧值为 "无法锁车"。

第 27～30 行代码定义了一个 "上报位置" 按钮，并为其设置 onClick 事件。在事件处理程序中，实现当点击按钮时，更新 area 的值为 "望京"。

保存上述代码，预览 BuilderPage1.ets 文件，自定义构建函数参数的值传递效果如图 5-7 所示。

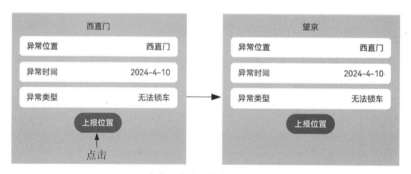

图5-7　自定义构建函数参数的值传递效果

从图 5-7 可以看出，点击 "上报位置" 按钮后，顶部显示了 "望京"，说明状态变量的值被更新了，而异常位置显示的依旧为 "西直门"，说明当使用自定义构建函数参数的值传递时，自定义构建函数内的 UI 结构不会随着状态变量的改变而更新。

2. 引用传递

函数参数的引用传递是指在函数被调用时传递的参数为引用数据类型的对象，这样在函数内和函数外访问的都是同一个对象。

在使用引用传递的方式传递自定义构建函数的参数时，可以将状态变量作为传入的对象中的一个属性，状态变量的改变会自动触发自定义构建函数内的 UI 结构刷新。

下面通过代码演示自定义构建函数参数的引用传递。在 entry/src/main/ets/pages 目录下创建 BuilderPage2.ets 文件，实现异常位置上报。在该文件中使用@Builder 装饰自定义构建函数，并在调用自定义构建函数时使用引用传递的方式传递参数，将状态变量作为对象的属性传递，示例代码如下。

```
1   interface ICardItem {
2     leftValue: string;
3     rightValue: string;
4   }
5   @Entry
6   @Component
7   struct BuilderPage2 {
8     @State area: string = '西直门';
9     @Builder
10    getCellContent($$: ICardItem) {
11      Row() {
12        Row() {
13          Text($$.leftValue)
14          Text($$.rightValue)
15        }
16        .width('100%')
17        .justifyContent(FlexAlign.SpaceBetween)
18        .padding({ left: 15, right: 15 })
19        .backgroundColor(Color.White)
20        .borderRadius(8)
21        .height(40)
22      }
23      .padding({ left: 20, right: 20 })
24    }
25    build() {
26      Column({ space: 10 }) {
27        Text(this.area)
28        this.getCellContent({ leftValue: '异常位置', rightValue: this.area })
29        this.getCellContent({ leftValue: '异常时间', rightValue: '2024-4-10' })
30        this.getCellContent({ leftValue:'异常类型', rightValue:'无法锁车'})
31        Button('上报位置')
32          .onClick(() => {
33            this.area = '望京';
34          })
35      }
36      .width('100%')
37      .padding({ top: 20 })
38      .backgroundColor('#ccc')
39      .height('100%')
40    }
41  }
```

在上述代码中，第 1～4 行代码定义 ICardItem 接口，包含 leftValue 和 rightValue 两个属性，类型均为 string；第 8 行代码定义状态变量 area，初始值为"西直门"；第 9～24 行代码使用@Builder 装饰 getCellContent()方法，该方法接收一个$$参数，类型为 ICardItem 接口的对象。

第 27 行代码使用 Text 组件显示当前状态变量 area 的值；第 28～30 行代码调用了 3 次

getCell Content()方法，并传入不同的对象作为参数。其中，第 28 行代码用于设置左侧值为"异常位置"，右侧值为状态变量 area 的值；第 29 行代码用于设置左侧值为"异常时间"，右侧值为"2024-4-10"；第 30 行代码用于设置左侧值为"异常类型"，右侧值为"无法锁车"。

第 31～34 行代码定义了"上报位置"按钮，并为其设置 onClick 事件。在事件处理程序中，实现当点击按钮时，更新 area 的值为"望京"。

保存上述代码，预览 BuilderPage2.ets 文件，自定义构建函数参数的引用传递效果如图 5-8 所示。

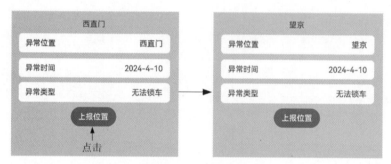

图5-8　自定义构建函数参数的引用传递效果

从图 5-8 可以看出，点击"上报位置"按钮后，顶部显示了"望京"，说明状态变量的值被更新了。同时，异常位置也显示为"望京"，说明当使用自定义构建函数参数的引用传递时，自定义构建函数内的 UI 结构会随着状态变量的改变而更新。

5.4　组件代码定制

当开发者创建了一个组件并想要为其添加特定代码时，例如在组件中添加 onClick 事件，会导致所有使用该组件的地方都添加了该代码，这可能不符合特定需求。为了解决这类问题，ArkUI 引入了@BuilderParam 装饰器，通过它可以实现组件代码定制。本节将详细讲解组件代码定制。

5.4.1　@BuilderParam 装饰器

@BuilderParam 装饰器用于装饰一个值为自定义构建函数的属性，这个自定义构建函数的作用类似于插槽（Slot），它可以由组件的调用者传入，从而实现组件代码定制。

@BuilderParam 装饰器只适合用于被@Component 装饰的非入口组件，而不能用于被@Entry 装饰器装饰的入口组件。

使用@BuilderParam 装饰属性的语法格式如下。

```
@BuilderParam 属性名: (参数1, 参数2, …) => void = 自定义构建函数;
```

在上述语法格式中，被@BuilderParam 装饰的属性的值为一个自定义构建函数；参数的数量可以是 0 个或多个。

下面通过代码演示@BuilderParam 装饰器的具体使用方法，步骤如下。

① 在 entry/src/main/ets/pages 目录下创建 BuilderParam1.ets 文件，定义子组件，使用自定义构建函数作为@BuilderParam 装饰的属性的初始值，示例代码如下。

```
1   @Component
2   struct ChildComponent1 {
3     @Builder
4     customBuilder(label: string) {
5       Text(`${label}中的默认内容`)
6     }
7     @BuilderParam content: (label: string) => void = this.customBuilder;
8     build() {
9       Column() {
10        this.content('子组件');
11      }
12    }
13  }
```

在上述代码中，第 7 行代码定义了 content 属性，该属性使用自定义构建函数作为初始值；第 10 行代码将 content 属性作为方法调用，相当于调用了自定义构建函数 customBuilder()。

② 定义父组件，在父组件中调用子组件，并将自定义构建函数传给子组件中的 content 属性，示例代码如下。

```
1   @Entry
2   @Component
3   struct BuilderParam1 {
4     @Builder
5     getContent(label: string) {
6       Text(`${label}定制的内容`)
7     }
8     build() {
9       Column() {
10        ChildComponent1({
11          content: () => {
12            this.getContent('父组件');
13          }
14        })
15      }
16    }
17  }
```

在上述代码中，第 10～14 行代码调用了子组件 ChildComponent1()，并实现了子组件代码的定制。

运行上述代码后，页面中的显示结果为"父组件定制的内容"，如果注释掉步骤②中的第 11～13 行代码，则页面中的显示结果为"子组件中的默认内容"，说明成功实现了组件代码定制。

5.4.2　尾随闭包

当组件中使用@BuilderParam 装饰器时，可以通过尾随闭包的方式实现组件代码定制。尾随闭包的语法是在"组件名()"的后面加上大括号"{}"，在大括号中编写定制的代码。

需要注意的是，使用尾随闭包时，需要确保组件内有且仅有一个使用@BuilderParam 装饰的属性，且不需要接收参数。

下面通过代码演示尾随闭包的具体使用方法，步骤如下。

① 在 entry/src/main/ets/pages 目录下创建 BuilderParam2.ets 文件，定义子组件，示例代码如下。

```
1   @Component
2   struct ChildComponent2 {
3     @Builder
4     customBuilder() {}
5     @BuilderParam
6     content: () => void = this.customBuilder;
7     build() {
8       Column() {
9         this.content();
10      }
11    }
12  }
```

在上述代码中，子组件中有且仅有一个使用@BuilderParam 装饰的属性。

② 定义父组件，通过尾随闭包的方式实现子组件代码的定制，示例代码如下。

```
1   @Entry
2   @Component
3   struct BuilderParam2 {
4     build() {
5       Column() {
6         ChildComponent2() {
7           Text('父组件定制的内容')
8         }
9       }
10    }
11  }
```

在上述代码中，第 6～8 行代码使用了尾随闭包。

上述代码运行后，页面中的显示结果为"父组件定制的内容"，说明通过尾随闭包的方式成功实现了组件代码定制。

下面再通过一个综合的例子演示尾随闭包的应用场景，实现自定义面板组件内容的效果，具体步骤如下。

① 在 entry/src/main/ets/pages 目录下创建 BuilderParam3.ets 文件，定义 BuilderParamPanel 组件（面板组件），示例代码如下。

```
1   @Component
2   struct BuilderParamPanel {
3     panelHeight = 300;
4     panelColor = Color.Gray;
5     @Builder
6     bodyBuilder() {}
7     @BuilderParam
8     body: () => void = this.bodyBuilder;
9     build() {
10      Column() {
11        Column() {
12          this.body()
13        }
14        .backgroundColor(this.panelColor)
15        .width('100%')
```

```
16        .height(this.panelHeight)
17        .borderRadius(20)
18      }
19      .padding(20)
20    }
21  }
```

在上述代码中，第 3 行代码定义 panelHeight 变量，表示面板的初始高度为 300；第 4 行代码定义 panelColor 变量，表示面板的颜色，默认为 Color.Gray；第 5～6 行代码定义了自定义构建函数；第 7～8 行代码使用@BuilderParam 装饰 body 属性。

② 定义父组件，通过尾随闭包定制面板组件的内容，示例代码如下。

```
1   @Entry
2   @Component
3   struct BuilderParam3 {
4     build() {
5       Column({ space: 20 }) {
6         BuilderParamPanel({ panelHeight: 200, panelColor: Color.Pink }) {
7           Flex({ direction: FlexDirection.Row, wrap: FlexWrap.Wrap, justifyContent:
FlexAlign.Center }) {
8             ForEach([1, 2, 3, 4, 5, 6], (item: number) => {
9               Button('测试' + item)
10                .margin({ left: 10, top: 10 })
11            })
12          }
13        }
14        BuilderParamPanel({ panelHeight: 100, panelColor: Color.Orange })
15      }
16    }
17  }
```

在上述代码中，第 6～13 行代码调用了 BuilderParamPanel 组件，传入面板高度为 200 和面板颜色为粉色，并在尾随闭包中设置一个弹性布局，其中包含多个按钮；第 14 行代码调用了 BuilderParamPanel 组件，传入面板高度为 100 和面板颜色为橘色，但未设置尾随闭包，即使用默认的内容。

保存上述代码，预览 BuilderParam3.ets 文件，面板效果如图 5-9 所示。

图5-9 面板效果

从图 5-9 可以看出，页面中包含两个面板，上面的面板定制了面板内容，在面板中放入了 6 个按钮，下面的面板未定制面板内容，面板内容为空。

5.5　阶段案例——评论回复页面

本案例将实现一个评论回复页面，其效果如图 5-10 所示。

图5-10　评论回复页面效果

在图 5-10 所示页面中，用户可以输入评论，从而对页面最上方"小明"的评论进行回复。请读者扫描二维码，查看本案例的代码。

本章小结

本章主要讲解了渲染语句、组件导出和导入、组件代码复用和组件代码定制。通过本章的学习，读者在开发鸿蒙应用的 UI 时应该能够提高代码的可复用性，实现更加灵活、复杂的 UI。

课后练习

一、填空题

1. 循环渲染语句通过_____函数实现。
2. 组件导出使用的关键字是_____。
3. _____装饰器用于装饰一个用于复用通用属性和通用事件的方法。
4. _____装饰器用于装饰一个支持复用私有属性和私有事件的方法。
5. _____装饰器用于装饰自定义构建函数。

二、判断题

1. 条件渲染语句用于根据某个条件决定是否渲染某个组件。（　　　）
2. @Styles 只能装饰在 struct 外定义的方法。（　　　）
3. @Extend 只能装饰在 struct 内定义的方法。（　　　）
4. 组件不支持默认导出。（　　　）
5. 自定义构建函数的参数只能进行值传递。（　　　）

三、选择题

1. 下列关于@BuilderParam 的说法中，正确的有（　　　）。（多选）
    A. @BuilderParam 用于装饰一个值为自定义构建函数的属性
    B. 被@BuilderParam 装饰的属性的值为一个自定义构建函数
    C. @BuilderParam 装饰器只适用于入口组件
    D. 通过@BuilderParam 可以实现插槽的效果
2. 下列选项中，用于调用在 struct 内定义的自定义构建函数的是（　　　）。
    A. @Builder function customBuilder() {}　　　B. @Builder customBuilder() {}
    C. customBuilder()　　　D. this.customBuilder()
3. 下列关于尾随闭包的说法中，正确的有（　　　）。（多选）
    A. 通过尾随闭包可以实现组件代码的定制
    B. 尾随闭包的语法是在"组件名()"的后面加上大括号"{}"
    C. 使用尾随闭包时，需要确保组件内有且仅有一个使用@BuilderParam 装饰的属性
    D. 尾随闭包只能用于父组件，不能用于子组件
4. 下列选项中，可以在 struct 内正确定义方法的是（　　　）。
    A. @Styles function BtnStyle() {}　　　B. @Styles BtnStyle() {}
    C. @Style function BtnStyle() {}　　　D. @Style BtnStyle() {}

四、简答题

请简述@Styles 装饰器和@Extend 装饰器的使用方法。

五、程序题

请使用循环渲染语句实现个人履历列表，效果如图 5-11 所示。

职位	.NET开发工程师
工作年度	2012-6—2012-11
公司名称	某文化公司
薪资	6000元

职位	.NET/Java/前端开发工程师
工作年度	2012-11—2017-1
公司名称	某餐饮公司
薪资	7000元

职位	前端开发工程师
工作年度	2017-3—2018-2
公司名称	某电商公司
薪资	8000元

职位	高级架构师
工作年度	2018-2—2019-3
公司名称	某科技公司
薪资	9000元

职位	讲师
工作年度	2019-3—至今
公司名称	某教育公司
薪资	10000元

图5-11　个人履历列表效果

第6章

路由和组件导航

◆ 掌握页面跳转，能够通过路由实现页面跳转

◆ 掌握页面返回，能够通过路由实现页面返回

◆ 掌握在页面返回前询问，能够在页面返回前弹出一个询问对话框

◆ 掌握跨模块的页面跳转，能够实现跨模块的页面跳转

◆ 熟悉组件导航，能够描述 ArkUI 中的组件导航功能

◆ 掌握 Navigation 组件的使用方法，能够使用 Navigation 组件制作导航页

◆ 掌握 NavPathStack 对象的使用方法，能够通过 NavPathStack 对象实现页面跳转

◆ 掌握路由表，能够将所有的子页放到一个表中进行统一管理

◆ 掌握拦截器，能够实现在页面跳转时进行拦截

路由和组件导航是鸿蒙应用开发中实现页面跳转的两种方式。其中，路由提供了一些方法用于实现页面跳转，组件导航则是通过 Navigation 组件制作导航页，并为导航页添加子页跳转功能，通过子页跳转实现页面跳转。本章将对路由和组件导航进行详细讲解。

6.1 路由

在鸿蒙应用开发中，经常需要开发页面跳转或模块跳转功能，实现在多个页面或多个模块之间的跳转。通过路由可以实现页面跳转和模块跳转。本节将对路由进行详细讲解。

6.1.1 页面跳转

页面跳转是指从一个页面导航到另一个页面，并且可以将数据从一个页面传递到另一个页面。下面演示一个购物软件的页面跳转过程，如图 6-1 所示。

在图 6-1 中，最左侧是登录页，登录成功后会跳转到主页，在主页中点击某个促销活动会跳转到列表页，在列表页中点击某件商品会跳转到详情页。

在鸿蒙应用中，路由用于负责管理不同页面之间的跳转和参数传递，它基于轻量级的栈式管理结构，每个页面都有唯一的标识符，所有被访问过的页面都会被放置在页面栈中。每当页面跳转时，路由会根据标识符对页面进行入栈或出栈操作，实现页面跳转和管理。

| 登录页 | 主页 | 列表页 | 详情页 |

图6-1　购物软件的页面跳转过程

页面栈是一个后进先出的数据结构，用于存储鸿蒙应用中打开的页面。页面栈的顶部始终是当前页，而其他页面则按照被打开的顺序排列在下面。页面栈的最大容量为 32 个页面。若超出此限制，可能会导致应用程序出现异常行为，例如页面无法正常压入页面栈或无法正常返回等。为了避免超出页面栈的最大容量，可以在页面跳转时，选择适当的页面跳转模式。

路由功能通过 router 对象（或称为 router 模块）来实现，该对象有两种导入方式，第 1 种导入方式如下。

```
import router from '@ohos.router';
```

第 2 种导入方式如下。

```
import { router } from '@kit.ArkUI';
```

以上两种导入方式的效果相同。

router 对象提供了 pushUrl()方法和 replaceUrl()方法，这两个方法都可以实现页面跳转，它们的区别在于目标页是否会替换当前页，具体说明如表 6-1 所示。

表 6-1　pushUrl()方法和 replaceUrl()方法的说明

方法	说明
pushUrl()	目标页不会替换当前页，而是将当前页压入页面栈以保留当前页的状态，跳转后可以通过返回操作回到当前页。这种模式适用于常规的页面导航，例如从一个列表页跳转到详情页
replaceUrl()	目标页会替换当前页，当前页会被销毁并释放资源。跳转后无法通过返回操作回到当前页。这种模式适用于需要替换当前页的场景，例如在登录成功后直接跳转到主页

pushUrl()方法的基本语法格式如下。

```
router.pushUrl(options, mode?, callback?);
```

在上述语法格式中，pushUrl()方法接收 options、mode、callback 参数，具体说明如下。

① options 参数是一个对象，用于设置目标页的描述信息，该对象有 url 属性和 params 属性，url 属性表示目标页的路径，params 属性表示传递的参数。如果传递了参数，则在目标页中可以通过调用 router 对象的 getParams()方法来获取传递过来的参数。如果不需要传递参数，可以省略 params 属性。

② mode 参数是可选的，用于设置跳转页面使用的模式，包括标准实例模式 router.RouterMode.Standard 和单实例模式 router.RouterMode.Single，它们的区别在于是否会新建目标页，默认使用标准实例模式。两种模式的说明如表 6-2 所示。

表 6-2　标准实例模式和单实例模式的说明

模式	说明
标准实例模式	每次跳转都会新建一个目标页并压入栈顶。这种模式适用于需要在同一 URL（Uniform Resource Locator，统一资源定位符）下展示不同内容或状态的场景，例如博客的不同文章页面
单实例模式	如果目标页已经在页面栈中，则离栈顶最近的同 URL 页面会被移动到栈顶并重新加载；如果目标页不存在，则按照标准实例模式跳转。这种模式适用于需要保持页面状态一致性的场景，例如购物软件的商品详情页面

③ callback 参数是可选的，用于处理成功或失败情况的回调函数。如果省略了 mode 参数，callback 参数可作为第 2 个参数。

需要注意的是，跳转的页面必须是被@Entry 装饰的组件，并且该页面必须注册到 entry/src/main/resources/base/profile/main_pages.json 文件中。

当 pushUrl()方法跳转失败时，通常会返回一个错误码，表示跳转失败的具体原因。pushUrl()方法的常见错误码及其说明如表 6-3 所示。

表 6-3　pushUrl()方法的常见错误码及其说明

错误码	说明
100001	内部错误，可能是未成功获取渲染引擎或解析参数失败等原因导致的。需要检查代码逻辑或参数设置，确保跳转操作能正确执行
100002	路由页面跳转时输入的路径错误或不存在。需要确保跳转的目标页路径正确，并且在路由配置中正确注册了该页面
100003	跳转页面压入页面数量超过 32。在这种情况下，可以考虑优化页面导航逻辑，减少页面数量

replaceUrl()方法与 pushUrl()方法的参数相同，两者接收相同的参数格式。当 replaceUrl()方法跳转失败时，通常会返回一个错误码，表示跳转失败的具体原因。replaceUrl()方法的常见错误码及其说明如表 6-4 所示。

表 6-4　replaceUrl()方法的常见错误码及其说明

错误码	说明
100001	内部错误，可能是未成功获取渲染引擎或解析参数失败等原因导致的。需要检查代码逻辑或参数设置，确保跳转操作能正确执行
200002	路由页面替换时输入的路径错误或不存在。需要确保跳转的目标页路径正确，并且在路由配置中正确注册了该页面

下面通过代码演示如何使用 pushUrl()方法实现页面跳转并传递参数以及处理错误。

① 在 entry/src/main/ets/pages 目录下创建 FirstPage.ets 文件，在该文件中定义一个"跳转下一页"按钮，实现点击按钮跳转页面，示例代码如下。

```
1   import { router } from '@kit.ArkUI';
2   @Entry
3   @Component
4   struct FirstPage {
5    build() {
6      Column(){
7        Text('第一页')
8        Button('跳转下一页')
9          .margin({ top: 50 })
10         .onClick(() => {
11           router.pushUrl(
12             {
13               url: 'pages/SecondPage',
14               params: { id: 1 }
15             }, err => {
16             if (err) {
17               console.log(`路由失败, errcode: ${err.code} errMsg: ${err.message}`);
18             }
19           }
20         )
21       })
22     }
23     .width('100%')
24     .height('100%')
25   }
26 }
```

在上述代码中，第 1 行代码用于导入 router 对象，以便后续可以使用该对象提供的方法；第 8 行代码定义了"跳转下一页"按钮；第 10～21 行代码为按钮设置 onClick 事件。在事件处理程序中，调用 router 对象的 pushUrl()方法执行页面跳转，目标页路径为 pages/SecondPage，同时传递参数 params，使用标准实例模式。如果在跳转过程中发生错误，会输出错误码和错误信息。

② 在 entry/src/main/ets/pages 目录下创建 SecondPage.ets 文件作为目标页，在目标页获取传递过来的参数，示例代码如下。

```
1   import { router } from '@kit.ArkUI';
2   interface Person {
3     id: number;
4   }
5   @Entry
6   @Component
7   struct SecondPage {
8    build() {
9      Column() {
10       Text('第二页')
11       Button('获取参数')
12         .margin({ top: 50 })
13         .onClick(() => {
```

```
14              const params = router.getParams() as Person;
15              if (params) {
16                AlertDialog.show({
17                  message: `${params.id}`
18                });
19              }
20            })
21          }
22          .width('100%')
23          .height('100%')
24      }
25  }
```

在上述代码中，第 2～4 行代码定义 Person 接口，其中包含一个 id 属性，类型为 number。第 11～20 行代码定义了"获取参数"按钮，其中，第 14 行代码用于接收路由传递过来的参数，将其断言为 Person 类型并保存在 params 常量中；第 15～19 行代码用于判断是否传递了参数，如果传递了参数，就通过 AlertDialog.show()方法实现在页面中弹出一个提示框，将参数显示出来。

保存上述代码，预览 FirstPage.ets 文件，页面跳转的效果如图 6-2 所示。

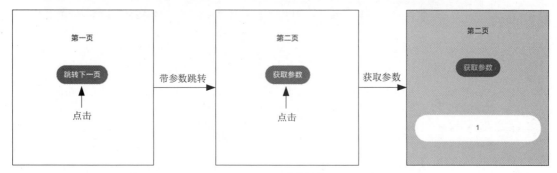

图6-2　页面跳转的效果

从图 6-2 可以看出，当点击"跳转下一页"按钮时，页面进行了跳转；在第二页中点击"获取参数"按钮，可以获取到从第一页传递过来的参数 1。

▍▍▍多学一招：在页面跳转时传递所有参数

在页面跳转时，可能有多个页面都需要相同的参数，此时可以将当前页面的所有参数全部传递给下一个页面。

假设有 A、B、C、D 这 4 个页面，现在想要在 A 页面跳转到 B 页面时传递所有参数，在 B 页面跳转到 C 页面时传递所有参数，在 C 页面跳转到 D 页面时传递所有参数，那么可以在每个页面发生跳转时，通过 router 对象的 getParams()方法获取当前页面的参数，将所有参数全部传递过去，示例代码如下。

```
1  router.pushUrl({
2    url: '目标页路径',
3    params: router.getParams()
4  });
```

在上述示例代码中，调用 router 对象的 getParams()方法获取当前页面的参数，并将其通过 params 属性传给下一个页面，以确保在页面跳转时所有参数都能传递给下一个页面。

6.1.2　页面返回

当用户在一个页面完成操作后，可能需要返回到上一个页面或者返回到指定页面，这就需要用到页面返回功能。在返回的过程中可以传递数据。

router 对象的 back()方法用于实现页面返回功能，这个方法会将用户导航到上一个页面，而且不会重新初始化上一个页面，因此上一个页面的状态和数据都会被保留。

back()方法的基本语法格式如下。

```
router.back(options?);
```

在上述语法格式中，options 是一个可选参数，该参数是一个对象，用于设置返回页的描述信息，它有 url 属性和 params 属性。url 属性表示返回页面的路径，params 属性表示传递的参数。如果省略 options 参数，则表示返回到上一个页面；如果传递了 options 参数并且传递了返回页面的路径，则表示返回到指定页面；如果传递了 params 属性，则在返回页中可以通过调用 router 对象的 getParams()方法来获取传递过来的参数。如果不需要传递参数，则可以省略 params 属性。

下面通过代码演示如何使用 back()方法实现页面返回并传递参数。

① 在 SecondPage.ets 文件中的"获取参数"按钮的下方定义"返回上一页"按钮，实现点击该按钮后返回到 FirstPage.ets 页面，并获取传递参数 name，示例代码如下。

```
1  Button('返回上一页')
2   .margin({ top: 50 })
3   .onClick(() => {
4    router.back({
5     url: 'pages/FirstPage',
6     params: { name: '张三' }
7    });
8   })
```

在上述代码中，第 3~8 行代码为按钮添加 onClick 事件。在事件处理程序中，实现了点击按钮后调用 router 对象的 back()方法进行页面返回，返回页路径为 pages/FirstPage，同时传递了参数 name。

② 修改 FirstPage.ets 文件，获取页面返回时传递过来的参数，需要先定义接口，示例代码如下。

```
1  interface Student {
2   name: string;
3  }
```

③ 在"跳转下一页"按钮下方定义"获取参数"按钮，示例代码如下。

```
1  Button('获取参数')
2   .margin({ top: 50 })
3   .onClick(() => {
4    const params = router.getParams() as Student;
5    if (params) {
6     AlertDialog.show({
7      message: `${params.name}`
8     })
9    }
10  })
```

上述代码实现了获取参数并通过提示框将参数显示出来。

　　保存上述代码，预览 FirstPage.ets 文件，在第一页点击"跳转下一页"按钮跳转到第二页，然后点击第二页的"返回上一页"按钮返回第一页，再点击第一页的"获取参数"按钮，即可看到一个内容为"张三"的提示框，说明使用 back()方法成功实现了页面返回并传递参数。

6.1.3　在页面返回前询问

　　在开发页面返回功能时，为了避免用户误点击"返回"按钮导致当前页面的数据丢失，需要在用户从一个页面返回到另一个页面时弹出一个询问对话框，让用户确认是否要执行返回操作。

　　在页面返回前增加询问对话框的方式包括使用内置询问对话框和使用自定义询问对话框，下面分别进行讲解。

1. 使用内置询问对话框

　　router 对象的 showAlertBeforeBackPage()方法用于实现在返回时弹出询问对话框的功能。在调用 back()方法之前，可以通过调用 showAlertBeforeBackPage()方法启用询问对话框。启用后，当调用 back()方法时，询问对话框就会自动弹出。

　　showAlertBeforeBackPage()方法的基本语法格式如下。

```
router.showAlertBeforeBackPage(options);
```

　　在上述语法格式中，options 参数是一个对象，该对象包含 message 属性，该属性为 string 类型，用于设置询问对话框的信息。该方法如果调用成功，则会启用询问对话框；如果调用失败，则会抛出异常，可以通过 try…catch 语句捕获异常，通过错误对象的 code 属性和 message 属性获取错误码和错误信息。

　　在弹出的询问对话框中，会显示"取消"和"确定"选项。如果选择"取消"，将使页面停留在当前页；如果选择"确定"，就会返回上一个页面，并根据参数决定如何执行跳转。需要注意的是，无法获取用户选择的是"确定"还是"取消"，因为选择的结果是由询问对话框本身进行处理的。

　　下面通过一个例子演示询问对话框的使用方法。在页面中定义一个按钮，实现当用户单击该按钮时，弹出一个询问对话框，询问用户是否确认要放弃付款，示例代码如下。

```
1  Button('退出')
2    .onClick(() => {
3     router.showAlertBeforeBackPage({
4       message: '确认要放弃付款吗？'
5     });
6     router.back();
7   })
```

　　在上述示例代码中，第 3～5 行代码调用 showAlertBeforeBackPage()方法启用询问对话框，对话框内容为"确认要放弃付款吗？"；第 6 行代码用于返回上一个页面，当 back()方法执行时，就会弹出内容为"确认要放弃付款吗？"的询问对话框。

　　上述代码运行后，询问对话框的效果如图 6-3 所示。

图6-3　询问对话框的效果

2. 使用自定义询问对话框

自定义询问对话框可以使用 promptAction 对象实现，使用该对象的 showDialog()方法可以实现类似使用 showAlertBeforeBackPage()方法启用询问对话框的效果，并可以获取用户点击的是哪个按钮，从而在用户点击后执行相应的逻辑。

下面通过一个例子演示如何自定义询问对话框。首先导入 promptAction 对象，导入的代码如下。

```
import { promptAction } from '@kit.ArkUI';
```

然后在页面中定义一个按钮，实现当用户点击该按钮时，弹出一个自定义询问对话框，询问用户是否确认要放弃付款，示例代码如下。

```
1  Button('退出')
2    .margin({ top: 50 })
3    .onClick(() => {
4     promptAction.showDialog({
5       message: '确认要放弃付款吗？',
6       buttons: [
7         { text: '取消', color: '#F00' },
8         { text: '确认', color: '#09F' }
9       ]
10    }).then(result => {
11     if (result.index == 0) {
12       console.log('用户取消操作');
13     } else if (result.index == 1) {
14       console.log('用户确认操作');
15       router.back();
16     }
17    })
18   })
```

在上述代码中，第 4～17 行代码调用了 promptAction 对象的 showDialog()方法来显示一个自定义询问对话框。第 15 行代码用于实现在用户点击"确认"按钮时进行路由返回。

上述代码运行后，自定义询问对话框的效果如图 6-4 所示。

图6-4　自定义询问对话框的效果

▌▌**多学一招：router 对象提供的其他方法**

除了前面讲到的 pushUrl()方法、replaceUrl()方法、getParams()方法、back()方法、showAlertBeforeBackPage()方法，router 对象还提供了其他的方法，具体如表 6-5 所示。

表6-5　router 对象提供的其他方法

方法	说明
clear()	清空页面栈中的所有历史页面，仅保留当前页面作为栈顶页面
getLength()	获取当前页面栈的数量

续表

方法	说明
getState()	获取当前页面的状态信息
pushNamedRoute()	跳转到指定的命名路由页面
hideAlertBeforeBackPage()	在页面返回时禁用询问对话框
replaceNamedRoute()	用指定的命名路由页面替换当前页面，并销毁被替换的页面

对于表 6-5 中的方法，读者可以参考鸿蒙开发文档进行学习。

6.1.4 跨模块的页面跳转

在实际开发中，一个项目可能会有多个模块，有时需要实现跨模块的页面跳转，也就是从一个模块的页面跳转到另一个模块的页面。

鸿蒙应用中的路由支持跨模块跳转，并且有基于地址跳转和基于命名路由跳转两种方式，下面分别进行讲解。

1. 基于地址跳转

通过为 router 对象的 pushUrl() 方法传递地址信息，可以实现跨模块的页面跳转，基于地址跳转的语法格式如下。

```
@bundle:包名/模块名/ets/pages/页面文件名
```

对上述语法格式中的包名、模块名和页面文件名的具体解释如下。

① 包名：可以从项目根目录下的 AppScope/app.json5 文件中获取。在该文件中，bundleName 配置项的值就是包名。

② 模块名：可以从项目根目录下的 build-profile.json5 文件中获取，在该文件中找到 modules 数组，里面定义的每个对象对应一个模块，对象的 name 属性的值就是模块名。

③ 页面文件名：可以从"模块名/src/main/ets/pages"目录下获取页面文件名，不要加 .ets 后缀。

下面演示如何基于地址跳转，实现从 entry 模块的 ModeRouter1 页面跳转到 library 模块的 Index 页面，实现步骤如下。

① 右击项目根目录（即 MyApplication 目录），在弹出的快捷菜单中选择"新建"→"模块"，会弹出"New Project Module"对话框，如图 6-5 所示。

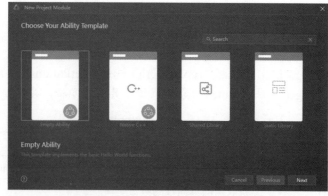

图6-5 "New Project Module"对话框

图 6-5 所示对话框中提供了 4 种模块类型，针对这 4 种模块类型的介绍如下。

● Empty Ability 表示 Ability 类型的模块。

● Native C++表示原生 C++模块，选择它表示使用 C++语言进行模块的开发。

● Shared Library 表示动态共享库类型的模块，它不含 Ability，可以创建页面。

● Static Library 表示静态共享库类型的模块，它不含 Ability 且无法创建页面，但可以创建自定义组件。

在以上 4 种模块类型中，在实现跨模块的页面跳转时推荐选择 "Shared Library"。

② 选择图 6-5 所示对话框中的 "Shared Library"，单击 "Next" 按钮，进入 "Configure New Module" 界面，如图 6-6 所示。

图6-6 "Configure New Module" 界面

在图 6-6 中，Module name 表示模块名称；Device type 表示设备类型；Enable native 表示开启原生，开启后可以用 C++语言编写代码。以上内容保持默认设置即可。

③ 单击图 6-6 所示对话框中的 "Finish" 按钮完成模块的创建。

④ 创建了名称为 library 的模块后，还需要配置模块依赖。选择 "运行" → "编辑配置"，会弹出 "运行/调试配置" 对话框，在该对话框中单击左侧模块列表中的 "entry"，在右侧区域中切换到 "Deploy Multi Hap" 选项卡，选中 "Deploy Multi Hap Packages" 复选框，将 library 模块添加到 Module 中，如图 6-7 所示。

图6-7 "运行/调试配置" 对话框

⑤ 单击图 6-7 所示对话框中的"确认"按钮完成配置。

⑥ 在 entry/src/main/ets/pages 目录下创建 ModeRouter1.ets 文件，在该文件中定义"跳转支付页面"按钮，实现点击该按钮跳转到 library 模块的 Index 页面，示例代码如下。

```
1   import { router } from '@kit.ArkUI';
2   @Entry
3   @Component
4   struct ModeRouter1 {
5     build() {
6       Row() {
7         Column() {
8           Button('跳转支付页面')
9             .fontSize(24)
10            .fontWeight(FontWeight.Bold)
11            .onClick(() => {
12              router.pushUrl({
13                url: '@bundle:com.example.myapplication/library/ets/pages/Index'
14              });
15            })
16        }
17        .width('100%')
18      }
19      .height('100%')
20    }
21  }
```

在上述代码中，第 11～15 行代码为 Button 组件添加 onClick 事件，在事件处理程序中，调用 router.pushUrl()方法执行跨模块的页面跳转。

⑦ 打开 entry/src/main/ets/entryability/EntryAbility.ets 文件，找到如下代码。

```
windowStage.loadContent('pages/Index', (err) => {
```

上述代码用于设置当前应用启动后默认加载的页面，pages/Index 表示首页，需要将 Index 修改为 ModeRouter1，修改后的代码如下。

```
windowStage.loadContent('pages/ModeRouter1', (err) => {
```

⑧ 修改 library/src/main/ets/pages 目录下的 Index.ets 文件中的代码，将其修改为支付页面，示例代码如下。

```
1   @Entry
2   @Component
3   struct Index {
4     @State message: string = '支付页面';
5     build() {
6       Row() {
7         Column() {
8           Text(this.message)
9             .fontSize(50)
10            .fontWeight(FontWeight.Bold)
11        }
12        .width('100%')
13      }
14      .height('100%')
15    }
16  }
```

⑨ 使用模拟器进行预览，基于地址跳转的效果如图 6-8 所示。

点击

entry模块的ModeRouter1页面　　　library模块的Index页面

图6-8　基于地址跳转的效果

从图 6-8 可以看出，点击"跳转支付页面"后，成功跳转到了 library 模块的 Index 页面。

2. 基于命名路由跳转

命名路由是指为一个页面的路径进行命名，命名后可通过名称找到对应的页面。定义命名路由的语法格式如下。

```
@Entry({ routeName: '名称' })
```

在上述语法格式中，在@Entry 装饰器基础上添加了命名路由，routeName 属性的值就是当前页面的路由名称。

若要跳转到命名路由，可以通过如下方式进行跳转。

```
router.pushNamedRoute({
  name: '名称'
});
```

若要实现跨模块跳转，还需要在 entry 目录下的 oh-package.json5 文件中配置依赖的模块信息，并使用 import()函数导入要跳转的页面。

下面演示如何基于命名路由跳转，实现从 entry 模块的 ModeRouter2 页面跳转到 library 模块的 Pay 页面，实现步骤如下。

① 在 library/src/main/ets/pages 目录下通过"新建"→"Page"的方式创建 Pay.ets 文件，该文件示例代码如下。

```
1   @Entry({ routeName: 'pay_index'})
2   @Component
3   export struct Pay {
4     @State message: string = '支付页面';
5     build() {
6       Row() {
7         Column() {
8           Text(this.message)
9             .fontSize(24)
10            .fontWeight(FontWeight.Bold)
11        }
12        .width('100%')
13      }
14      .height('100%')
15    }
16  }
```

在上述代码中，第 1 行代码定义了命名路由，将路由名称定义为 pay_index；第 3 行代码将 Pay 组件导出，以便在其他文件中使用它。

② 在 entry 模块中引入依赖的模块，需要在 entry/oh-package.json5 文件中配置依赖信息，示例代码如下。

```
1  {
2    ……（原有代码）
3    "dependencies": {
4      "library": "file:../library"
5    }
6  }
```

在上述代码中，第 4 行代码在 dependencies 配置项中添加了 library 依赖项，其值为本地文件路径"file:../library"，表示使用本地的 library 模块作为依赖项。

修改了 oh-package.json5 文件后，DevEco Studio 会出现需要同步的提示，单击"Sync Now"进行同步即可。

③ 在 entry/src/main/ets/pages 目录下创建 ModeRouter2.ets 文件，在该文件中引入 Pay 组件，同时定义"跳转支付页面"按钮，实现点击该按钮跳转到 library 模块的 Pay 页面，示例代码如下。

```
1   import { router } from '@kit.ArkUI';
2   import('library/src/main/ets/pages/Pay');
3   @Entry
4   @Component
5   struct ModeRouter2 {
6     build() {
7       Row() {
8         Column() {
9           Button('跳转支付页面')
10            .onClick(() => {
11              router.pushNamedRoute({
12                name: 'pay_index'
13              })
14            })
15        }
16        .width('100%')
17      }
18      .height('100%')
19    }
20  }
```

在上述代码中，第 2 行代码用于导入 library/src/main/ets/pages/Pay 页面；第 11～13 行代码使用 pushNamedRoute()方法，跳转到路由名称为 pay_index 的页面。

④ 打开 entry/src/main/ets/entryability/EntryAbility.ets 文件，将 ModeRouter1 修改为 ModeRouter2，修改后的代码如下。

```
windowStage.loadContent('pages/ModeRouter2', (err) => {
```

⑤ 在编辑器中进行预览，基于命名路由跳转实现的效果与图 6-8 相同。

6.2　组件导航

ArkUI 提供了组件导航功能，用于实现带有导航的页面。相比路由，组件导航支持在组件内部进行子页跳转，使用更灵活，并且具备更强的"一次开发，多端部署"能力。本节将详细讲解组件导航。

6.2.1 初识组件导航

ArkUI 中的组件导航功能涉及两个重要的组件：Navigation 组件和 NavDestination 组件。它们分别用于实现导航页和子页，其中，导航页用于放置导航项，子页用于显示导航项对应的内容。

导航页由标题栏（包含菜单栏）、内容区和工具栏组成，Navigation 组件的子组件会显示在内容区；子页由标题栏（包含菜单栏）、内容区组成，NavDestination 组件的子组件会显示在内容区。

组件导航有 3 种显示模式，分别是单栏模式、分栏模式和自适应模式，默认采用自适应模式，在该模式下，组件会根据设备屏幕宽度动态调整布局。

当设备屏幕宽度小于或等于 520vp 时，组件导航采用单栏模式，在该模式下，导航页和子页单独显示，如图 6-9 所示。

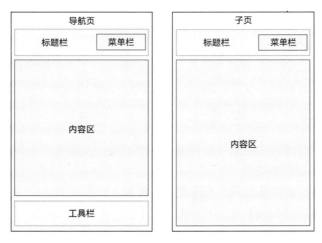

图6-9 单栏模式

当设备屏幕宽度大于 520vp 时，组件导航采用分栏模式，在该模式下，页面被划分为两个并列区域，便于同时展示和操作多个内容，如图 6-10 所示。

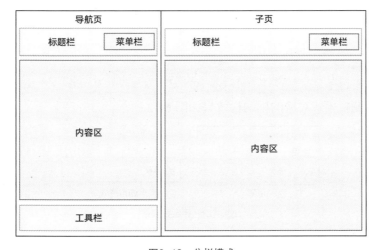

图6-10 分栏模式

6.2.2 Navigation 组件

Navigation 组件用于实现导航页，该组件提供了一些属性，用于设置导航页的显示效果，具体如下。

1. title 属性

title 属性用于设置标题栏中的页面标题，示例代码如下。

```
1   Navigation()
2    .title('主页')
```

在上述代码中，使用 title 属性将页面标题设置为"主页"。

上述代码对应的标题效果如图 6-11 所示。

图6-11　标题效果

2. titleMode 属性

titleMode 属性用于设置标题栏的模式。标题栏默认位于页面的顶部，用于展示页面的名称及操作按钮，例如"返回"按钮、"菜单"按钮等。标题栏有两个常用的模式，分别是 Full 模式和 Mini 模式，下面分别进行讲解。

（1）Full 模式

Full 模式的标题栏通常会占据页面顶部的全部宽度，并在垂直方向上具有较大的高度，适用于页面需要突出标题的场景。

Full 模式是标题栏的默认模式，不需要手动设置。如果要手动设置，可以将 titleMode 属性设置为 NavigationTitleMode.Full，示例代码如下。

```
1   Navigation()
2    .title('主页')
3    .titleMode(NavigationTitleMode.Full)
```

（2）Mini 模式

Mini 模式的标题栏会缩小标题文本的字号，适用于页面不需要突出标题的场景。

将 titleMode 属性设置为 NavigationTitleMode.Mini 即可将标题栏设置为 Mini 模式，示例代码如下。

```
1   Navigation()
2    .title('主页')
3    .titleMode(NavigationTitleMode.Mini)
```

上述两种标题栏模式对应的标题栏效果如图 6-12 所示。

图6-12　标题栏效果

3. mode 属性

mode 属性用于设置组件导航的显示模式，即单栏模式、分栏模式和自适应模式。

（1）单栏模式

将 mode 属性设置为 NavigationMode.Stack，即可将 Navigation 组件设置为单栏模式，示例代码如下。

```
1  Navigation()
2  .mode(NavigationMode.Stack)
```

（2）分栏模式

将 mode 属性设置为 NavigationMode.Split，即可将 Navigation 组件设置为分栏模式，示例代码如下。

```
1  Navigation()
2  .mode(NavigationMode.Split)
```

（3）自适应模式

自适应模式是默认模式，不需要手动设置。如果要手动设置，可以将 mode 属性设置为 NavigationMode.Auto，示例代码如下。

```
1  Navigation()
2  .mode(NavigationMode.Auto)
```

4. menus 属性

menus 属性用于设置菜单栏，该属性需要传递一个由 NavigationMenuItem 对象组成的数组，每个 NavigationMenuItem 对象代表一个菜单项，包含菜单项的文本、图标等信息。竖屏时菜单栏最多支持显示 3 个图标，横屏时最多支持显示 5 个图标，多余的图标会被放入自动生成的"::"图标被点击后弹出的菜单中。

使用 menus 属性设置菜单栏的示例代码如下。

```
1  Navigation()
2  .title('主页')
3  .titleMode(NavigationTitleMode.Mini)
4  .mode(NavigationMode.Stack)
5  .menus([
6    { value: '搜索', icon: 'resources/base/media/ic_public_search.svg', action: () => {} },
7    { value: '添加', icon: 'resources/base/media/ic_public_add.svg', action: () => {}},
8    { value: '编辑', icon: 'resources/base/media/ic_public_edit.svg', action: () => {} },
9    { value: '减少', icon: 'resources/base/media/ic_public_remove.svg', action: () => {} }
10 ])
```

在上述代码中，第 5～10 行代码定义了由 NavigationMenuItem 对象组成的数组，其中，value 属性用于设置单个菜单项的显示文本，为必选项；icon 属性用于设置单个菜单项的图标资源路径，为可选项，此处设置为 resources 目录下的图标资源，需要注意的是，目前预览器无法显示该目录下的图标资源，需要使用模拟器查看运行结果；action 属性用于设置当前菜单项被选中时执行的回调函数，为可选项。

上述代码对应的菜单栏在竖屏中的效果如图 6-13 所示。

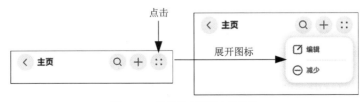

图6-13　菜单栏在竖屏中的效果

菜单栏在横屏中的效果如图 6-14 所示。

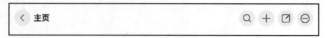

图6-14 菜单栏在横屏中的效果

从图 6-13 和图 6-14 可以看出，菜单栏在竖屏中显示了 3 个图标，多余的图标放到了"::"图标被点击后弹出的菜单中；而在横屏中显示了 4 个图标。

5. toolbarConfiguration 属性

toolbarConfiguration 属性用于设置工具栏，该属性需要传入一个由 ToolbarItem 对象组成的数组。每个 ToolbarItem 对象代表一个工具栏选项，包括工具栏的文本、图标等信息。工具栏在竖屏中最多支持显示 5 个图标，多余的图标会被放入自动生成的"::"图标被点击后弹出的菜单中；在横屏中，工具栏会自动隐藏，同时工具栏所有选项移动至菜单栏中。

使用 toolbarConfiguration 属性设置工具栏的示例代码如下。

```
1  Navigation()
2  .title('主页')
3  .titleMode(NavigationTitleMode.Mini)
4  .mode(NavigationMode.Stack)
5  .toolbarConfiguration([
6    { value: '首页', icon: 'resources/base/media/ic_public_home.svg', action: () => {} },
7    { value: '设置', icon: 'resources/base/media/ic_public_settings.svg', action: () => {} },
8    { value: '分类', icon: 'resources/base/media/ic_public_app.svg', action: () => {} },
9    { value: '收藏', icon: 'resources/base/media/ic_public_collect.svg', action: () => {} },
10   { value: '我的', icon: 'resources/base/media/ic_public_contacts.svg', action: () => {} }
11 ])
```

在上述代码中，第 5~11 行代码定义了由 ToolbarItem 对象组成的数组，其中，value 属性用于设置工具栏单个选项的显示文本，为必选项；icon 属性用于设置工具栏单个选项的图标资源路径，为可选项；action 属性用于设置当前选项被选中时执行的回调函数，为可选项。

上述代码对应的工具栏在竖屏中的效果如图 6-15 所示。

图6-15 工具栏在竖屏中的效果

工具栏在横屏中的效果如图 6-16 所示。

图6-16 工具栏在横屏中的效果

读者可以在模拟器中查看页面的显示效果，工具栏在竖屏中位于页面底部，显示了 5 个图标；在横屏中，工具栏所有的选项移动至页面右上角的菜单栏中，并显示了 5 个图标。

多学一招：Navigation 组件提供的其他属性

除了前面讲到的 title 属性、titleMode 属性、mode 属性、menus 属性、toolbarConfiguration 属性，Navigation 组件还提供了其他的属性，部分如表 6-6 所示。

表 6-6　Navigation 组件提供的部分其他属性

属性	说明
hideTitleBar	表示是否隐藏标题栏，默认值为 false，表示不隐藏标题栏；设置为 true 时表示隐藏标题栏
hideBackButton	表示是否隐藏标题栏中的返回键，默认值为 false，表示显示返回键；设置为 true 时表示隐藏返回键。返回键仅在 titleMode 为 NavigationTitleMode.Mini 时有效
hideNarBar	表示是否隐藏导航栏，默认值为 false，表示显示导航栏；设置为 true 时表示隐藏导航栏
hideToolBar	表示是否隐藏工具栏，默认值为 false，表示显示工具栏；设置为 true 时表示隐藏工具栏

对于表 6-6 中的属性，读者可以参考鸿蒙开发文档进行学习。

6.2.3　NavPathStack 对象

NavPathStack 对象提供了页面管理的能力，它基于页面栈进行操作，使用它可以切换页面中要显示的子页，从而实现页面跳转。创建 NavPathStack 对象的代码为 "new NavPathStack()"。当创建了 NavPathStack 对象后，需要将它作为参数传递给 Navigation 组件，从而将 NavPathStack 对象与 Navigation 组件关联起来。

NavPathStack 对象搭配 Navigation 组件的 navDestination 属性可以实现子页的跳转。navDestination 属性用于定义子页，它需要传入一个由 @Builder 装饰的自定义构建函数。在编写自定义构建函数时有两个注意点，具体如下。

① 自定义构建函数可以接收两个参数：name 和 param。name 表示子页的名称，param 表示传给子页的参数。

② 自定义构建函数中的内容为子页的内容，子页的内容必须放在 NavDestination 组件内。在自定义构建函数中可以通过判断 name 的值来控制相应子页的显示。

NavPathStack 对象的常用方法如表 6-7 所示。

表 6-7　NavPathStack 对象的常用方法

方法	说明
pushPath()	将指定的子页压入栈
pushPathByName()	将指定名称的子页压入栈
replacePath()	将栈顶的子页弹出栈，将指定的子页压入栈
replacePathByName()	将栈顶的子页弹出栈，将指定名称的子页压入栈
pop()	将栈顶的子页弹出栈
popToName()	回退到指定名称的子页，该子页是由栈底开始的第一个符合指定名称的子页

pushPath() 和 replacePath() 方法的语法格式相似；pushPathByName() 和 replacePathByName() 方法的语法格式相似。

下面主要针对 pushPath()、pushPathByName()、pop()、popToName()方法的语法格式进行讲解。
pushPath()方法的语法格式如下。

```
pushPath(info, animated?)
```

在上述语法格式中，info 是一个包含 4 个属性的对象，用于设置页面信息；animated 是可选参数，表示是否有转场动画，默认值为 true，表示有转场动画，设为 false 表示没有转场动画。info 包含的 4 个属性具体如下。

① name：表示要显示的子页的名称。

② param：可选属性，表示传给子页的参数。

③ onPop：可选属性，表示当 pop()或与其类似的方法被调用时执行的回调函数。

④ isEntry：可选属性，用于标记是否为入口子页。

pushPathByName()方法的语法格式如下。

```
pushPathByName(name, param, onPop?, animated?)
```

在上述语法格式中，参数 name、param、onPop、animated 的含义与 pushPath()方法中的相同。当省略 onPop 时，animated 可作为第 3 个参数。

pop()方法的语法格式如下。

```
pop(result, animated?)
```

在上述语法格式中，参数 result 表示页面自定义处理结果；animated 是可选参数，表示是否有转场动画。

popToName()方法的语法格式如下。

```
popToName(name, result, animated?)
```

在上述语法格式中，参数 name 表示要回退的子页的名称；参数 result、animated 的含义与 pop()方法中的相同。

下面演示如何使用 NavPathStack 对象实现子页的跳转，具体步骤如下。

① 在 entry/src/main/ets/pages 目录下创建 NavigationPage.ets 文件，创建 NavPathStack 对象，示例代码如下。

```
1  @Entry
2  @Component
3  struct NavigationPage {
4    pathStack: NavPathStack = new NavPathStack();
5    build() {
6    }
7  }
```

② 通过 Navigation 组件实现导航页，并在导航页中添加"春""夏""秋""冬"这 4 个导航项，它们分别用于跳转到不同的子页。由于 4 个导航项的样式相同，在步骤①中的第 4 行代码的下方定义一个复用代码的方法，示例代码如下。

```
1  @Styles
2  gridStyle() {
3    .height(100)
4    .width(100)
5    .borderRadius(10)
6    .margin(10)
7    .backgroundColor(Color.Orange)
8    .shadow({ radius: 10, color: Color.Gray, offsetX: 0, offsetY: 5 })
9  }
```

③ 在 build()方法中编写 Navigation 组件的代码，示例代码如下。

```
1  Navigation(this.pathStack) {
2    GridRow({ columns: 2 }) {
3      GridCol() {
4        Text('春')
5          .fontSize(24)
6          .height(100)
7          .fontColor(Color.White)
8      }
9      .gridStyle()
10     .onClick(() => {
11       this.pathStack.pushPathByName('spring', null)
12     })
13     GridCol() {
14       Text('夏')
15         .fontSize(24)
16         .height(100)
17         .fontColor(Color.White)
18     }
19     .gridStyle()
20     .onClick(() => {
21       this.pathStack.pushPathByName('summer', null)
22     })
23     GridCol() {
24       Text('秋')
25         .fontSize(24)
26         .height(100)
27         .fontColor(Color.White)
28     }
29     .gridStyle()
30     .onClick(() => {
31       this.pathStack.pushPathByName('autumn', null)
32     })
33     GridCol() {
34       Text('冬')
35         .fontSize(24)
36         .height(100)
37         .fontColor(Color.White)
38     }
39     .gridStyle()
40     .onClick(() => {
41       this.pathStack.pushPathByName('winter', null)
42     })
43   }
44 }
45 .title('四季')
46 .titleMode(NavigationTitleMode.Mini)
```

在上述代码中，Navigation 组件内包含一个网格行，该网格行包含 4 个列，每个列分别显示了"春""夏""秋""冬"的文本，这 4 个文本对应 4 个导航项。

④ 在 NavigationPage.ets 文件中定义"春""夏""秋""冬"导航项对应的子页，每个子页是一个包含 NavDestination 组件的自定义组件，需要将子页的实际内容放在 NavDestination

组件内，示例代码如下。

```
1  @Component
2  struct Spring {
3    build() {
4      NavDestination() {
5        Text('春季')
6      }
7      .title('四季之春季')
8    }
9  }
10 @Component
11 struct Summer {
12   build() {
13     NavDestination() {
14       Text('夏季')
15     }
16     .title('四季之夏季')
17   }
18 }
19 @Component
20 struct Autumn {
21   build() {
22     NavDestination() {
23       Text('秋季')
24     }
25     .title('四季之秋季')
26   }
27 }
28 @Component
29 struct Winter {
30   build() {
31     NavDestination() {
32       Text('冬季')
33     }
34     .title('四季之冬季')
35   }
36 }
```

⑤ 在 struct NavigationPage {}中定义用于传给 navDestination 属性的自定义构建函数，用于实现根据不同的 name 参数显示不同的子页，示例代码如下。

```
1  @Builder
2  getPageContent(name: string) {
3    if (name === 'spring') {
4      Spring()
5    } else if(name === 'summer') {
6      Summer()
7    } else if(name === 'autumn') {
8      Autumn()
9    } else if(name === 'winter') {
10     Winter()
11   }
12 }
```

⑥ 为 Navigation 组件设置 navDestination 属性并传入自定义构建函数，示例代码如下。

```
1  Navigation(this.pathStack) {
2    ……（原有代码）
3  }
4  .title('四季')
5  .titleMode(NavigationTitleMode.Mini)
6  .navDestination(this.getPageContent)
```

在上述代码中，第 6 行为新增代码。

保存上述代码，预览 NavigationPage.ets 文件，子页跳转的效果如图 6-17 所示。

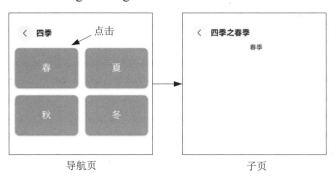

图6-17　子页跳转的效果

从图 6-17 可以看出，当点击导航页中的导航项"春"时，可以跳转到子页，并且子页显示的内容为"春季"。点击其他导航项也可以跳转到相应的子页，读者可自行操作。

▌▌▌ **多学一招：Navigator 组件**

Navigator 组件是一个路由容器组件，提供路由跳转能力。该组件的参数是一个对象，该对象包含两个参数，具体如下。

① target：用于指定跳转目标页面的路径。

② type：指定路由方式，其可选值如下。

● NavigationType.Push：默认值，表示跳转到应用内的指定页面。

● NavigationType.Replace：表示使用应用内的某个页面替换当前页面，被替换的页面会被销毁。

● NavigationType.Back：表示返回到指定的页面。当指定的页面在页面栈中不存在时不响应。未传入指定页面时返回上一页。

Navigator 组件可以包含子组件，当 Navigator 组件的子组件被点击时，就会执行路由跳转。为 Navigator 组件设置 onClick 事件，可以在 Navigator 组件被点击时执行特定操作。

Navigator 组件的示例代码如下。

```
1  Navigator({ target: 'pages/TargetPage' }) {
2    Button('跳转')
3  }
```

上述代码表示点击"跳转"按钮跳转到 pages/TargetPage 页面。

6.2.4　路由表

在 6.2.3 小节实现了子页跳转，但是这些子页全部在同一个页面文件中，不利于管理。

若要让每个子页单独保存在一个页面文件中，可以通过路由表来实现。路由表用于将所有的子页放到一个表中进行统一管理。

在 entry/src/main/module.json5 文件中的 module 配置项中添加如下代码可以配置路由表。

```
"routerMap": "$profile:router_map"
```

在上述代码中，routerMap 配置项用于配置路由表，其值$profile:router_map 表示将 entry/src/main/resources/base/profile 目录下的 router_map.json 文件作为路由表加载。

router_map.json 文件的语法格式如下。

```
1  {
2    "routerMap": [
3      {
4        "name": "子页的名称",
5        "pageSourceFile": "子页的文件路径（从 src 开始）",
6        "buildFunction": "子页中导出的自定义构建函数名称"
7      },
8      ......
9    ]
10 }
```

在上述代码中，第 3~7 行代码用于在路由表中配置一个子页，在第 8 行代码的位置可以配置更多子页。

在配置了路由表后，不需要为 Navigation 组件设置 navDestination 属性，即可通过 NavPathStack 对象完成页面跳转。

下面通过代码演示如何通过路由表实现页面跳转，具体步骤如下。

① 在 entry/src/main/ets/pages 目录下创建 NavHomePage.ets 文件，该文件示例代码如下。

```
1  @Entry
2  @Component
.3 struct NavHomePage {
4    pathStack: NavPathStack = new NavPathStack();
5    build() {
6      Navigation(this.pathStack) {
7        Text('这里是 HomePage')
8        Button('去 SubPage')
9          .onClick(() => {
10           this.pathStack.pushPathByName('sub', null);
11         })
12     }
13   }
14 }
```

在上述代码中，第 6~12 行代码定义了 Navigation 组件，其中第 9~11 行代码用于实现点击按钮跳转页面。

② 在 entry/src/main/ets/pages 目录下创建 NavSubPage.ets 文件，该文件示例代码如下。

```
1  @Entry
2  @Component
3  struct NavSubPage {
4    pathStack: NavPathStack = new NavPathStack();
5    build() {
6      NavDestination() {
```

```
7          Text('这里是 NavSubPage')
8          Button('返回上一页')
9            .onClick(() => {
10             this.pathStack.pop();
11           })
12       }
13       .onReady(context => {
14         this.pathStack = context.pathStack;
15       })
16     }
17 }
18 @Builder
19 export function NavSubBuilder() {
20   NavSubPage()
21 }
```

在上述代码中，第 13～15 行代码为 NavDestination 组件设置 onReady 事件，用于在组件创建完成后执行操作。第 14 行代码中的 context.pathStack 用于接收 NavHomePage.ets 文件中的 NavPathStack 对象，将其保存到 this.pathStack 中，从而让第 9～11 行代码可以实现点击按钮返回到上一个页面的效果。

③ 在 entry/src/main/resources/base/profile 目录下创建 router_map.json 文件，该文件示例代码如下。

```
1 {
2   "routerMap": [
3     {
4       "name": "sub",
5       "pageSourceFile": "src/main/ets/pages/NavSubPage.ets",
6       "buildFunction": "NavSubBuilder"
7     }
8   ]
9 }
```

上述代码将 NavSubPage.ets 文件配置到路由表中，并设置子页名称为 sub、自定义构建函数为 NavSubBuilder。

④ 在 entry/src/main/module.json5 文件的 module 配置项中配置路由表，示例代码如下。

```
"routerMap": "$profile:router_map"
```

由于预览器不支持路由表，所以需要在模拟器中进行预览。将 pages/NavHomePage 设置为启动页并运行模拟器，通过路由表实现的页面跳转效果如图 6-18 所示。

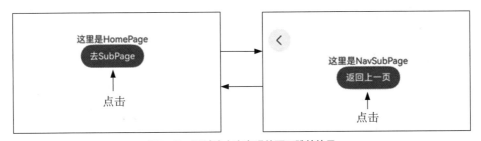

图6-18　通过路由表实现的页面跳转效果

从图 6-18 可以看出，通过路由表成功实现了两个页面的跳转。

6.2.5 拦截器

在开发中，有时需要在页面跳转时进行拦截。例如，判断用户有没有登录，如果没有登录则进行拦截。NavPathStack 对象提供了 setInterception()方法用于在页面跳转时设置拦截器，该方法需要传入一个包含 3 个属性的对象，具体如下。

① willShow：页面跳转前执行的回调函数，允许操作栈，在当前跳转中生效。

② didShow：页面跳转后执行的回调函数，允许操作栈，在下一次跳转中生效。

③ modeChange：显示模式（单栏模式、分栏模式）发生变更时（例如在横竖屏切换时）执行的回调函数。

setInterception()方法需要在 Navigation 组件挂载到组件树时调用，可以在 Navigation 组件的 onAppear 事件中调用该方法。onAppear 事件是组件挂载到组件树时触发的事件。

接下来对以上 3 个可选属性进行讲解。

（1）willShow 和 didShow 属性

willShow 和 didShow 属性的值都是回调函数，该回调函数接收 4 个参数，具体如下。

① from：页面跳转之前的栈顶页面信息。如果参数值为'navBar'，表示跳转前的页面为 Navigation 首页。

② to：页面跳转之后的栈顶页面信息。如果参数值为'navBar'，表示跳转的目标页面为 Navigation 首页。

③ operation：当前页面跳转的类型。

④ isAnimated：当前页面跳转是否有动画效果。

在上述参数中，from 和 to 的值有可能是对象或字符串'navBar'，当值是对象时，该对象有 3 个属性，具体如下。

- pathInfo：跳转子页时指定的参数。
- pathStack：当前 NavDestination 组件所处的页面栈。
- navDestinationId：当前 NavDestination 组件的唯一 ID，由系统自动生成，和组件通用属性 id 无关。

（2）modeChange 属性

modeChange 属性的值是回调函数，该回调函数接收一个 mode 参数，表示显示模式。

下面通过代码演示如何实现拦截器。在 entry/src/main/ets/pages 目录下创建 InterceptionPage.ets 文件，该文件示例代码如下。

```
1   @Entry
2   @Component
3   struct InterceptionPage {
4     pathStack: NavPathStack = new NavPathStack();
5     registerInterceptors() {
6       this.pathStack.setInterception({
7         willShow: (from, to) => {
8           if (typeof to == 'string') {
9             return;
10          }
11          if (typeof from == 'string') {
12            to.pathStack.pop();                      // 拦截当前跳转
13            to.pathStack.pushPathByName('b', null);  // 重新跳转到另一个子页
```

```
14         }
15       }
16     })
17   }
18   @Builder
19   subPage(name: string) {
20     NavDestination() {
21       Text(`这是子页${name}`)
22     }
23   }
24   build() {
25     Navigation(this.pathStack) {
26       Text('这是首页')
27       Button('跳转子页')
28         .onClick(() => {
29           this.pathStack.pushPathByName('a', null);
30         })
31     }
32     .onAppear(() => {
33       this.registerInterceptors();
34     })
35     .navDestination(this.subPage)
36     .height('100%')
37     .width('100%')
38   }
39 }
```

在上述代码中，第 28～30 行代码用于实现点击按钮跳转子页，设置 name 为'a'；第 33 行代码用于在 onAppear 事件中调用第 5～17 行代码定义的 registerInterceptors()方法，该方法通过调用 setInterception()方法设置拦截器，通过 willShow 设置页面跳转之前的回调函数，其中，第 8～10 行代码用于判断是否要返回首页，如果返回首页则不进行拦截；第 11～14 行代码用于判断是否从首页跳转到子页，如果是，则执行第 12 行代码拦截当前跳转，并执行第 13 行代码实现重新跳转到另一个子页。

保存上述代码，预览 InterceptionPage.ets 文件，拦截器的效果如图 6-19 所示。

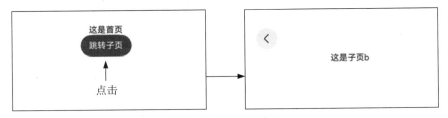

图6-19　拦截器的效果

从图 6-19 可以看出，点击"跳转子页"按钮后跳转到了子页 b，而不是子页 a，说明拦截器生效了。

6.3　阶段案例——设置中心页面

本案例将实现一个设置中心页面，其效果如图 6-20 所示。

图6-20　设置中心页面效果

请读者扫描二维码，查看本案例的代码。

本章小结

本章主要讲解了路由和组件导航的相关知识。其中，路由相关知识主要包括页面跳转、页面返回、在页面返回前询问以及跨模块的页面跳转；组件导航相关知识主要包括初识组件导航、Navigation 组件、NavPathStack 对象、路由表和拦截器。通过本章的学习，读者应该能够掌握如何实现页面跳转，从而开发多页面的鸿蒙应用。

课后练习

一、填空题

1. 路由提供了_____实例模式，每次跳转都会新建一个目标页并压入栈顶。
2. router 对象提供了_____方法可以实现页面返回功能。
3. 使用组件导航时，当设备屏幕宽度大于_____时，会采用分栏模式。
4. 在 Navigation 组件中，通过_____属性可以设置标题栏中的页面标题。
5. 在 Navigation 组件中，通过_____属性可以设置导航的显示模式。

二、判断题

1. 页面栈是一个后进先出的数据结构，支持的最大容量为 30 个页面。（　　　）
2. 在 Navigation 组件中，通过将 titleMode 属性设置为 NavigationTitleMode.Full 可以将标题栏设置为 Full 模式。（　　　）
3. 在 Navigation 组件中，通过 toolbarConfiguration 属性可以设置工具栏。（　　　）

4. 包名可以从项目根目录下的 AppScope/app.json5 文件中获取。（　　）

5. 模块名可以从项目根目录下的 build-profile.json5 文件中获取。（　　）

三、选择题

1. 下列 router 对象提供的方法中，用于跳转到一个新页面，并替换当前页面的方法是（　　）。

 A．length()   B．clear()   C．replaceUrl() D．pushUrl()

2. 下列 router 对象提供的方法中，用于跳转到命名路由的方法是（　　）。

 A．name()   B．pushNamedRoute()

 C．back()   D．pushUrl()

3. 下列选项中，用于保存页面路径信息的文件是（　　）。

 A．build-profile.json5   B．oh-package.json5

 C．main_pages.json   D．oh-package-lock.json5

4. 下列关于 NavPathStack 对象的说法中，错误的是（　　）。

 A．NavPathStack 对象的含义为页面栈

 B．当创建了 NavPathStack 对象后，需要将它作为参数传递给 Navigation 组件

 C．NavPathStack 对象的 pop() 用于将指定的子页入栈

 D．NavPathStack 对象支持路由表

5. 下列关于拦截器的说法中，正确的是（　　）。

 A．willShow 表示页面跳转后执行的回调函数

 B．didShow 表示页面跳转前执行的回调函数

 C．willShow 的参数 from 表示页面跳转之后的栈顶页面信息

 D．setInterception() 方法用于在页面跳转时设置拦截器

四、简答题

1. 请简述 router.pushUrl() 方法和 router.replaceUrl() 方法的区别。

2. 请简述组件导航的基本组成。

五、程序题

请利用组件导航实现登录页、注册页和个人中心页的跳转，具体要求如下。

① 登录页：包含用户名输入框、密码输入框、"登录"按钮和"去注册"按钮，实现点击"登录"按钮跳转到个人中心页，点击"去注册"按钮跳转到注册页。

② 注册页：包含用户名输入框、密码输入框、确认密码输入框、"注册"按钮和"去登录"按钮，实现点击"注册"按钮跳转到个人中心页，点击"去登录"按钮跳转到登录页。

③ 个人中心页：显示"当前您已登录"的提示和"退出登录"按钮，实现点击"退出登录"按钮跳转到登录页。

第 7 章

生命周期和状态管理

学习目标

◆ 掌握生命周期方法的使用方法，能够实现在特定生命周期事件下执行特定的代码
◆ 了解状态管理的概念，能够说出什么是状态管理
◆ 掌握@Prop 和@Link 装饰器的使用方法，能够实现子组件状态与父组件状态的单向同步和双向同步
◆ 掌握@Provide 和@Consume 装饰器的使用方法，能够实现跨级组件状态的双向同步
◆ 掌握@Observed 和@ObjectLink 装饰器的使用方法，能够实现嵌套对象状态的同步
◆ 掌握@Require 装饰器的使用方法，能够约束子组件中的变量必须由父组件传入值
◆ 掌握@Track 装饰器的使用方法，能够规定对象中只有特定属性可以在 UI 描述中使用
◆ 掌握 LocalStorage 和 AppStorage 的使用方法，能够实现 UIAbility 内和跨 UIAbility 的状态共享
◆ 掌握 PersistentStorage 的使用方法，能够实现持久化存储数据
◆ 掌握状态监听器的使用方法，能够在状态变量的值发生变化时执行特定的操作
◆ 掌握 UIAbilityContext 实例的使用方法，能够获取 UIAbility 的相关配置信息和对 UIAbility 进行操作

生命周期和状态管理是在鸿蒙应用开发中经常用到的技术。通过生命周期可以实现在特定生命周期事件下执行特定的代码；通过状态管理可以实现状态共享，也就是将状态在组件或应用内传递，例如，在开发应用的交互功能时，应用的状态会因用户的操作而发生变化，状态会在多个组件间传递，当状态变化时需要重新渲染 UI。本章将对生命周期和状态管理进行讲解。

7.1 生命周期方法

生命周期描述了应用从创建到销毁的整个过程中所经历的事件，包括创建、显示、隐藏、销毁等事件，通过编写生命周期方法可以实现在特定生命周期事件下执行特定的代码。本节将详细讲解自定义组件和 UIAbility 的生命周期方法。

7.1.1　自定义组件的生命周期方法

自定义组件包括入口组件和非入口组件，入口组件的生命周期方法如表 7-1 所示。

表 7-1　入口组件的生命周期方法

方法	说明
aboutToAppear()	在创建自定义组件时，在 build()方法执行前执行。该方法允许更改状态变量，更改将在后续执行的 build()方法中生效
onDidBuild()	在 build()方法执行完成之后执行。不建议在该方法中更改状态变量、调用 animateTo()等，这可能会导致不稳定的 UI 表现
aboutToDisappear()	在自定义组件销毁之前执行。该方法不允许更改状态变量，若修改可能会导致应用程序行为不稳定
onPageShow()	页面每次显示时执行一次，包括页面切换、应用进入前台等场景。该方法在 build()方法之后触发
onPageHide()	页面每次隐藏时执行一次，包括页面跳转、应用进入后台等场景
onBackPress()	当用户点击"返回"按钮◁时触发。当返回值为 true 时表示页面自己处理返回逻辑，不进行页面路由；当返回值为 false 时表示使用默认的路由返回逻辑；不设置返回值则按照返回值为 false 处理

对于非入口组件，其生命周期方法只有 aboutToAppear()方法、onDidBuild()方法和 aboutToDisappear()方法，这些方法的含义和表 7-1 中的相同。

在实际开发中，页面中的数据通常需要从服务器中获取。对于只需要获取一次数据的场景，通常使用 aboutToAppear()方法。但是，如果需要在页面每次显示时更新一次数据，则应该使用 onPageShow()方法。

入口组件的生命周期方法的流程如图 7-1 所示。

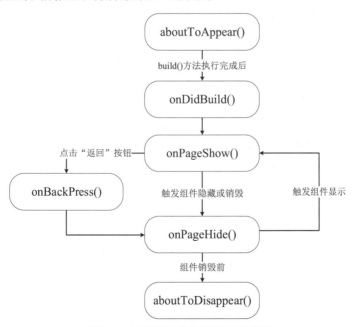

图7-1　入口组件的生命周期方法的流程

下面通过代码演示自定义组件的生命周期方法的使用方法。创建 LifePage1.ets 和 LifePage2.ets 两个页面，在这两个页面中编写生命周期方法。在 LifePage1.ets 页面中，实现点击"跳转下一页"按钮后跳转到 LifePage2.ets 页面；在 LifePage2.ets 页面中，实现点击"返回"按钮◁时弹出一个内容为"确认要返回吗？"的对话框，对话框中有"取消"和"确认"按钮。如果用户点击"取消"按钮，将停留在当前页面；如果用户点击"确认"按钮，将返回上一页。具体实现步骤如下。

① 在 entry/src/main/ets/pages 目录下创建 LifePage1.ets 文件，在该文件中定义生命周期方法 aboutToAppear()、onPageShow()、onPageHide()和 aboutToDisappear()，定义文本和按钮，示例代码如下。

```
1   import { router } from '@kit.ArkUI';
2   @Entry
3   @Component
4   struct LifePage1 {
5    aboutToAppear() {
6      console.log('页面初始化');
7    }
8    onPageShow() {
9      console.log('页面显示');
10   }
11   onPageHide() {
12     console.log('页面隐藏');
13   }
14   aboutToDisappear() {
15     console.log('页面销毁');
16   }
17   build() {
18    Row() {
19     Column() {
20      Text('第一页')
21        .fontSize(50)
22        .fontWeight(FontWeight.Bold)
23      Button('跳转下一页')
24        .onClick(() => {
25          router.pushUrl({ url: 'pages/LifePage2' });
26        })
27     }
28     .width('100%')
29    }
30    .height('100%')
31   }
32  }
```

在上述代码中，第 5~16 行代码定义了 4 个生命周期方法，分别是 aboutToAppear()、onPageShow()、onPageHide()和 aboutToDisappear()，当方法执行时，会输出相应的信息；第 20~26 行代码定义了文本和按钮，为按钮添加 onClick 事件，在事件处理程序中，调用 router 对象的 pushUrl()方法跳转页面，目标页为 pages/LifePage2。

② 在 entry/src/main/ets/pages 目录下创建 LifePage2.ets 文件，在该文件中定义生命周期方法 onBackPress()，实现在返回时弹出询问对话框，示例代码如下。

```
1  import { router, promptAction } from '@kit.ArkUI';
2  @Entry
3  @Component
4  struct LifePage2 {
5    onBackPress(): boolean | void {
6      promptAction.showDialog({
7        message: '确认要返回吗？',
8        buttons: [
9          { text: '取消', color: '#F00' },
10         { text: '确认', color: '#09F' }
11       ]
12     }).then(result => {
13       if (result.index == 1) {
14         router.back();
15       }
16     });
17     return true;
18   }
19   build() {
20     Row() {
21       Column() {
22         Text('第二页')
23           .fontSize(50)
24           .fontWeight(FontWeight.Bold)
25       }
26       .width('100%')
27     }
28     .height('100%')
29   }
30 }
```

在上述代码中，第 5～18 行代码定义了 onBackPress()方法，用于实现在返回时弹出询问对话框，如果用户点击对话框中的"确认"按钮，则调用 router 对象的 back()方法返回上一页。

保存上述代码，预览 LifePage1.ets 文件，会看到日志中输出了"页面初始化"和"页面显示"。点击"跳转下一页"按钮，日志中输出了"页面隐藏"，并且会跳转到 pages/LifePage2 页面。点击"返回"按钮◁，会弹出"确认要返回吗？"对话框，点击"确认"按钮后，会返回到 pages/LifePage1 页面，并且日志中输出了"页面显示"。

7.1.2　UIAbility 的生命周期方法

UIAbility 是一种包含 UI 的应用组件，一个应用可以包含一个或多个 UIAbility。例如，在支付应用中，可以将入口功能和收付款功能分别配置为独立的 UIAbility。在系统的任务列表中，每个 UIAbility 会单独显示为一个任务。

通过查看 entry/src/main/module.json5 文件中的 abilities 配置项可以获取 UIAbility 的配置信息，其中包括 UIAbility 的名称、入口文件路径、标签等，示例代码如下。

```
1  "abilities": [
2    {
3      "name": "EntryAbility",
```

```
4        "srcEntry": "./ets/entryability/EntryAbility.ets",
5        "description": description,
6        "icon": "$media:layered_image",
7        "label": label,
8        "startWindowIcon": "$media:startIcon",
9        "startWindowBackground": #FFFFFF,
10       "exported": true,
11       ......
12     }
13  ]
```

针对上述代码中的各属性的介绍如下。

① name：标识 UIAbility 的名称。

② srcEntry：标识 UIAbility 的入口文件路径。

③ description：标识 UIAbility 的描述信息。

④ icon：标识 UIAbility 界面上的图标。

⑤ label：标识 UIAbility 界面上的标签。

⑥ startWindowIcon：标识 UIAbility 启动窗口的图标。

⑦ startWindowBackground：标识 UIAbility 启动窗口的背景颜色。

⑧ exported：标识 UIAbility 是否可以被其他应用调用。

当用户打开、切换和返回到应用时，应用中的 UIAbility 会在其生命周期的不同状态之间转换。UIAbility 提供了一系列生命周期方法，具体如表 7-2 所示。

表 7-2　UIAbility 的生命周期方法

方法	说明
onCreate()	当 UIAbility 被创建时调用，可以进行页面初始化操作，例如定义变量、资源加载等
onDestroy()	当 UIAbility 被销毁时调用，可以执行资源释放、清理等操作
onNewWant()	当 UIAbility 启动时调用，可以处理启动 UIAbility 的逻辑
onWindowStageCreate()	当 UIAbility 的窗口被创建时调用，可以执行窗口相关的初始化操作
onWindowStageDestroy()	当 UIAbility 的窗口被销毁时调用，可以执行清理窗口相关资源等操作
onForeground()	当 UIAbility 从后台转到前台时触发，表示界面可见并可以与用户交互，可以执行前台相关的操作
onBackground()	当 UIAbility 从前台转到后台时触发，表示界面不再位于前台，但仍处于可见状态，可以执行后台相关的操作，例如暂停某些任务或释放部分资源

在项目中，entry/src/main/ets/entryability/EntryAbility.ets 文件是创建项目时自动生成的，该文件中定义了一个继承了 UIAbility 类的 EntryAbility 类，该类的作用就是定义 UIAbility 的生命周期方法。EntryAbility.ets 文件的示例代码如下。

```
1  import { AbilityConstant, UIAbility, Want } from '@kit.AbilityKit';
2  import { hilog } from '@kit.PerformanceAnalysisKit';
```

```
3   import { window } from '@kit.ArkUI';
4
5   export default class EntryAbility extends UIAbility {
6     onCreate(want: Want, launchParam: AbilityConstant.LaunchParam): void {
7       hilog.info(0x0000, 'testTag', '%{public}s', 'Ability onCreate');
8     }
9
10    onDestroy(): void {
11      hilog.info(0x0000, 'testTag', '%{public}s', 'Ability onDestroy');
12    }
13
14    onWindowStageCreate(windowStage: window.WindowStage): void {
15      // Main window is created, set main page for this ability
16      hilog.info(0x0000, 'testTag', '%{public}s', 'Ability onWindowStageCreate');
17
18      windowStage.loadContent('pages/Index', (err) => {
19        if (err.code) {
20          hilog.error(0x0000, 'testTag', 'Failed to load the content. Cause: %{public}s',
JSON.stringify(err) ?? '');
21          return;
22        }
23        hilog.info(0x0000, 'testTag', 'Succeeded in loading the content.');
24      });
25    }
26
27    onWindowStageDestroy(): void {
28      // Main window is destroyed, release UI related resources
29      hilog.info(0x0000, 'testTag', '%{public}s', 'Ability onWindowStageDestroy');
30    }
31
32    onForeground(): void {
33      // Ability has brought to foreground
34      hilog.info(0x0000, 'testTag', '%{public}s', 'Ability onForeground');
35    }
36
37    onBackground(): void {
38      // Ability has back to background
39      hilog.info(0x0000, 'testTag', '%{public}s', 'Ability onBackground');
40    }
41  }
```

　　从上述代码可以看出，EntryAbility 类默认定义了 UIAbility 的一些生命周期方法。其中，hilog 对象用于输出日志信息，其作用与 console 对象的作用类似，两者的区别在于 console 对象的用法更符合 JavaScript 开发者的习惯，而 hilog 对象是专为鸿蒙设计的。

　　需要说明的是，在使用预览器时，日志中没有上述代码中的输出信息，这是因为预览器并不会执行 EntryAbility.ets 文件；如果使用模拟器，则可以在日志中看到上述代码的输出信息。

　　在 EntryAbility.ets 文件的代码中，onWindowStageCreate()方法调用了 windowStage 对象的 loadContent()方法，用于加载指定的页面，即启动页，该方法的第 1 个参数表示要加载的页面路径，第 2 个参数表示加载完成后执行的回调函数。如果要修改启动页，可以通过修改 loadContent()方法的第 1 个参数来实现。

7.2   状态管理概述

在构建 UI 时，通常需要依赖数据进行渲染，所依赖的这些数据被称为状态。状态需要保存到由@State 或其他装饰器（如@Prop、@Link 等）装饰的变量中，这样的变量被称为状态变量。ArkUI 提供了状态管理机制，实现了当状态变量的值发生改变时重新渲染 UI。如果不使用状态变量，UI 只会在初始化时渲染，后续不会再渲染。状态和 UI 的关系如图 7-2 所示。

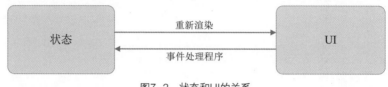

图7-2　状态和UI的关系

在图 7-2 中，用户可以通过触发组件的事件来执行事件处理程序，事件处理程序可以改变状态，状态的改变会引起 UI 的重新渲染。

7.3   组件状态共享

组件状态共享是一种组件级别的状态管理，开发者可以使用@Prop、@Link 等装饰器观察组件内的状态变化和不同层级组件的状态变化，但只能在同一个组件树（由多个组件组成的树形结构）上观察。本节将详细讲解组件状态共享。

7.3.1   @Prop 装饰器

在实际开发中，经常会有父组件嵌套子组件的情况。若想让子组件的状态与父组件的状态建立单向同步关系，可以使用@Prop 装饰器来实现。其中，单向同步是指父组件状态的改变会同步给子组件，也就是让子组件的状态跟随父组件的状态一起改变，但子组件状态的改变不会同步给父组件。

@Prop 装饰器用于装饰子组件中的状态变量，这个状态变量的值由父组件传递。使用@Prop 装饰器后，当父组件的状态改变时，子组件的状态会立即改变。

在使用@Prop 装饰器时应注意以下两点。

① @Prop 装饰器只适用于非入口组件，不适用于入口组件。

② 被@Prop 装饰器装饰的状态变量可以设置初始值，也可以不设置初始值，由父组件传递的值会覆盖初始值。

下面通过代码演示@Prop 装饰器的使用方法，具体步骤如下。

① 在 entry/src/main/ets 目录下创建 components 目录，用于存放非入口组件。

② 在 components 目录下创建 PropChild.ets 文件，用于展示子组件的相关内容，示例代码如下。

```
1   @Component
2   export default struct PropChild {
3     @Prop num: number = 0;
4     build() {
5       Column() {
```

```
6          Row({ space: 10 }) {
7            Text('子组件: ' + this.num)
8            Button('加 1')
9              .onClick(() => {
10               this.num++;
11             })
12         }
13       }
14     }
15   }
```

在上述代码中，第 3 行代码使用@Prop 装饰状态变量 num，num 的初始值为 0；第 9~11 行代码用于实现点击"加 1"按钮使 num 的值加 1。

③ 在 entry/src/main/ets/pages 目录下创建 PropPage.ets 文件，用于展示父组件的内容，示例代码如下。

```
1  import PropChild from '../components/PropChild';
2  @Entry
3  @Component
4  struct PropPage {
5    @State parentNum: number = 0;
6    build() {
7      Row() {
8        Column({ space: 10 }) {
9          Row({ space: 10 }) {
10           Text('父组件: ' + this.parentNum)
11           Button('加 1')
12             .onClick(() => {
13               this.parentNum++;
14             })
15         }
16         PropChild({ num: this.parentNum })
17       }
18       .width('100%')
19     }
20     .height('100%')
21   }
22 }
```

在上述代码中，第 5 行代码使用@State 装饰状态变量 parentNum，并设置初始值为 0；第 12~14 行代码用于实现点击"加 1"按钮使 parentNum 的值加 1；第 16 行代码调用了子组件 PropChild，并将父组件的状态变量 parentNum 的值传递给子组件的状态变量 num。

保存上述代码，预览 PropPage.ets 文件，使用@Prop 装饰器实现的效果如图 7-3 所示。

图7-3　使用@Prop装饰器实现的效果

从图 7-3 可以看出，当点击父组件中的"加 1"按钮时，子组件的状态会与父组件的状态进行同步，这意味着父组件传递给子组件的状态会在子组件内部更新，并反映在 UI 上。然而，当点击子组件的"加 1"按钮时，只会更改子组件内部的状态，而不会影响父组件的状态，这意味着子组件的状态与父组件的状态是单向同步的关系。

7.3.2 @Link 装饰器

前面讲解的@Prop 装饰器用于使子组件的状态与父组件的状态建立单向同步关系，而@Link 装饰器则用于使子组件的状态与父组件的状态建立双向同步关系，即子组件的状态可以跟随父组件的状态一起改变，父组件的状态也可以跟随子组件的状态一起改变。

@Link 装饰器用于装饰子组件中的状态变量，这个状态变量的值由父组件传递并保持同步。使用@Link 装饰器后，当父组件的状态改变时，子组件的状态会立即改变；当子组件的状态改变时，父组件的状态也会立即改变。

在使用@Link 装饰器时应注意以下两点。

① @Link 装饰器只适用于非入口组件，不适用于入口组件。

② 被@Link 装饰器装饰的状态变量可以设置初始值，也可以不设置初始值，由父组件传递的值会覆盖初始值。

下面通过代码演示@Link 装饰器的使用方法，具体步骤如下。

① 在 entry/src/main/ets/components 目录下创建 LinkChild.ets 文件，用于展示子组件的相关内容，示例代码如下。

```
1   @Component
2   export default struct LinkChild {
3     @Link num: number;
4     build() {
5       Column() {
6         Row({ space: 10 }) {
7           Text('子组件：' + this.num)
8           Button('加1')
9             .onClick(() => {
10              this.num++;
11            })
12        }
13      }
14    }
15  }
```

在上述代码中，第 3 行代码使用@Link 装饰状态变量 num；第 9～11 行代码用于实现点击"加 1"按钮使 num 的值加 1。

② 在 entry/src/main/ets/pages 目录下创建 LinkPage.ets 文件，用于展示父组件的相关内容，示例代码如下。

```
1   import LinkChild from '../components/LinkChild';
2   @Entry
3   @Component
4   struct LinkPage {
5     @State parentNum: number = 0;
6     build() {
7       Row() {
8         Column({ space: 10 }) {
```

```
9         Row({ space: 10 }) {
10          Text('父组件: ' + this.parentNum)
11          Button('加1')
12            .onClick(() => {
13              this.parentNum++;
14            })
15        }
16        LinkChild({ num: this.parentNum })
17      }
18      .width('100%')
19    }
20    .height('100%')
21  }
22 }
```

在上述代码中，第 5 行代码使用@State 装饰状态变量 parentNum，并设置初始值为 0；第 12～14 行代码用于实现点击"加 1"按钮使 parentNum 的值加 1；第 16 代码调用子组件 LinkChild，并将父组件的状态变量 parentNum 的值传递给子组件的状态变量 num。

保存上述代码，预览 LinkPage.ets 文件，使用@Link 装饰器实现的效果如图 7-4 所示。

图7-4　使用@Link装饰器实现的效果

从图 7-4 可以看出，当点击父组件中的"加 1"按钮时，子组件的状态会与父组件的状态进行同步；当点击子组件中的"加 1"按钮时，父组件的状态也会与子组件的状态进行同步，说明实现了子组件状态与父组件状态的双向同步。

7.3.3　@Provide 和@Consume 装饰器

对于复杂的页面结构，页面中的组件可能具有复杂的层级关系，此时可以使用@Provide 和@Consume 装饰器来实现跨级组件状态的双向同步，具体如下。

① @Provide 装饰器用于装饰上游组件（或称为祖先组件）中的状态变量，作为状态的"提供者"。被@Provide 装饰器装饰的状态变量必须设置初始值。

② @Consume 装饰器用于装饰下游组件（或称为后代组件）中的状态变量，作为状态的"消费者"，被@Consume 装饰器装饰的状态变量接收和使用来自上游组件的状态，不允许设置初始值。

使用@Provide 和@Consume 装饰器后，当上游组件中的状态改变时，下游组件中的状态会立即改变；当下游组件中的状态改变时，上游组件中的也会立即改变。

@Provide 和@Consume 装饰器有两种使用方式，具体如下。

① 使用相同的变量名，示例代码如下。

```
1  // 上游组件中的状态变量
2  @Provide a: number = 0;
3  // 下游组件中的状态变量
4  @Consume a: number;
```

在上述代码中，@Provide 和@Consume 装饰器装饰的变量名相同，此时可以实现状态的同步。

② 使用相同的变量别名，示例代码如下。

```
1    // 上游组件中的状态变量
2    @Provide('a') b: number = 0;
3    // 下游组件中的状态变量
4    @Consume('a') c: number;
```

在上述代码中，@Provide 和@Consume 装饰器的小括号用于设置变量别名，通过变量别名实现了状态的同步。

下面通过代码演示@Provide 和@Consume 装饰器的使用方法，具体步骤如下。

① 在 entry/src/main/ets/components 目录下创建 ProvideChild.ets 文件，用于展示子组件的相关内容，示例代码如下。

```
1    @Component
2    export default struct ProvideChild {
3      @Consume num: number;
4      build() {
5        Row({ space: 20 }) {
6          Text('子组件：' + this.num)
7          Button('加 1')
8            .onClick(() => {
9              this.num++;
10           })
11       }
12     }
13   }
```

在上述代码中，第 3 行代码使用@Consume 装饰状态变量 num；第 8~10 行代码用于实现点击"加 1"按钮使 num 的值加 1。

② 在 entry/src/main/ets/components 目录下创建 ProvideParent.ets 文件，用于展示父组件的相关内容，示例代码如下。

```
1    import ProvideChild from './ProvideChild';
2    @Component
3    export default struct ProvideParent {
4      @Consume num: number;
5      build() {
6        Column({ space: 20 }) {
7          Row({ space: 20 }) {
8            Text('父组件：' + this.num)
9            Button('加 1')
10             .onClick(() => {
11               this.num++;
12             })
13         }
14         ProvideChild()
15       }
16     }
17   }
```

在上述代码中，第 4 行代码使用@Consume 装饰状态变量 num；第 10~12 行代码用于实现点击"加 1"按钮使 num 的值加 1；第 14 行代码调用了 ProvideChild 组件。

③ 在 entry/src/main/ets/pages 目录下创建 ProvideGrand.ets 文件，用于展示爷爷组件的相关内容，示例代码如下。

```
1  import ProvideParent from '../components/ProvideParent';
2  @Entry
3  @Component
4  struct ProvideGrand {
5    @Provide num: number = 0;
6    build() {
7      Column({ space: 20 }) {
8        Row({ space: 10 }) {
9          Text('爷爷组件: ' + this.num)
10         Button('加1')
11           .onClick(() => {
12             this.num++;
13           })
14       }
15       ProvideParent()
16     }
17     .width('100%')
18     .height('100%')
19     .alignItems(HorizontalAlign.Center)
20     .justifyContent(FlexAlign.Center)
21   }
22 }
```

在上述代码中，第 5 行代码使用@Provide 装饰状态变量 num，并设置 num 的初始值为 0；第 11～13 行代码用于实现点击"加 1"按钮使 num 的值加 1；第 15 行代码调用了 ProvideParent 组件。

保存上述代码，预览 ProvideGrand.ets 文件，使用@Provide 和@Consume 装饰器实现的效果如图 7-5 所示。

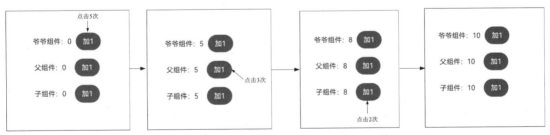

图7-5 使用@Provide和@Consume装饰器实现的效果

从图 7-5 可以看出，当点击任意一个组件中的"加 1"按钮时，爷爷组件、父组件和子组件中的状态都会自动改变，说明实现了跨级组件同步状态。

7.3.4 @Observed 和@ObjectLink 装饰器

当状态涉及嵌套对象（例如数组的元素是一个对象、对象的属性是一个对象）时，它们的第二层及更深层的变化无法被直接观察到。为了实现这种场景下的状态同步，可以使用@Observed 和@ObjectLink 装饰器，具体说明如下。

① @Observed 装饰器用于装饰类，它可以在嵌套对象场景中观察对象（即类的实例）的属性变化，从而触发相关组件的 UI 重新渲染。

② @ObjectLink 装饰器用于装饰状态变量，实现双向同步状态。例如，将子组件中 @ObjectLink 装饰器装饰的状态变量与父组件中对应的状态变量进行同步。另外，如果只需要单向同步状态，则可以使用@Prop 装饰器替代@ObjectLink 装饰器。

需要注意的是，@ObjectLink 装饰器只适用于非入口组件，不适用于入口组件。

下面通过代码演示@Observed 和@ObjectLink 装饰器的使用方法，具体步骤如下。

① 在 entry/src/main/ets 目录下创建 models 目录，用于保存数据模型文件。

② 在 models 目录下创建 GoodsComment.ets 文件，在该文件中定义商品评论数据的接口和类，示例代码如下。

```
1   interface GoodsCommentType {
2     content: string;              // 评论内容
3     like_count: number;           // 点赞数
4     author: string;               // 作者
5     date: string;                 // 日期
6   }
7   @Observed
8   export class GoodsComment implements GoodsCommentType {
9     content: string = '';
10    like_count: number = 0;
11    author: string = '';
12    date: string = '';
13    constructor(model: GoodsCommentType) {
14      this.content = model.content;
15      this.like_count = model.like_count;
16      this.author = model.author;
17      this.date = model.date;
18    }
19  }
```

在上述代码中，第 1~6 行代码定义了 GoodsCommentType 接口，用于描述商品评论数据，其中包含 content（评论内容）、like_count（点赞数）、author（作者）和 date（日期）4个属性；第 7 行代码使用@Observed 装饰 GoodsComment 类。

③ 在 entry/src/main/ets/components 目录下创建 ObservedChild.ets 文件，用于展示子组件的相关内容，示例代码如下。

```
1   import { GoodsComment } from '../models/GoodsComment';
2   @Component
3   export default struct ObservedChild {
4     @ObjectLink item: GoodsComment;
5     build() {
6       Column() {
7         Row() {
8           Text(this.item.author)
9           Text(this.item.date)
10        }
11        .width('100%')
12        .height(50)
13        .justifyContent(FlexAlign.SpaceBetween)
```

```
14        Row() {
15          Text(this.item.content)
16        }
17        Row() {
18          Image($r('app.media.ic_public_thumbsup'))
19            .width(20)
20          Text(this.item.like_count.toString())
21            .textAlign(TextAlign.End)
22            .fontColor(Color.Red)
23        }
24        .onClick(() => {
25          this.item.like_count++;
26        })
27        .width('100%')
28        .justifyContent(FlexAlign.End)
29      }
30    }
31  }
```

在上述代码中，第 4 行代码使用@ObjectLink 装饰状态变量 item；第 17～28 行代码用于定义点赞按钮，按钮的效果如 👍180，其中 180 是点赞数。其中，第 24～26 行代码用于实现点击点赞按钮使 this.item.like_count 的值加 1。

④ 在 entry/src/main/ets/pages 目录下创建 ObservedPage.ets 文件，用于展示父组件的相关内容，示例代码如下。

```
1   import { GoodsComment } from '../models/GoodsComment';
2   import ObservedChild from '../components/ObservedChild';
3   @Entry
4   @Component
5   struct ObservedPage {
6     @State commentList: GoodsComment[] = [
7       new GoodsComment({
8         author: '小白',
9         content: '读书使人明智。读书能让我们增长知识，不出门也可知天下事。鲁迅在《故乡》中说：其实地上本没有路，走的人多了，也便成了路。',
10        like_count: 70,
11        date: '2024-3-16'
12      }),
13      new GoodsComment({
14        author: '小李',
15        content: '《边城》以清新脱俗的笔触，展现了湘西边陲的淳朴人情与美好人性，传递出对纯真爱情的向往与赞美。',
16        like_count: 180,
17        date: '2024-3-16'
18      })
19    ];
20    build() {
21      List() {
22        ForEach(this.commentList, (item: GoodsComment) => {
23          ListItem() {
24            ObservedChild({ item: item })
25          }
26        })
```

```
27     }
28     .width('100%')
29     .height('100%')
30     .padding(20)
31   }
32 }
```

在上述代码中，第 6 行代码使用@State 装饰状态变量 commentList，用于将多个 GoodsComment 类的实例保存到数组中；第 7～18 行代码创建了两个 GoodsComment 类的实例；第 22～26 行代码通过 ForEach()遍历 commentList 数组中的每个 GoodsComment 实例，在遍历过程中，每个 GoodsComment 实例被用作 ListItem 组件的内容。

保存上述代码，预览 ObservedPage.ets 文件，使用@Observed 和@ObjectLink 装饰器实现的效果如图 7-6 所示。

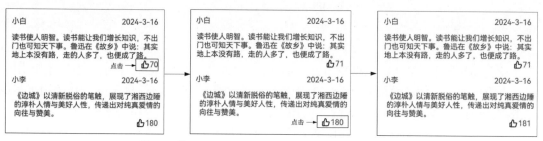

图7-6　使用@Observed和@ObjectLink装饰器实现的效果

从图 7-6 可以看出，当点击点赞按钮时，相应商品评论的点赞数会加 1，说明实现了嵌套对象同步状态。

7.3.5　@Require 装饰器

若要约束子组件中的某个变量必须由父组件传入值，可以使用@Require 装饰器。@Require 装饰器用于约束被@Prop、@State、@Provide、@BuilderParam 装饰的变量和未被装饰的变量，这些变量必须由父组件传入值，否则程序会报错。

下面通过代码演示@Require 装饰器的使用方法，具体步骤如下。

① 在 entry/src/main/ets/components 目录下创建 RequireChild.ets 文件，用于展示子组件的相关内容，示例代码如下。

```
1  @Component
2  export default struct RequireChild {
3    @Require @Prop num: number = 0;
4    build() {
5      Text(this.num.toString())
6    }
7  }
```

在上述代码中，第 3 行代码使用@Require 装饰状态变量 num，表示父组件在调用子组件时必须为状态变量 num 传入值。

② 在 entry/src/main/ets/pages 目录下创建 RequirePage.ets 文件，用于展示父组件的相关内容，示例代码如下。

```
1  import RequireChild from '../components/RequireChild';
2  @Entry
```

```
3   @Component
4   struct RequirePage {
5     @State num: number = 0;
6     build() {
7       Column() {
8         RequireChild({ num: this.num })
9       }
10    }
11  }
```

在上述代码中，第 8 行代码用于在父组件中调用子组件 RequireChild 并传入 num 的值。保存上述代码，RequirePage.ets 文件可以正常预览。

③ 将步骤②的第 8 行代码替换为如下代码，测试父组件在调用子组件时不传递 num 的值的情况，示例代码如下。

```
RequireChild()
```

DevEco Studio 会将上述代码添加红色波浪线，表示代码有误。

通过以上步骤可知，使用@Require 装饰器可以约束状态变量 num 必须被传入值。

7.3.6　@Track 装饰器

若只想根据对象中的某个属性的变化来重新渲染 UI，可以使用@Track 装饰器。@Track 装饰器用于装饰对象的属性，实现在一个对象中只有被@Track 装饰的属性可以在 UI 描述中使用，如果使用未被@Track 装饰的属性，程序会报错。

下面通过代码演示@Track 装饰器的使用方法，具体步骤如下。

① 在 entry/src/main/ets/models 目录下创建 Goods.ets 文件，在该文件中定义商品数据的接口和类，示例代码如下。

```
1   interface GoodsType {
2     name: string;          // 商品名称
3     price: number;         // 商品价格
4   }
5   export class Goods implements GoodsType {
6     @Track name: string = '';
7     price: number = 0;
8     constructor(model: GoodsType) {
9       this.name = model.name;
10      this.price = model.price;
11    }
12  }
```

在上述代码中，第 6 行代码使用@Track 装饰 Goods 类中的 name 属性，从而使 Goods 类的实例只允许 name 属性在 UI 描述中使用。

② 在 entry/src/main/ets/pages 目录下创建 TrackPage.ets 文件，用于展示子组件的相关内容，示例代码如下。

```
1   import { Goods } from '../models/Goods';
2   @Entry
3   @Component
4   struct TrackPage {
5     @State goods: Goods = new Goods({
6       name: '连衣裙',
```

```
7      price: 99
8    });
9    build() {
10     Column() {
11       Text('商品名称: ' + this.goods.name)
12     }
13   }
14 }
```

在上述代码中，第 5~8 行代码使用@State 装饰状态变量 goods，该变量的值为 Goods 类的实例；第 11 行代码使用 Text 组件在页面上显示商品的名称。

保存上述代码，TrackPage.ets 文件可以正常预览，页面显示"商品名称：连衣裙"。

③ 在步骤②的第 11 行代码下方添加如下代码，测试在 UI 描述中使用未被@Track 装饰的属性的情况，示例代码如下。

```
Text('商品价格: ' + this.goods.price)
```

保存上述代码，预览 TrackPage.ets 文件，在日志中会看到以下错误信息。

```
[ArkRuntime Log] Error: Illegal usage of not @Track'ed property 'price' on UI!
[Engine Log]Lifetime: 0.000000s
……（省略部分信息）
```

通过以上步骤可知，未被@Track 装饰的属性不能在 UI 描述中使用。

7.4 应用状态共享

如果开发者要实现跨页面或跨 UIAbility 的状态共享，就需要用到应用状态共享技术。应用状态共享是应用级别的状态管理，通过应用状态共享可以观察不同页面或不同 UIAbility 的状态变化。本节将详细讲解应用状态共享。

7.4.1 LocalStorage

LocalStorage 表示页面级 UI 状态存储，它是一种通常用于在 UIAbility 内实现页面间的状态共享的技术。LocalStorage 的基本使用步骤如下。

① 将要作为共享状态的数据作为参数传给 new LocalStorage()，从而创建一个 LocalStorage 对象，创建后该对象需要进行导出。

② 在需要使用 LocalStorage 对象的页面中导入 LocalStorage 对象。

③ 将 LocalStorage 对象传给页面的入口组件，语法为"@Entry(LocalStorage 对象)"。

④ 使用@LocalStorageProp 或@LocalStorageLink 装饰器装饰状态变量，它们的具体作用如下。

● 使用@LocalStorageProp 装饰的状态变量会与 LocalStorage 对象中对应的属性建立单向同步关系，即 LocalStorage 对象中属性的变化会使组件的状态发生变化，而组件状态的变化不会使 LocalStorage 对象中的属性发生变化，语法为@LocalStorageProp('属性名')。

● 使用@LocalStorageLink 装饰的状态变量会与 LocalStorage 对象中对应的属性建立双向同步关系，即其中任何一方发生变化时另一方也会发生变化，语法为@LocalStorageLink('属性名')。

下面通过代码演示 LocalStorage 的使用方法，具体步骤如下。

① 在 entry/src/main/ets 目录下创建 storages 目录，用于保存共享状态。

② 在 storages 目录下创建 User.ets 文件，在该文件中创建 LocalStorage 对象并进行导出，示例代码如下。

```
1   interface User {
2     name: string;
3     age: number;
4   }
5   export default new LocalStorage({ name: '小明', age: 18 } as User)
```

上述代码定义了一个保存用户信息的对象，并基于该对象创建 LocalStorage 对象，将 LocalStorage 对象导出。

③ 在 entry/src/main/ets/pages 目录下创建 LocalStoragePage.ets 文件，用于展示用户信息的相关内容，示例代码如下。

```
1   import User from '../storages/User';
2   @Entry(User)
3   @Component
4   struct LocalStoragePage {
5     @LocalStorageProp('name') name: string = '';
6     @LocalStorageLink('age') age: number = 0;
7     @LocalStorageProp('name') name1: string = '';
8     @LocalStorageProp('age') age1: number = 0;
9     build() {
10      Column({ space: 20 }) {
11        Row({ space: 20 }) {
12          Text('姓名: ' + this.name)
13          Button('加1')
14            .onClick(() => {
15              this.name = this.name + 1;
16            })
17        }
18        Row({ space: 20 }) {
19          Text('年龄: ' + this.age)
20          Button('加1')
21            .onClick(() => {
22              this.age++;
23            })
24        }
25        Row({ space: 20 }) {
26          Text('姓名: ' + this.name1 + '    年龄: ' + this.age1)
27        }
28      }
29      .width('100%')
30    }
31  }
```

在上述代码中，第 5～8 行代码使用@LocalStorageProp 装饰状态变量 name、name1 和 age1，使用@LocalStorageLink 装饰状态变量 age；第 14～16 行代码用于实现点击"加 1"按钮使 name 的值加 1；第 21～23 行代码用于实现点击"加 1"按钮使 age 的值加 1；第 26 行代码用于观察 LocalStorage 对象中的属性是否发生了改变。

保存上述代码，预览 LocalStoragePage.ets 文件，使用 LocalStorage 实现的效果如图 7-7 所示。

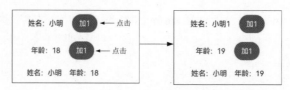

图7-7　使用LocalStorage实现的效果

从图 7-7 可以看出，页面中显示了来自 LocalStorage 对象的用户信息数据，并且当点击"加 1"按钮时，使用@LocalStorageProp 装饰的状态变量发生变化不会引起 LocalStorage 对象中的属性发生变化，而使用@LocalStorageLink 装饰的状态变量发生变化会引起 LocalStorage 对象中的属性发生变化。

7.4.2 AppStorage

AppStorage 表示应用全局的 UI 状态存储，它会在应用启动时创建，为状态提供中央存储的功能。AppStorage 支持在应用的主线程内的多个 UIAbility 间的状态共享。

AppStorage 的基本使用步骤如下。

① 使用 AppStorage.setOrCreate()方法创建数据。该方法的第 1 个参数表示键（Key），它是数据的唯一标识，第 2 个参数表示值（Value）。如果键已经存在，则会覆盖原有的值。

② 使用装饰器或方法访问数据，具体如下。

• 使用@StorageProp 装饰器可以将状态变量与 AppStorage 中的数据建立单向同步关系，语法为 "@StorageProp('键')"。

• 使用@StorageLink 装饰器可以将状态变量与 AppStorage 中的数据建立双向同步关系，语法为 "@StorageLink('键')"。

• 使用 get()方法可以读取 AppStorage 中的数据，语法为 "AppStorage.get('键')"。

• 使用 set()方法可以修改 AppStorage 中的数据，语法为 "AppStorage.set('键', 值)"。

下面通过代码演示 AppStorage 的使用方法，具体步骤如下。

① 在 entry/src/main/ets/entryability/EntryAbility.ets 文件中找到 onWindowStageCreate()方法，在该方法内的开头位置添加如下代码。

```
1  AppStorage.setOrCreate('name', '小明');
2  AppStorage.setOrCreate('age', '18');
```

上述代码用于将 name 和 age 这两个数据存储到 AppStorage 中。

② 将默认加载的页面修改为 pages/AppStoragePage，示例代码如下。

```
   windowStage.loadContent('pages/AppStoragePage', (err) => {
```

③ 在 entry/src/main/ets/pages 目录下创建 AppStoragePage.ets 文件，用于展示用户信息的相关内容，示例代码如下。

```
1  @Entry
2  @Component
3  struct AppStoragePage {
4    @StorageProp('name') name: string = '';
5    @StorageLink('age') age: number = 0;
6    @StorageProp('name') name1: string = '';
7    @StorageProp('age') age1: number = 0;
8    build() {
9      Column({ space: 20 }) {
```

```
10      Row({ space: 20 }) {
11        Text('姓名: ' + this.name)
12        Button('加1')
13          .onClick(() => {
14            this.name = this.name + 1;
15          })
16      }
17      Row({ space: 20 }) {
18        Text('年龄: ' + this.age)
19        Button('加1')
20          .onClick(() => {
21            this.age++;
22          })
23      }
24      Row({ space: 20 }) {
25        Text('姓名: ' + this.name1 + '    年龄: ' + this.age1)
26      }
27    }
28    .width('100%')
29  }
30 }
```

在上述代码中，第 4～7 行代码使用@StorageProp 装饰状态变量 name、name1 和 age1，使用@StorageLink 装饰状态变量 age；第 13～15 行代码用于实现点击"加 1"按钮使 name 的值加 1；第 20～22 行代码用于实现点击"加 1"按钮使 age 的值加 1；第 25 行代码用于观察 AppStorage 中的数据是否发生了改变。

保存上述代码。由于预览器不会执行 EntryAbility.ets 文件，所以需要将项目在模拟器中运行，在模拟器中观察程序的运行效果。使用 AppStorage 实现的效果与图 7-7 相同。

④ 将步骤③中的第 14 行代码修改为如下代码（利用 set()方法修改数据）。

```
AppStorage.set('name', this.name + 1);
```

⑤ 将步骤③中的第 18 行代码修改为如下代码（利用 get()方法读取数据）。

```
Text('年龄: ' + AppStorage.get('age'))
```

修改代码后，重新运行，可以看到"年龄:"右侧显示"18"，说明成功使用 get()方法读取了数据；点击"姓名：小明"右侧的"加 1"按钮，会看到页面中两处姓名都变为"小明 1"，说明成功使用 set()方法修改了数据。

7.4.3　PersistentStorage

前面讲解的 LocalStorage 和 AppStorage 都是将数据保存在内存中，当应用退出再次启动后，数据就会丢失。如果想要将数据持久保存，可以使用 PersistentStorage。

PersistentStorage 用于持久化存储指定数据，以确保这些数据在应用重新启动时保持不变。PersistentStorage 中的数据是通过 AppStorage 访问的，对 AppStorage 中的数据的更改也会自动同步到 PersistentStorage 中。

在使用 PersistentStorage 时需要注意以下两点。

① 持久化存储是一个缓慢的操作，在开发中应避免持久化存储大型数据或经常变化的数据，每次持久化的数据量最好小于 2KB，因为 PersistentStorage 的写入操作是同步的，大

量的数据读写会同步在 UI 线程中执行，影响 UI 渲染性能。如果开发者需要存储大量的数据，建议使用数据库 API。

② PersistentStorage 的持久化操作只有在 UI 实例初始化成功后（即 EntryAbility 中通过 windowStage.loadContent() 方法传入的回调函数被调用时）才会生效，早于该时机的操作会导致无法读取到已持久化存储的数据。

使用 persistProp() 方法可以将数据持久化存储，其语法格式如下。

```
PersistentStorage.persistProp('键', 默认值);
```

在上述语法格式中，键表示数据的唯一标识，默认值表示数据不存在时使用的值。persistProp() 方法会按照以下规则进行处理。

① 如果在已持久化存储的数据中存在键对应的值，则读取该值并在 AppStorage 中创建对应的数据。

② 如果在已持久化存储的数据中没有找到键对应的值，则在 AppStorage 中查找键对应的值，如果找到就将该数据持久化存储。

③ 如果在 AppStorage 中也没有找到键对应的值，则在 AppStorage 中使用默认值创建数据，并将该数据持久化存储。

不需要的已经持久化存储的数据可以用 DeleteProp() 方法删除，其语法格式如下。

```
PersistentStorage.DeleteProp('键');
```

在上述语法格式中，键表示要删除的数据。删除后，后续 AppStorage 的操作不再对 PersistentStorage 产生影响。

下面通过代码演示 PersistentStorage 的使用方法，具体步骤如下。

① 在 entry/src/main/ets/entryability/EntryAbility.ets 文件中找到如下代码。

```
AppStorage.setOrCreate('name', '小明');
```

将上述代码注释掉或删除。

② 在 windowStage.loadContent() 方法的回调函数的开头位置添加如下代码。

```
PersistentStorage.persistProp('name', '小明');
```

保存上述代码。由于预览器不支持 PersistentStorage，所以需要将项目在模拟器中运行，在模拟器中观察程序的运行效果。在模拟器中启动应用后，可以看到页面中的姓名显示为"小明"。点击"加 1"按钮，姓名变为"小明 1"。

③ 为了测试持久化存储的效果，需要在模拟器中点击"返回"按钮◁退出应用、点击"最近"按钮▢打开任务列表、点击"清理"按钮🗑清理任务。清理任务后，就彻底退出应用了。

④ 点击应用图标重新打开应用，可以看到姓名仍然显示为"小明 1"，说明数据已经持久化存储了。

7.5 状态监听器

如果开发者想要监听某个状态变量值的改变，可以使用 @Watch 装饰器。@Watch 用于实现状态监听器，通过 @Watch 为状态变量设置回调函数，利用回调函数可以实现在状态变量的值发生变化时执行特定的操作。@Watch 可以装饰被 @State、@Prop、@Link、

@ObjectLink、@Provide、@Consume、@StorageProp、@StorageLink 装饰的变量。当被装饰的变量的值发生改变时，@Watch 指定的回调函数将被调用。

@Watch 装饰器的语法格式如下。

```
@Watch('回调函数名')
```

上述语法指定的回调函数必须在组件中声明，该函数可以接收一个参数，参数的值为发生变化的状态变量名。在组件初始化时，回调函数不会被调用，只有当状态发生变化时，回调函数才会被调用。

例如，使用@Watch 监听状态变量 count，示例代码如下。

```
@Watch('onChanged') @State count: number = 0;
```

在上述代码中，给状态变量 count 添加了@Watch 装饰器，并指定了回调函数 onChanged。当状态变量 count 的值发生变化时，将会调用该回调函数。

下面通过代码演示@Watch 装饰器的使用方法，具体步骤如下。

① 在 entry/src/main/ets/components 目录下创建 WatchChild.ets 文件，用于展示子组件的相关内容，示例代码如下。

```
1  import { promptAction } from '@kit.ArkUI';
2  @Component
3  export default struct WatchChild {
4    @Link num: number;
5    @Watch('updateMessage') @Prop message: string;
6    updateMessage() {
7      promptAction.showToast({ message: '父组件变化了' });
8    }
9  build() {
10     Row() {
11       Column() {
12         Text('子组件' + this.num)
13         Button('加1')
14           .onClick(() => {
15             this.num++;
16           })
17       }
18     }
19   }
20 }
```

在上述代码中，第 4 行代码使用@Link 装饰状态变量 num；第 5 行代码使用@Watch 监听状态变量 message 的变化；第 6~8 行代码定义 updateMessage()方法，它被用作@Watch 的回调函数，实现当状态变量 message 的值发生变化时显示提示框，提示信息为"父组件变化了"；第 14~16 行代码用于实现点击"加 1"按钮使 num 的值加 1。

② 在 entry/src/main/ets/pages 目录下创建 WatchPage.ets 文件，用于展示父组件的相关内容，示例代码如下。

```
1  import WatchChild from '../components/WatchChild';
2  import { promptAction } from '@kit.ArkUI';
3  @Entry
4  @Component
5  struct WatchPage {
6    @Watch('updateNum') @State num: number = 0;
```

```
7    @Watch('updateMessage') @State message: string = 'Hello World';
8    updateNum() {
9      promptAction.showToast({ message: '子组件变化了' });
10   }
11   updateMessage(name: string) {
12     console.log('发生变化了: ', name, this.message);
13   }
14   build() {
15     Row() {
16       Column({ space: 20 }) {
17         Text(this.message)
18         Text('父组件' + this.num)
19         Button('修改变量')
20           .onClick(() => {
21             this.message = '内容改变了';
22           })
23         WatchChild({ num: this.num, message: this.message })
24       }
25       .width('100%')
26     }
27     .height('100%')
28   }
29 }
```

在上述代码中，第 6～7 行代码使用@Watch 监听状态变量 num 和 message；第 8～10 行代码定义了 updateNum()方法，它被用作@Watch 的回调函数，实现当状态变量 num 的值发生变化时显示提示框，提示信息为"子组件变化了"；第 11～13 行代码定义了 updateMessage()方法，它被用作@Watch 的回调函数，实现当状态变量 message 的值发生变化时在日志中输出相关信息，其中，name 的值为发生变化的状态变量名，this.message 的值为变化后的值；第 20～22 行代码用于实现点击"修改变量"按钮时将状态变量 message 的值变为"内容改变了"。

保存上述代码，预览 WatchPage.ets 文件，使用@Watch 装饰器实现的效果如图 7-8 所示。

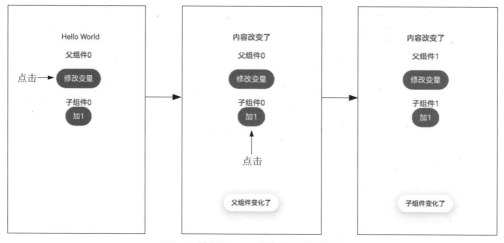

图7-8　使用@Watch装饰器实现的效果

从图 7-8 可以看出，当点击父组件中的"修改变量"按钮时，页面中显示"内容改变了"，同时出现了提示信息"父组件变化了"；而当点击子组件中的"加 1"按钮时，出现了提示信息"子组件变化了"。在日志中可以看到输出结果"发生变化了：message 内容改变了"。通过以上运行结果可知，上述代码成功实现了状态监听。

7.6 UIAbilityContext 实例

当使用 UIAbility 时，可以通过 UIAbilityContext 实例来获取 UIAbility 的相关配置信息和对 UIAbility 进行操作。

在 EntryAbility.ets 文件中的 EntryAbility 类的 onWindowStageCreate() 方法中，使用 this.context 可以获取 UIAbilityContext 实例；而在自定义组件中，可通过如下方式获取 UIAbilityContext 实例。

```
1  import { common } from '@kit.AbilityKit';
2  @Entry
3  @Component
4  struct Demo {
5    aboutToAppear() {
6      const context = getContext() as common.UIAbilityContext;
7    }
8    build() {}
9  }
```

在上述代码中，第 6 行代码通过 getContext() 函数获取 UIAbilityContext 实例。

UIAbilityContext 实例的常用属性如表 7-3 所示。

表 7-3 UIAbilityContext 实例的常用属性

属性	说明
abilityInfo	用于获取 UIAbility 的相关信息，包括 bundleName（包名）、moduleName（所属模块名）、name（UIAbility 名）等
currentHapModuleInfo	用于获取 HAP 模块的信息，包括 name（模块名）、icon（模块图标）、label（模块标签）等
config	用于获取配置信息，包括 language（语言）、direction（屏幕方向）等

UIAbilityContext 实例的常用方法如表 7-4 所示。

表 7-4 UIAbilityContext 实例的常用方法

方法	说明
startAbility()	启动 UIAbility
terminateSelf()	停止当前 UIAbility，适用于通过 startAbility() 方法启动的 UIAbility
startAbilityForResult()	启动 UIAbility 并获取结果
terminateSelfWithResult()	停止当前 UIAbility 并获取结果，适用于通过 startAbilityForResult() 方法启动的 UIAbility

启动 UIAbility 又被称为拉起 UIAbility。

startAbility() 方法的参数如下。

① 第 1 个参数 want 是一个包含启动 UIAbility 所需信息的 Want 对象，其中包含 deviceId

（运行指定 UIAbility 的设备 ID）、bundleName（包名）、abilityName（待启动的 UIAbility 名）和 parameters（启动时需携带的相关数据）等属性。

② 第 2 个参数 options 是一个包含启动 UIAbility 所携带的参数的 StartOptions 对象，其中包含 windowMode（启动 UIAbility 时的窗口模式）、withAnimation（UIAbility 是否具有动画效果）等属性，它是可选参数。

③ 第 3 个参数 callback 是在 UIAbility 启动时执行的回调函数，它是可选参数。

另外，当省略第 2 个参数时，第 3 个参数可以写在第 2 个参数的位置。

terminateSelf() 方法只有 1 个可选参数 callback，表示在 UIAbility 停止时执行的回调函数。

terminateSelfWithResult() 方法的参数如下。

① 第 1 个参数 parameter 是一个用于定义返回结果的 AbilityResult 对象，该对象包含 resultCode（返回的结果码）属性和 want（包含返回信息的 Want 对象）属性。

② 第 2 个参数是可选参数 callback，表示在 UIAbility 停止时执行的回调函数。

startAbilityForResult() 方法的参数与 startAbility() 方法的参数类似，区别在于回调函数的参数不同。startAbilityForResult() 方法的回调函数的参数用于接收 AbilityResult 对象，该对象是通过 terminateSelfWithResult() 方法的第 1 个参数传递过来的。

下面演示如何实现 UIAbility 的跳转，即实现从 EntryAbility 跳转到 PayAbility 以及从 PayAbility 返回到 EntryAbility，具体实现步骤如下。

① 右击 entry/src/main/ets 目录，在弹出的快捷菜单中选择"新建"→"Ability"，会弹出"New Ability"对话框，如图 7-9 所示。

图7-9　"New Ability"对话框

在图 7-9 中，Ability name 表示 Ability 的名称，Launcher ability 表示是否在设备主屏幕上显示此 Ability 的启动器图标；Language 表示 Ability 使用的开发语言。

需要说明的是，UIAbility 是 Ability 的一种类型，虽然 DevEco Studio 中显示的是 Ability，但是通过这种方式创建的 Ability 就是 UIAbility，因为自动生成的代码中继承了 UIAbility 类。

② 在图 7-9 所示对话框中将 Ability 的名称修改为"EntryAbility1"，单击"Finish"按钮进行创建。创建完成后，DevEco Studio 会在 entry/src/main/ets 目录下生成 payability 目录，并在该目录下生成 PayAbility.ets 文件。PayAbility.ets 文件的代码与 EntryAbility.ets 文件的代码类似，这里不再展示具体代码。

③ 在 entry/src/main/ets/pages 目录下创建 MainPay.ets 文件，在该文件中定义一个"去支付"按钮，实现点击该按钮时跳转到 PayAbility 的 PayIndex 页面，示例代码如下。

```
1  import { common } from '@kit.AbilityKit';
2  @Entry
3  @Component
4  struct MainPay {
5    @State message: string = '';
6    build() {
7      Row() {
8        Column() {
9          Button('去支付')
10           .onClick(async () => {
11             const context = getContext() as common.UIAbilityContext;
12             const result = await context.startAbilityForResult({
13               deviceId: '',
14               bundleName: 'com.example.myapplication',
15               abilityName: 'PayAbility',
16               parameters: {
17                 order_id: Date.now()
18               }
19             });
20             this.message = JSON.stringify(result);
21           })
22         Text(this.message)
23       }
24       .width('100%')
25     }
26     .height('100%')
27   }
28 }
```

在上述代码中，第 12～19 行代码用于启动 PayAbility，其中，第 13 行代码中的 deviceId 属性的值为空字符串，表示使用本机的设备 ID；第 17 行代码用于向 PayAbility 传递一个 order_id 参数，参数的值为通过 Date.now()方法表示的当前时间。第 20 行代码用于接收结果。第 22 行代码用于将结果显示在页面中。

④ 在 enty/src/main/ets/entryability/EntryAbility.ets 文件中将 pages/MainPay 设置为启动页，示例代码如下。

```
windowStage.loadContent('pages/MainPay', (err) => {
```

⑤ 在 entry/src/main/ets/payability/PayAbility.ets 文件中修改 onCreate()方法，实现获取参数，示例代码如下。

```
1  onCreate(want: Want, launchParam: AbilityConstant.LaunchParam): void {
2    hilog.info(0x0000, 'testTag', '%{public}s', 'Ability onCreate');
3    if (want.parameters && want.parameters.order_id) {
4      AppStorage.setOrCreate('order_id', want.parameters.order_id);
5    }
6  }
```

在上述代码中，第 3～5 行代码为新增代码，通过 want.parameters.order_id 获取传入参数 order_id 的值，使用 AppStorage.setOrCreate()方法将其保存。

⑥ 在 onWindowStageCreate()方法中将 pages/PayIndex 设置为启动页，示例代码如下。

```
windowStage.loadContent('pages/PayIndex, (err) => {
```

⑦ 在 entry/src/main/ets/pages 目录下创建 PayIndex.ets 文件，在该文件中显示传递过来的

参数，同时定义一个"开始支付"按钮，实现点击该按钮，跳转到 pages/MainPay 页面并传递支付结果，示例代码如下。

```
1   import { common } from '@kit.AbilityKit';
2   @Entry
3   @Component
4   struct PayIndex {
5     @StorageProp('order_id') order_id: Number = 0;
6     build() {
7       Row() {
8         Column() {
9           Text(this.order_id.toString())
10          Button('开始支付')
11            .onClick(() => {
12              const context = getContext() as common.UIAbilityContext;
13              context.terminateSelfWithResult({
14                resultCode: 1,
15                want: {
16                  deviceId: '',
17                  bundleName: 'com.example.myapplication',
18                  abilityName: 'EntryAbility',
19                  parameters: {
20                    pay_result: true
21                  }
22                }
23              });
24            })
25        }
26        .width('100%')
27      }
28      .height('100%')
29    }
30  }
```

在上述代码中，第 5 行代码使用@StorageProp 装饰状态变量 order_id，设置初始值为 0；第 9 行代码用于显示 order_id 的值；第 11～24 行代码用于实现在点击"开始支付"按钮时，通过 context.terminateSelfWithResult()方法停止当前的 UIAbility，并传递结果码和 Want 对象，用于返回到 EntryAbility 页面。

保存上述代码，在模拟器中运行，UIAbility 的跳转效果如图 7-10 所示。

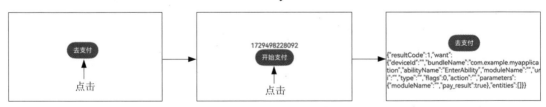

图7-10　UIAbility的跳转效果

从图 7-10 可以看出，应用默认显示的是 EntryAbility 页面，点击"去支付"按钮后，跳转到了 PayAbility 页面，并且页面中显示了 order_id 参数的值；点击"开始支付"按钮后，返回到了 EntryAbility 页面，并且页面中显示了结果信息。通过以上效果可知，上述代码成功实现了 UIAbility 的跳转。

7.7　阶段案例——评论列表页面

本案例将实现一个评论列表页面，其效果如图 7-11 所示。

图7-11　评论列表页面效果

在图 7-11 所示的页面中，通过右上方的"最新"和"最热"按钮可以切换列表的排序方式，其中，"最新"实现将列表按照评论的发布时间排序，"最热"实现将列表按照点赞数排序。这里的点赞数是指每条评论右下方的点赞按钮（如👍43）中的数字。点击点赞按钮可以进行点赞。用户通过底部的输入框和"发布"按钮可以发表自己的评论。

请读者扫描二维码，查看本案例的代码。

本章小结

本章主要讲解了生命周期和状态管理的相关知识，内容主要包括生命周期方法、状态管理概述、组件状态共享、应用状态共享、状态监听器、UIAbilityContext 实例。通过本章的学习，读者应该能够掌握生命周期和状态管理的使用方法，能够为开发高质量的鸿蒙应用打下基础。

课后练习

一、填空题

1. 使用＿＿＿＿＿＿装饰器可以实现子组件状态与父组件状态的单向同步。
2. 使用＿＿＿＿＿＿装饰器可以实现子组件状态与父组件状态的双向同步。
3. 使用＿＿＿＿＿装饰器和＿＿＿＿＿装饰器可以实现跨级组件状态的双向同步。
4. ＿＿＿＿＿＿表示页面级 UI 状态存储。
5. ＿＿＿＿＿＿表示应用全局的 UI 状态存储。

二、判断题

1. @Prop 装饰器只适用于入口组件，不适用于非入口组件。（   ）
2. PersistentStorage 用于持久化存储指定数据。（   ）
3. @Watch 装饰器需要指定一个回调函数名。（   ）
4. 入口组件的页面隐藏的生命周期方法是 onHide()。（   ）
5. 一个应用只能包含一个 UIAbility。（   ）

三、选择题

1. 下列选项中，不属于 UIAbility 的生命周期方法的是（   ）。
   A. onCreate()　　　　B. onForeground()　　C. onDestroy()　　　　D. onPageShow()
2. 下列关于入口组件的生命周期方法的说法中，错误的是（   ）。
   A. aboutToAppear()方法在创建自定义组件时，在 build()方法执行前执行
   B. aboutToDisappear()方法在自定义组件销毁之前执行
   C. onPageShow()方法在页面每次显示时执行一次
   D. onBackPress()方法在页面每次隐藏时执行一次
3. 下列对 UIAbility 的配置信息的说法中，错误的是（   ）。
   A. name 用于标识 UIAbility 的名称
   B. label 用于标识 UIAbility 界面上的图标
   C. description 用于标识 UIAbility 的描述信息
   D. srcEntry 用于标识 UIAbility 的入口文件路径
4. 下列对 UIAbilityContext 实例的属性和方法的说法中，正确的有（   ）。（多选）
   A. abilityInfo 属性用于获取 UIAbility 的相关信息
   B. startAbility()方法用于启动 UIAbility
   C. currentHapModuleInfo 属性用于获取 HAP 模块的信息
   D. terminateSelf()用于停止所有 UIAbility
5. 下列选项中，可以在自定义组件中获取 UIAbilityContext 实例的语句是（   ）。
   A. content() as common.UIAbilityContext;
   B. getContext() as common.UIAbilityContext;
   C. this.context;
   D. getAbility();

四、简答题

1. 请简述 AppStorage 和 PersistentStorage 的区别。
2. 请简述 UIAbility 的生命周期方法。

五、程序题

请编写一个用户信息页面，显示用户名、性别、年龄，将页面数据持久化存储。页面中显示的年龄初始值为 20，需要提供一个"年龄+"按钮，实现当用户点击该按钮时，年龄值增加 1，并且当用户退出应用并重新进入后，页面仍显示修改后的年龄值。

第 8 章

动画和网络请求

学习目标

- ◆ 掌握属性动画的使用方法，能够实现属性动画效果
- ◆ 掌握图像帧动画的使用方法，能够实现图像帧动画效果
- ◆ 掌握转场动画的使用方法，能够实现转场动画效果
- ◆ 掌握网络权限的申请方法，能够按需申请网络权限
- ◆ 掌握启动服务器的方法，能够完成服务器的启动
- ◆ 掌握使用 Network Kit 发送网络请求的方法，能够使用 Network Kit 发送网络请求
- ◆ 掌握使用 Remote Communication Kit 发送网络请求的方法，能够使用 Remote Communication Kit 发送网络请求
- ◆ 掌握使用 axios 发送网络请求的方法，能够使用 axios 发送网络请求

在鸿蒙应用开发中，动画和网络请求是两个常见的功能。通过为鸿蒙应用的 UI 添加流畅的动画，可以增强用户对应用的交互体验和满意度，同时也能够有效地引导用户完成操作或理解应用功能；通过为鸿蒙应用添加网络请求功能，可以使鸿蒙应用通过网络获取数据，从而为用户提供线上服务。本章将对动画和网络请求进行详细讲解。

8.1 动画

鸿蒙应用中的动画主要包括属性动画、图像帧动画和转场动画。本节将详细讲解属性动画、图像帧动画和转场动画。

8.1.1 属性动画

属性动画是一种通过在一定时间范围内改变组件的属性值来实现动画效果的技术。在鸿蒙应用开发中，可以通过设置属性动画来实现动画效果，例如平移、缩放、旋转等。

设置属性动画的方式有 3 种，分别是使用 animation 属性设置属性动画、使用 animateTo() 方法设置属性动画和使用 animator 对象设置属性动画，下面分别进行讲解。

1. 使用 animation 属性设置属性动画

使用 animation 属性设置属性动画时，需要为组件添加该属性，并设置相应的动画参数，如动画播放时长、曲线和延迟时间等。animation 属性接收一个 value 参数，该参数是一个 AnimateParam 实例，该实例包含用于设置动画效果的相关属性。

AnimateParam 实例的常用属性如表 8-1 所示。

表 8-1 AnimateParam 实例的常用属性

属性	说明
duration	用于设置动画播放时长，默认值为 1000ms
tempo	用于设置动画播放速度，默认值为 1。数值越大，动画播放速度越快；数值越小，播放速度越慢。若值为 0，则表示无动画效果
curve	用于设置动画曲线
delay	用于设置动画延迟播放的时间（即延迟时间）。默认值为 0ms，表示不延迟播放
iterations	用于设置动画播放次数，默认值为 1。若设置为-1 表示无限次播放，若设置为 0 表示不播放
playMode	用于设置动画播放模式
onFinish	用于设置动画播放完成时执行的回调函数

curve 属性的常用取值如下。

① Curve.EaseInOut：默认值，表示动画以低速开始和结束。

② Curve.Linear：表示动画从头到尾的速度都是相同的。

③ Curve.Ease：表示动画以低速开始，然后加快，在结束前变慢。

④ Curve.EaseIn：表示动画以低速开始。

⑤ Curve.EaseOut：表示动画以低速结束。

playMode 属性的常用取值如下。

① PlayMode.Normal：默认值，表示动画正常播放。

② PlayMode.Reverse：表示动画反向播放。

③ PlayMode.Alternate：表示动画在奇数次（1、3、5……）正向播放，在偶数次（2、4、6……）反向播放。

④ PlayMode.AlternateReverse：表示动画在奇数次反向播放，在偶数次正向播放。

下面通过代码演示 animation 属性的使用方法。在 entry/src/main/ets/pages 目录下创建 AnimationPage.ets 文件，定义两个按钮，分别是"动画效果"和"开始动画"按钮，实现当点击"开始动画"按钮时，改变"动画效果"按钮的宽度和高度并触发动画效果，示例代码如下。

```
1    @Entry
2    @Component
3    struct AnimationPage {
4      @State widthSize: number = 100;
5      @State heightSize: number = 50;
6      build() {
```

```
7        Row() {
8          Column() {
9            Button('动画效果')
10             .width(this.widthSize)
11             .height(this.heightSize)
12             .backgroundColor(Color.Red)
13             .animation({
14               duration: 1000,
15               iterations: -1,
16               curve: Curve.Ease,
17               delay: 1000,
18               playMode: PlayMode.Alternate
19             })
20           Button('开始动画')
21             .margin({ top: 10 })
22             .backgroundColor(Color.Black)
23             .onClick(() => {
24               this.widthSize = 200;
25               this.heightSize = 100;
26             })
27          }
28          .width('100%')
29        }
30        .height('100%')
31      }
32  }
```

在上述代码中，第 4~5 行代码定义状态变量 widthSize 和 heightSize，分别表示宽度和高度；第 9~19 行代码定义"动画效果"按钮，并为其设置初始的宽度、高度和背景颜色，同时使用 animation 属性为其设置动画，包括动画播放时长为 1000ms、无限次播放、动画曲线为"以低速开始，然后加快，在结束前变慢"、延迟时间为 1000ms、动画播放模式为"奇数次正向播放，偶数次反向播放"。

第 20~26 行代码定义"开始动画"按钮，并为其添加 onClick 事件，在事件处理程序中更新 widthSize 和 heightSize 的值，从而引发宽度和高度的变化。

保存上述代码，预览 AnimationPage.ets 文件，然后点击"开始动画"按钮，将会看到"动画效果"按钮出现放大和缩小交替循环的动画效果，如图 8-1 所示。

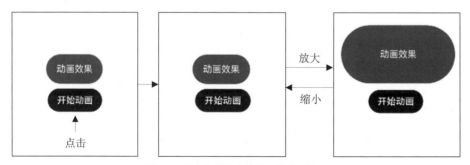

图8-1　放大和缩小交替循环的动画效果

2. 使用 animateTo() 方法设置属性动画

animateTo() 方法通过一个闭包函数设置组件的状态变化，并为组件的状态变化设置动画，其语法格式如下。

```
animateTo(value, event)
```

animateTo()方法接收 value 和 event 参数，具体说明如下。

① value 参数是一个 AnimateParam 实例，用于设置动画效果的相关属性，具体属性说明参考表 8-1。

② event 参数用于指定一个闭包函数，闭包函数中设置的组件状态变化会以动画的形式展现。

下面通过代码演示 animateTo()方法的使用方法。在 entry/src/main/ets/pages 目录下创建 AnimateToPage.ets 文件，定义一个"动画效果"文本和一个"放大/缩小"按钮，实现当点击"放大/缩小"按钮时，为文本添加放大和缩小的动画效果，示例代码如下。

```
1  @Entry
2  @Component
3  struct AnimateToPage {
4    @State scaleValue: number = 1;
5    build() {
6      Row() {
7        Column({ space: 20 }) {
8          Column() {
9            Text('动画效果')
10             .fontSize(20)
11             .fontColor(Color.White)
12             .height(100)
13             .width('50%')
14             .textAlign(TextAlign.Center)
15             .backgroundColor(Color.Blue)
16             .scale({ x: this.scaleValue, y: this.scaleValue })
17          }
18          .height(100)
19          Button('放大/缩小')
20            .onClick(() => {
21              animateTo({ duration: 1000 }, () => {
22                this.scaleValue = this.scaleValue == 2 ? 1 : 2;
23              })
24            })
25        }
26        .width('100%')
27      }
28      .height('100%')
29    }
30  }
```

在上述代码中，第 4 行代码定义状态变量 scaleValue，用于控制缩放比例，初始值为 1；第 9～16 行代码定义"动画效果"文本，并使用 scale 属性根据 scaleValue 状态变量来控制文本在 x 和 y 方向上的缩放比例。

第 19～24 行代码定义"放大/缩小"按钮，并为其添加 onClick 事件，在事件处理程序中调用 animateTo()方法切换 scaleValue 变量的值，指定动画时长为 1000ms，并执行一个闭包函数，在闭包函数中判断当前的 scaleValue 值，如果为 2，则将其设置为 1 以缩小文本，否则设置为 2 以放大文本。

保存上述代码，预览 AnimateToPage.ets 文件，放大的动画效果如图 8-2 所示。

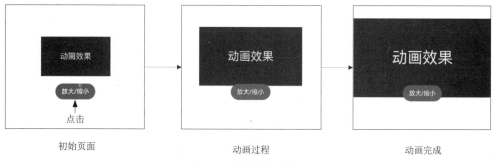

初始页面　　　　　　　　　　动画过程　　　　　　　　　动画完成

图8-2　放大的动画效果

图 8-2 演示了放大的动画效果，读者可以在放大动画完成后，再次点击"放大/缩小"按钮，观察缩小的动画效果。

3. 使用 animator 对象设置属性动画

animator 对象（或称为 animator 模块）是 ArkUI 提供的动画 API，它可以为组件提供动画效果，并可以对动画进行控制。在使用 animator 对象前需要导入该对象，导入的方式有两种，第 1 种导入方式如下。

```
import animator from '@ohos.animator';
```

第 2 种导入方式如下。

```
import { Animator as animator } from '@kit.ArkUI';
```

以上两种导入方式的效果相同。

animator 对象提供了 create()方法，用于创建 AnimatorResult 实例，该实例用于对动画进行控制。create()方法的参数为 AnimatorOptions 实例，该实例用于设置动画参数，其常用属性如表 8-2 所示。

表 8-2　AnimatorOptions 实例的常用属性

属性	说明
duration	动画播放的时长，默认值为 0，单位为毫秒
easing	动画插值曲线
delay	动画延迟时间，默认值为 0，单位为毫秒。设置为 0 时，表示不延迟播放。设置为负数时表示动画提前播放的时长，如果提前播放的时长大于动画总时长，动画直接过渡到终点
fill	动画播放前后的样式
direction	动画播放模式
iterations	动画播放次数，默认值为 1。设置为 0 时表示不播放，设置为-1 时表示无限次播放。除-1 之外的其他负数被视为无效取值，取值无效时动画默认播放 1 次
begin	动画插值起点，默认值为 0
end	动画插值终点，默认值为 1

easing 属性的常用取值如下。

① 'linear'：动画播放速度为线性。

② 'ease'：默认值，动画开始和结束时的播放速度较慢。

③ 'ease-in'：动画播放速度先慢后快。

④ 'ease-out'：动画播放速度先快后慢。

⑤ 'ease-in-out'：动画播放先加速后减速。

fill 属性的常用取值如下。

① 'none'：在动画播放之前和之后都不会应用任何样式到目标上。

② 'forwards'：默认值，动画结束后目标将保留最后一个关键帧的样式。

③ 'backwards'：动画将在延迟播放期间应用第一个关键帧的样式。

④ 'both'：相当于同时设置'forwards'和'backwards'。

direction 属性的常用取值如下。

① 'normal'：　默认值，动画正向循环播放。

② 'reverse'：　动画反向循环播放。

③ 'alternate'：动画交替循环播放，奇数次正向播放，偶数次反向播放。

④ 'alternate-reverse'：动画反向交替循环播放，奇数次反向播放，偶数次正向播放。

AnimatorResult 实例的常用方法如表 8-3 所示。

表 8-3　AnimatorResult 实例的常用方法

方法	说明
play()	启动动画。动画会保留上一次的播放状态
pause()	暂停动画
cancel()	取消动画
reverse()	以相反的顺序播放动画
finish()	结束动画

AnimatorResult 实例的常用事件如表 8-4 所示。

表 8-4　AnimatorResult 实例的常用事件

事件	说明
onFrame	接收到帧时触发的事件
onFinish	动画播放完成时触发的事件
onCancel	动画被取消时触发的事件
onRepeat	动画重复播放时触发的事件

onFrame 事件会在动画播放时连续触发，它可以接收一个 progress 参数，该参数表示动画的当前值，该值与动画参数中设置的 begin 属性和 end 属性有关，会从 begin 属性的值过渡到 end 属性的值。例如，当 begin 属性的值为 0，end 属性的值为 360 时，progress 参数的值会从 0 过渡到 360。

下面通过代码演示如何使用 animator 对象实现图像旋转动画效果。

在 entry/src/main/ets/pages 目录下创建 AnimatorPage.ets 文件，该文件示例代码如下。

```
1   import animator from '@ohos.animator';
2   @Entry
3   @Component
4   struct AnimatorPage {
5     @State rotateAngle: number = 0;
6     @State isPlay: boolean = false;
7     CDAnimator = animator.create({
8       duration: 10 * 1000,
9       easing: 'linear',
10      delay: 0,
11      fill: 'forwards',
12      direction: 'normal',
13      iterations: -1,
14      begin: 0,
15      end: 360
16    });
17    aboutToAppear(): void {
18      this.CDAnimator.onFrame = value => {
19        this.rotateAngle = value;
20      };
21    }
22    build() {
23      Row() {
24        Column({ space: 20 }) {
25          Image($r('app.media.startIcon'))
26            .width(200)
27            .aspectRatio(1)
28            .borderRadius(100)
29            .rotate({ angle: this.rotateAngle })
30          Button('播放/暂停')
31            .onClick(() => {
32              this.isPlay = !this.isPlay;
33              this.isPlay ? this.CDAnimator.play() : this.CDAnimator.pause();
34            })
35        }
36        .width('100%')
37      }
38      .height('100%')
39    }
40  }
```

在上述代码中，第 5 行代码定义状态变量 rotateAngle，用于保存图像的旋转角度；第 6 行代码定义状态变量 isPlay，用于保存图像是否旋转；第 8~15 行代码定义了动画参数，设置动画的播放时长为 10s、播放速度为线性、不延迟播放、动画结束后目标保留最后一个关键帧的样式、正向循环播放、无限次播放、动画插值起点为 0、动画插值终点为 360。此处设置的动画插值用于控制图像的旋转角度，使图像进行 360° 旋转。

第 18~20 行代码用于在动画播放时改变图像的旋转角度；第 25~29 行代码用于定义要旋转的图像；第 30~34 行代码用于控制动画的播放和暂停。

保存上述代码，预览 AnimatorPage.ets 文件，图像旋转动画效果如图 8-3 所示。

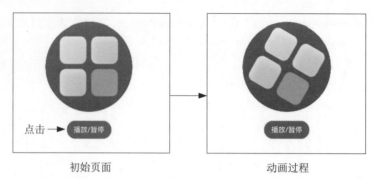

初始页面　　　　　　　　　　　动画过程

图8-3　图像旋转动画效果

8.1.2　图像帧动画

图像帧动画是一种通过逐帧播放图像来实现动画效果的技术，常用于制作简单的动画效果，例如加载动画、购物车动画等。使用 ImageAnimator 组件可以实现逐帧播放图像，需要配置播放的图像数组，每张图像可以配置动画时长。

ImageAnimator 组件的常用属性如表 8-5 所示。

表 8-5　ImageAnimator 组件的常用属性

属性	说明
images	用于设置图像帧信息集合，每一帧的帧信息包含图像路径、大小、位置和播放时长信息，不支持动态更新
state	用于设置动画播放状态
duration	用于设置动画播放时长，默认值为 1000ms，duration 为 0 时表示不播放图像；值的改变只会在下一次循环开始时生效；当 images 中任意一帧图像设置了单独的 duration 时，该属性无效
reverse	用于设置动画的播放顺序，默认值为 false 表示从第 1 张图像播放到最后 1 张图像，当设置为 true 时表示从最后 1 张图像播放到第 1 张图像
fixedSize	用于设置图像大小是否固定为组件大小，默认值为 true，表示图像大小与组件大小一致，此时设置图像的 width、height、top 和 left 属性是无效的；当设置为 false 时，表示每一张图像的 width、height、top 和 left 属性都要单独设置
fillMode	用于设置动画开始前和结束后的样式
iterations	用于设置动画播放次数，默认值为 1，表示播放一次。若设置为-1 表示无限次播放，若设置为 0 表示不播放

state 属性的常用取值如下。

① AnimationStatus.Initial：默认值，表示动画处于初始状态。

② AnimationStatus.Running：表示动画处于播放状态。

③ AnimationStatus.Paused：表示动画处于暂停状态。

④ AnimationStatus.Stopped：表示动画处于停止状态。

fillMode 属性的常用取值如下。

① FillMode.Forwards：默认值，表示保留动画执行期间最后一个关键帧的样式。

② FillMode.None：表示动画未执行时不改变样式，动画播放完成后恢复初始样式。

③ FillMode.Backwards：表示动画将立即应用第一个关键帧中的样式，并在延迟期间保持该样式。

④ FillMode.Both：表示动画将同时遵循 Forwards 和 Backwards 规则，即在动画开始时应用第一个关键帧的样式，在动画结束时保持最后一个关键帧的样式。

下面通过代码演示如何使用 ImageAnimator 组件实现购物车动画效果。

在 entry/src/main/ets/pages 目录下创建 ImageAnimatorPage.ets 文件，该文件示例代码如下。

```
1   @Entry
2   @Component
3   struct ImageAnimatorPage {
4     @State state: AnimationStatus = AnimationStatus.Initial;
5     build() {
6       Row() {
7         Column() {
8           ImageAnimator()
9             .images([
10              { src: $r('app.media.mjyp_refresh_control_1') },
11              { src: $r('app.media.mjyp_refresh_control_2') },
12              { src: $r('app.media.mjyp_refresh_control_3') },
13              { src: $r('app.media.mjyp_refresh_control_4') },
14              { src: $r('app.media.mjyp_refresh_control_5') },
15              { src: $r('app.media.mjyp_refresh_control_6') },
16              { src: $r('app.media.mjyp_refresh_control_7') },
17              { src: $r('app.media.mjyp_refresh_control_8') },
18              { src: $r('app.media.mjyp_refresh_control_9') },
19              { src: $r('app.media.mjyp_refresh_control_10') },
20              { src: $r('app.media.mjyp_refresh_control_11') },
21              { src: $r('app.media.mjyp_refresh_control_12') }
22            ])
23            .duration(500)
24            .state(this.state)
25            .fillMode(FillMode.None)
26            .iterations(-1)
27            .width(200)
28            .height(200)
29          Button('加入购物车')
30            .onClick(() => {
31              if (this.state == AnimationStatus.Running) {
32                this.state = AnimationStatus.Paused;
33                return;
34              }
35              this.state = AnimationStatus.Running;
36            })
37        }
38        .width('100%')
39      }
40      .height('100%')
41    }
42  }
```

在上述代码中，第 4 行代码定义状态变量 state，用于控制动画的状态，并初始化为 AnimationStatus.Initial；第 9~22 行代码设置动画所使用的图像数组，通过 $r() 函数加载每个图像资源；第 23~28 行代码设置动画的播放时长为 500ms，并将动画的播放状态与组件的状态变量 state 绑定，设置动画在播放完成后恢复初始样式，以及设置动画无限次播放。同时设置动画组件的宽度和高度均为 200。

第 29~36 行代码定义"加入购物车"按钮，并为该按钮添加 onClick 事件，在事件处理程序中，若当前的 state 值为 AnimationStatus.Running，则将状态改为 AnimationStatus.Paused，否则将状态设置为 AnimationStatus.Running。

保存上述代码，预览 ImageAnimatorPage.ets 文件，购物车动画效果如图 8-4 所示。

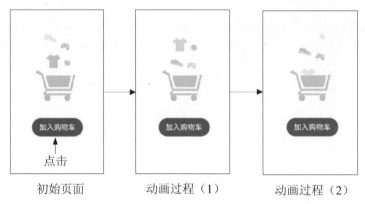

图8-4　购物车动画效果

8.1.3　转场动画

转场动画是一种具有平滑过渡效果的动画，通常用于在画面切换时使切换过程流畅自然，以增强用户体验。下面将详细讲解常用的转场动画，包括模态转场动画、出现/消失转场动画、共享元素转场动画。

1. 模态转场动画

模态转场动画是一种将新界面覆盖在旧界面之上而旧界面不消失的转场方式。在 ArkUI 的通用属性中，能够实现弹出新界面并具有模态转场动画的常用属性有 bindContentCover、bindSheet、bindMenu、bindContextMenu 和 bindPopup，下面分别进行讲解。

（1）bindContentCover 属性

bindContentCover 属性用于将全屏模态界面绑定到组件上，可以控制全屏模态界面的显示和隐藏，其语法格式如下。

```
bindContentCover(isShow, builder, options)
```

在上述语法格式中，参数 isShow 用于指定是否显示全屏模态界面；参数 builder 用于配置全屏模态界面的内容；参数 options 用于配置全屏模态界面的可选属性，其中用于设置转场时的过渡动画效果的是 modalTransition 属性，它的可选值如下。

① ModalTransition.NONE：无动画过渡。

② ModalTransition.DEFAULT：上下切换过渡。

③ ModalTransition.ALPHA：透明渐变过渡。

（2）bindSheet 属性

bindSheet 属性用于将半屏模态界面绑定到组件上，可以控制半屏模态界面的显示和隐藏，其语法格式如下。

```
bindSheet(isShow, builder, options)
```

在上述语法格式中，参数 isShow 用于指定是否显示半屏模态界面；参数 builder 用于配置半屏模态界面的内容；参数 options 用于配置半屏模态界面的可选属性，其中包括 height（半屏模态高度）、showClose（是否显示关闭图标）、dragBar（是否显示控制条）、title（半屏模态面板的标题）等属性。

（3）bindMenu 属性

bindMenu 属性用于为组件绑定菜单，可以控制菜单的显示和隐藏，其语法格式如下。

```
bindMenu(isShow, content, options)
```

在上述语法格式中，参数 isShow 用于指定是否显示菜单，目前不支持双向数据绑定；参数 content 用于指定配置菜单项图标和文本的数组，或者自定义组件；参数 options 用于配置弹出菜单的参数，包括 title（菜单标题）、showInSubWindow（是否在子窗口中显示菜单）等属性。

（4）bindContextMenu 属性

bindContextMenu 属性用于为组件绑定上下文菜单。它和 bindMenu 属性的区别是，bindContextMenu 属性绑定的菜单一般是通过长按屏幕操作或右击操作触发的，而 bindMenu 属性绑定的菜单一般是通过点击屏幕操作或单击操作触发的。

bindContextMenu 属性的语法格式如下。

```
bindContextMenu(isShown, content, options)
```

在上述语法格式中，参数 isShown 用于指定是否显示上下文菜单，目前不支持双向数据绑定；参数 content 用于指定配置菜单项图标和文本的数组，或者自定义组件；参数 options 用于配置弹出菜单的参数，包括 placement（菜单显示的位置）、arrowOffset（菜单左侧的水平偏移或菜单顶部的垂直偏移）等属性。

（5）bindPopup 属性

bindPopup 属性用于为组件绑定气泡提示，即一种气泡样式的提示框，该提示框通常用于对某个组件进行功能说明。bindPopup 属性的语法格式如下。

```
bindPopup(show, popup)
```

在上述语法格式中，参数 show 表示提示框显示状态；参数 popup 用于配置弹出气泡提示的参数，包括 message（提示内容）、showInSubWindow（是否在子窗口中显示）、textColor（文本颜色）、font（字体）等。

下面以 bindContentCover 属性为例演示转场动画的使用方法，实现显示广告倒计时的效果。在 entry/src/main/ets/pages 目录下创建 ModalPage.ets 文件，该文件示例代码如下。

```
1  @Entry
2  @Component
3  struct ModalPage {
4    @State showDialog: boolean = false;
5    @State timeCount: number = 5;
6    timerId: number = -1
7    aboutToAppear() {
8      this.showDialog = true;
```

```
9       this.beginCount();
10    }
11    aboutToDisappear() {
12      clearInterval(this.timerId)
13    }
14    @Builder
15    getContent() {
16      Column() {
17        Row() {
18          Text(`还剩${this.timeCount}秒，跳过`)
19            .fontColor(Color.White)
20            .onClick(() => {
21              clearInterval(this.timerId);
22              this.timeCount = 5;
23              this.showDialog = false;
24            })
25        }
26        .width('100%')
27        .justifyContent(FlexAlign.End)
28        .padding(10)
29      }
30      .backgroundColor(Color.Gray)
31      .width('100%')
32      .height('100%')
33    }
34    beginCount() {
35      this.timerId = setInterval(() => {
36        if(this.timeCount == 1) {
37          clearInterval(this.timerId);
38          this.timeCount = 5;
39          this.showDialog = false;
40          return;
41        }
42        this.timeCount--;
43      }, 1000)
44    }
45    build() {
46      Row() {
47        Column() {
48          Button('模态显示')
49            .onClick(() => {
50              this.showDialog = true;
51              this.beginCount();
52            })
53        }
54        .width('100%')
55      }
56      .height('100%')
57      .bindContentCover($$this.showDialog,
58        this.getContent, { modalTransition: ModalTransition.ALPHA }
59      )
60    }
61  }
```

在上述代码中，第 4 行代码定义状态变量 showDialog，用于控制全屏模态界面是否显示，值为 false 表示不显示；第 5 行代码定义状态变量 timeCount，用于保存倒计时的秒数；第 6 行代码定义变量 timerId，表示定时器 ID；第 7～10 行代码定义 aboutToAppear()函数，用于显示全屏模态界面并开始倒计时；第 11～13 行代码定义 aboutToDisappear()函数，用于在页面销毁时清除定时器。

第 14～33 行代码定义 getContent()方法，用于生成全屏模态界面的内容，其中包含一个显示倒计时的文本，并为该文本添加了 onClick 事件，在事件处理程序中，使用 clearInterval()方法清除定时器，并将倒计时的秒数重置为 5，将 showDialog 的值设置为 false 以关闭全屏模态界面。第 34～44 行代码定义 beginCount()函数，用于开始倒计时。

第 45～60 行代码定义 build()方法，其中包含一个"模态显示"按钮，并为该按钮添加了 onClick 事件，在事件处理程序中，设置显示全屏模态界面并开始倒计时。

保存上述代码，预览 ModalPage.ets 文件，广告倒计时效果如图 8-5 所示。

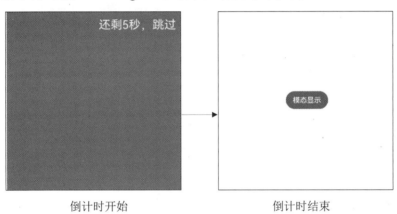

倒计时开始　　　　　　　　　　　　　　　　倒计时结束

图8-5　广告倒计时效果

2. 出现/消失转场动画

使用组件的 transition 属性可以在一个组件出现或者消失时添加动画效果。该属性接收 TransitionEffect 实例作为参数，该实例用于指定转场效果。通过调用 TransitionEffect 类的静态方法可以创建 TransitionEffect 实例，这些静态方法如表 8-6 所示。

表 8-6　TransitionEffect 类的静态方法

方法	说明
opacity()	用于设置组件转场时的不透明度效果
translate()	用于设置组件转场时的平移效果
scale()	用于设置组件转场时的缩放效果
rotate()	用于设置组件转场时的旋转效果
move()	用于指定组件转场时从屏幕边缘滑入或向屏幕边缘滑出的效果
asymmetric()	用于指定非对称的转场效果，即出现和消失采用不同的转场效果

下面对表 8-6 中各方法的参数进行说明。

① opacity()方法的参数表示不透明度，取值范围为 0～1，1 表示不透明，0 表示完全透明。

② translate()方法的参数是一个包含 3 个可选属性的对象，其中属性 x 表示 x 轴的平移距离；属性 y 表示 y 轴的平移距离；属性 z 表示 z 轴的平移距离。

③ scale()方法的参数是一个包含 5 个可选属性的对象，具体如下。

• 属性 x 表示 x 轴的缩放倍数。当 x>1 时沿 x 轴方向放大，x=1 时保持不变，当 0≤x<1 时沿 x 轴方向缩小，当 x<0 时沿 x 轴翻转并缩放。

• 属性 y 表示 y 轴的缩放倍数。当 y>1 时沿 y 轴方向放大，y=1 时保持不变，当 0≤y<1 时沿 y 轴方向缩小，当 y<0 时沿 y 轴翻转并缩放。

• 属性 z 表示 z 轴的缩放倍数。当 z>1 时沿 z 轴方向放大，z=1 时保持不变，当 0≤z<1 时沿 z 轴方向缩小，当 z<0 时沿 z 轴翻转并缩放。

• 属性 centerX 表示变换中心点 x 轴坐标。

• 属性 centerY 表示变换中心点 y 轴坐标。

④ rotate()方法的参数是一个包含多个属性的对象，其中最常用的是必选属性 angle，它表示旋转角度，取值为正时表示相对于旋转轴方向顺时针转动，取值为负时表示相对于旋转轴方向逆时针转动。取值可为 number 类型或 string 类型，例如 90、'90deg'都代表 90°。

⑤ move()方法只有一个参数，该参数有 4 个可选值，具体如下。

• TransitionEdge.TOP：表示屏幕的上边缘。

• TransitionEdge.BOTTOM：表示屏幕的下边缘。

• TransitionEdge.START：表示屏幕的左边缘。

• TransitionEdge.END：表示屏幕的右边缘。

⑥ asymmetric()方法有两个参数，第 1 个参数表示出现时的转场效果，第 2 个参数表示消失时的转场效果。如果不调用 asymmetric()方法，则默认情况下消失时的转场效果与出现时的转场效果完全相反。

TransitionEffect 类还提供了一些静态属性，用于使用预设的转场效果，这些静态属性的值也是 TransitionEffect 实例，具体如表 8-7 所示。

表 8-7 TransitionEffect 类的静态属性

属性	说明
IDENTITY	表示禁用转场效果
OPACITY	用于指定不透明度为 0 的转场效果
SLIDE	用于指定出现时从左侧滑入、消失时从右侧滑出的转场效果
SLIDE_SWITCH	用于指定出现时从右侧先缩小再放大滑入、消失时从左侧先缩小再放大滑出的转场效果

TransitionEffect 实例的常用方法如表 8-8 所示。

表 8-8 TransitionEffect 实例的常用方法

方法	说明
combine()	通过组合的方式实现多种转场效果
animation()	用于指定组件转场的动画参数

下面对表 8-8 中各方法的参数进行说明。

① combine()方法的参数表示要组合的转场效果，该转场效果会与调用 combine()方法的转场效果合并，例如 A.combine(B)表示将转场效果 B 与转场效果 A 合并。该方法的返回值为合并后的转场效果。

② animation()方法的参数是一个表示动画参数的对象，该对象的常用属性如下。

- duration：动画播放时长，默认值为 1000，单位为毫秒。
- tempo：动画播放速度，值越大则动画播放越快，值越小则播放越慢，默认值为 1，值为 0 时表示无动画效果。
- curve：动画曲线，默认值为 Curve.EaseInOut，表示动画以低速开始和结束。
- delay：动画延迟播放时间，默认值为 0，单位为毫秒，默认不延时播放。
- iterations：动画播放次数，默认值为 1，设置为-1 时表示无限次播放，设置为 0 时表示不播放。

下面演示 transition 属性的使用方法，实现 3 种转场效果的组合，分别是不透明度效果、旋转效果、平移效果，示例代码如下。

```
1  .transition(
2  TransitionEffect.OPACITY.animation({ duration: 1000 })
3    .combine(TransitionEffect.rotate({ angle: -180 }))
4    .combine(TransitionEffect.move(TransitionEdge.TOP))
5  )
```

在上述代码中，第 2~4 行代码设置了 3 种转场效果，动画播放时长为 1s。出现的转场效果为不透明度从 0 过渡到 1，同时逆时针旋转 180 度，并且从屏幕的上边缘滑入它本来的位置；消失的转场效果为出现的转场效果的自动取反，即不透明度从 1 过渡到 0，同时顺时针旋转 180 度，并且向屏幕的上边缘滑出。

下面通过代码演示如何使用 transition 属性实现图像的转场效果。在 entry/src/main/ets/pages 目录下创建 TransitionPage.ets 文件，该文件示例代码如下。

```
1  @Entry
2  @Component
3  struct TransitionPage {
4    @State isShow: Boolean = false;
5    build() {
6      Column() {
7        Column(){
8          Button('出现/消失')
9            .onClick(() => {
10             this.isShow = !this.isShow;
11           })
12       }
13       .width('100%')
14       .height(100)
15       Column() {
16         if (this.isShow) {
17           Image($r('app.media.coin'))
18             .width(100)
19             .height(100)
20             .borderRadius(50)
21             .transition(
22               TransitionEffect.asymmetric(
```

```
23              TransitionEffect.OPACITY.animation({ duration: 1000 })
24                .combine(TransitionEffect.rotate({ angle: -180 }))
25                .combine(TransitionEffect.move(TransitionEdge.START)),
26              TransitionEffect.OPACITY.animation({ duration: 1000 })
27                .combine(TransitionEffect.rotate({ angle: 180 }))
28                .combine(TransitionEffect.move(TransitionEdge.END))
29            )
30          )
31        }
32      }
33      .width('100%')
34    }
35    .height('100%')
36  }
37 }
```

在上述代码中，第 4 行代码定义状态变量 isShow，表示图像的出现和消失，值为 true 表示出现，值为 false 表示消失；第 8～11 行代码定义"出现/消失"按钮，通过该按钮使 isShow 的值在 false 和 true 之间切换。

第 16～31 行代码用于实现一个带有动画效果的图像。该图像使用 transition() 属性来定义转场效果，出现的转场效果为图像不透明度从 0 过渡到 1、逆时针旋转 180°、从屏幕的左边缘滑入；消失的转场效果为图像不透明度从 1 过渡到 0、顺时针旋转 180°、向屏幕的右边缘滑出。

保存上述代码，预览 TransitionPage.ets 文件，图像的转场效果如图 8-6 所示。

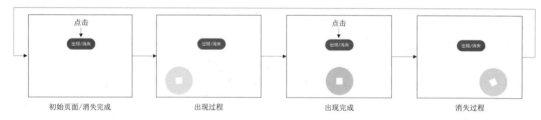

图8-6　图像的转场效果

3. 共享元素转场动画

共享元素转场动画是指在页面切换时，将两个页面中相同的共享元素在切换过程中自动完成过渡，从而营造出连贯和自然的过渡效果。其中，共享元素是指两个页面中需要添加过渡效果的组件。

共享元素转场动画通过 sharedTransition 属性实现，其语法格式如下。

```
sharedTransition(id, options)
```

在上述语法格式中，id 参数用于将组件标识为共享元素，当两个页面存在具有相同 id 的共享元素时，即可实现共享元素转场动画；options 参数是一个用于设置动画参数的对象，其常用属性如表 8-9 所示。

表8-9　options 参数的常用属性

属性	说明
duration	用于设置共享元素转场动画播放时长，默认值为 1000，单位为毫秒
curve	用于设置共享元素转场动画曲线，默认值为 Curve.Linear，表示动画从头到尾的速度都是相同的

续表

属性	说明
delay	用于设置共享元素转场动画延迟执行的时间。默认值为 0，表示不延迟播放，单位为毫秒
motionPath	用于设置运动路径信息
zIndex	用于设置 z 轴
type	用于设置动画类型

motionPath 属性的常用可选值如下。

① path：用于设置路径。

② from：用于设置路径的起始值。

③ to：用于设置路径的终止值。

④ rotatable：表示是否跟随路径进行旋转，默认值为 false，表示不旋转。

type 属性的常用可选值如下。

① SharedTransitionEffectType.Exchange：默认值，表示将源页面元素移动到目标页面元素位置并适当缩放。

② SharedTransitionEffectType.Static：表示目标页面元素的位置保持不变，可以配置不透明度动画。

需要注意的是，当 type 属性值为 SharedTransitionEffectType.Exchange 时，motionPath 才会生效。

下面通过代码演示如何使用 sharedTransition 属性实现页面跳转时放大图像的转场效果，具体实现步骤如下。

① 在 entry/src/main/ets/pages 目录下通过"新建"→"Page"→"Empty Page"的方式创建 SharePage1.ets 文件，该文件示例代码如下。

```
1   import { router } from '@kit.ArkUI';
2   @Entry
3   @Component
4   struct SharePage1 {
5     build() {
6       Column() {
7         Image($r('app.media.startIcon'))
8           .width(50)
9           .height(50)
10          .sharedTransition('myImage', { duration: 400 })
11          .onClick(() => {
12            router.pushUrl({ url: 'pages/SharePage2' });
13          })
14      }
15      .width('100%')
16      .height('100%')
17    }
18  }
```

在上述代码中，第 10 行代码使用 sharedTransition 属性将图像设置为共享元素，共享元素的标识为 myImage，动画播放时长为 400ms；第 11~13 行代码为图像添加 onClick 事件。在事件处理程序中，调用 router.pushUrl()方法执行页面跳转。

② 在 entry/src/main/ets/pages 目录下通过"新建"→"Page"→"Empty Page"的方式创建 SharePage2.ets 文件，该文件示例代码如下。

```
1   @Entry
2   @Component
3   struct SharePage2 {
4     build() {
5       Column() {
6         Image($r('app.media.startIcon'))
7           .width(100)
8           .height(100)
9           .sharedTransition('myImage', { duration: 400 })
10      }
11      .width('100%')
12      .height('100%')
13    }
14  }
```

在上述代码中，第 9 行代码使用 sharedTransition 属性将图像设置为共享元素，共享元素的标识为 myImage，动画播放时长为 400ms。

保存上述代码，预览 SharePage1.ets 文件，页面跳转时放大图像的转场效果如图 8-7 所示。

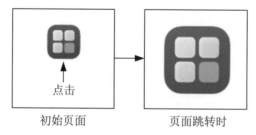

初始页面　　　　　　页面跳转时

图8-7　页面跳转时放大图像的转场效果

8.2　网络请求

在鸿蒙开发中，许多应用都需要向服务器发送网络请求，从而为用户提供实时的、动态的数据。例如，新闻类的应用需要频繁地向新闻服务器发送网络请求，动态地获取新闻信息。本节将对网络请求进行详细讲解。

8.2.1　申请网络权限

鸿蒙具有严格的应用权限管控，以确保应用合理地使用每项权限。若应用需要发送网络请求，则需要申请网络权限。在正式学习如何申请网络权限之前，介绍一下鸿蒙的权限机制。

根据鸿蒙开发文档的说明，开发者在开发应用时进行的权限申请应遵循以下原则。

① 应用（包括应用引用的第三方库）所需权限必须在应用的配置文件（entry/src/main/module.json5）中严格按照权限开发指导逐个声明。

② 权限申请满足最小化原则，禁止申请非必要的、已废弃的权限。应用申请过多权限会引起用户对应用安全性的担忧以及使用体验变差，也会影响到应用的安装率和留存率。

③ 应用申请敏感权限时，必须填写权限使用理由。敏感权限通常是指与用户隐私密切相关的权限，包括地理位置、相机、麦克风、日历、健身运动、身体传感器、音乐、文件、图片、视频等权限。

④ 应用敏感权限须在对应业务功能执行前动态申请，满足隐私最小化要求。

⑤ 用户拒绝授予某个权限后，应用与此权限无关的其他业务功能应能正常使用。

根据授权方式的不同，权限类型可分为 system_grant（系统授权）和 user_grant（用户授权），具体介绍如下。

① system_grant：在该类型的权限许可下，应用可以访问不涉及用户或设备的敏感信息的数据；应用被允许执行对操作系统和其他应用产生的影响可控的操作。

② user_grant：在该类型的权限许可下，应用可以访问涉及用户或设备的敏感信息的数据；应用被允许执行可能对操作系统或者其他应用产生严重影响的操作。

system_grant 权限和 user_grant 权限在申请方式上的区别如下。

① 对于申请 system_grant 权限的应用，操作系统会在用户安装应用时自动把相应权限授予应用。

② 对于申请 user_grant 权限的应用，不仅需要在安装包中申请权限，还需要在应用运行时通过弹窗的方式请求用户授权。在用户手动允许授权后，应用才会真正获取相应权限，从而成功访问并操作目标对象。

鸿蒙中的网络权限属于 system_grant 权限，申请方式比较简单，应用不需要向用户发起请求即可获取该权限。若要申请网络权限，可以在 entry/src/main/module.json5 文件中的 module 配置项内添加申请网络权限的代码，示例代码如下。

```
1  "requestPermissions": [
2    {
3      "name": "ohos.permission.INTERNET"
4    },
5    {
6      "name": "ohos.permission.GET_NETWORK_INFO"
7    }
8  ]
```

在上述代码中，第 2～4 行代码用于申请访问互联网的权限；第 5～7 行代码用于获取设备的网络信息。其中，第 2～4 行代码必须添加，第 5～7 行代码可根据需要添加。

保存上述代码后，根据 DevEco Studio 的提示单击"Sync Now"进行同步操作后即可使上述代码生效。

8.2.2　启动服务器

要想学习如何发送网络请求，读者需要准备一个可以接收网络请求的服务器。为了方便读者学习，本书在配套源码中提供了一个基于 Node.js 开发的服务器，读者可以在本书配套源码中找到它，通过双击"启动服务器.bat"文件启动服务器。

服务器启动成功后，会出现如下信息。

```
server running at http://192.168.1.100:3000
```

需要注意的是，上述信息中的 IP 地址 192.168.1.100 是不固定的，读者应以自己的 IP 地址为准。

服务器的接口如下。

① 获取所有数据的接口：http://192.168.1.100:3000/student。

- 请求方式：GET。
- 返回结果：{"name":"小明","age":18}。

② 获取指定字段数据的接口：http://192.168.1.100:3000/student?field=name。

- 请求方式：GET。
- 返回结果："小明"。

③ 提交数据的接口：http://192.168.1.100:3000/student。

- 请求方式：POST。
- 请求体：{"name":"小明","age":18}。
- 返回结果：{"message":"Data saved successfully"}。

8.2.3　使用 Network Kit 发送网络请求

Network Kit 又被称为网络服务，它主要提供 HTTP（Hypertext Transfer Protocol，超文本传送协议）数据请求、WebSocket 连接、Socket 连接、网络连接管理以及 MDNS（Multicast DNS，多播 DNS）管理功能，其中最常用的是 HTTP 数据请求功能，下面主要讲解该功能的使用方法。

Network Kit 提供了 http 对象（或称为 http 模块）用于实现 HTTP 数据请求，导入 http 对象的示例代码如下。

```
import { http } from '@kit.NetworkKit';
```

导入 http 对象后，需要调用 http 对象的 createHttp()方法创建 HttpRequest 实例，每个 HttpRequest 实例代表一个 HTTP 请求任务，并且不可复用，示例代码如下。

```
const httpRequest = http.createHttp();
```

在上述代码中，httpRequest 就是一个 HttpRequest 实例。

通过调用 HttpRequest 实例的 request()方法可以发送网络请求，该方法的语法格式如下。

```
request(url, options, callback);
```

在上述语法格式中，参数 url 表示请求的 URL；参数 options 表示用于设置请求的可选参数的对象；参数 callback 表示发送请求后执行的回调函数。参数 options 可以省略，省略时，默认使用 GET 请求方式，并且参数 callback 变为第 2 个参数。

request()方法的参数 options 的常用属性如表 8-10 所示。

表 8-10　request()方法的参数 options 的常用属性

属性	说明
method	请求方式
extraData	发送请求时的额外数据，默认不发送额外数据
expectDataType	指定返回数据的类型，默认不指定返回数据的类型。如果指定了返回数据的类型，程序将会优先返回指定类型的数据
usingCache	是否使用缓存，默认值为 true，表示使用缓存。缓存跟随当前进程生效，新缓存会替换旧缓存
priority	请求并发优先级，值越大优先级越高，取值范围为 1～1000，默认值为 1
header	请求头字段

method 属性的可选值如下。

① RequestMethod.GET：表示 GET 请求方式，一般用于查询数据。

② RequestMethod.POST：表示 POST 请求方式，一般用于提交数据。

③ RequestMethod.PUT：表示 PUT 请求方式，一般用于修改数据。

④ RequestMethod.DELETE：表示 DELETE 请求方式，一般用于删除数据。

expectDataType 属性的常用可选值如下。

① HttpDataType.STRING：string 类型。

② HttpDataType.OBJECT：对象类型。

request()方法的参数 callback 表示一个回调函数，该函数的参数是一个 HttpResponse 实例，该实例的常用属性如表 8-11 所示。

表 8-11　HttpResponse 实例的常用属性

属性	说明
result	服务器的响应内容
resultType	服务器的响应内容的类型
responseCode	服务器的响应状态码
header	服务器的响应头
cookies	服务器的响应 cookies
performanceTiming	请求在各个阶段的耗时

request()方法还支持使用 await 关键字。当使用 await 关键字调用 request()方法时，要省略 callback 参数，通过返回值接收 HttpResponse 实例。

在使用 request()方法时需要注意以下 3 点。

① 仅支持接收数据大小为 5MB 以内的数据。

② 若请求的 URL 包含中文字符或其他特殊字符，需先调用 encodeURIComponent()函数对这些字符进行编码，该函数的参数为待编码的字符串，返回值为编码后的字符串。

③ 当请求发送完成后，需要调用 destroy()方法销毁 HttpRequest 实例，从而释放资源，该方法没有参数且没有返回值。

下面通过代码演示 http 对象的使用方法，具体步骤如下。

① 在 entry/src/main/ets/pages 目录下创建 RequestPage.ets 文件，该文件示例代码如下。

```
1   import { http } from '@kit.NetworkKit';
2   interface StudentType {
3     name: string;
4     age: number;
5   }
6   @Entry
7   @Component
8   struct RequestPage {
9     @State student: StudentType = { name: '', age: 0 };
10    async aboutToAppear() {
11      const httpRequest = http.createHttp();
12      const baseUrl = 'http://192.168.1.100:3000';
13      try {
```

```
14      const res = await httpRequest.request(`${baseUrl}/student`, {
15       expectDataType: http.HttpDataType.OBJECT
16      });
17      this.student = res.result as StudentType;
18    } catch (e) {
19      console.log('请求失败: ', JSON.stringify(e));
20    }
21    httpRequest.destroy();
22   }
23   build() {
24    Column() {
25     Text('姓名: ' + this.student.name)
26     Text('年龄: ' + this.student.age)
27    }
28    .width('100%')
29   }
30 }
```

在上述代码中，第 2～5 行代码定义 StudentType 接口，表示服务器返回的学生数据的类型；第 10～22 行代码用于在创建自定义组件时发送网络请求，从服务器加载学生数据；第 25～26 行代码用于显示学生数据。

保存上述代码，预览 RequestPage.ets 文件，发送网络请求的效果如图 8-8 所示。

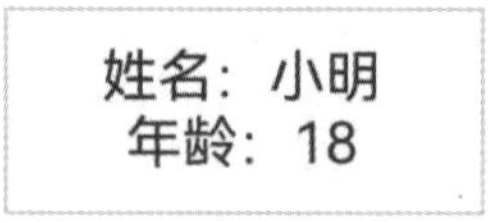

姓名: 小明
年龄: 18

图8-8 发送网络请求的效果

② 若要只获取 name 字段的数据，可以将步骤①中的第 14～17 行代码改为如下代码。

```
1 const res = await httpRequest.request(`${baseUrl}/student`, {
2  extraData: { field: 'name' },
3  expectDataType: http.HttpDataType.OBJECT
4 });
5 console.log(res.result as string);          // 输出结果: 小明
```

在上述代码中，第 2 行代码设置了发送请求的额外数据，对于 GET 请求方式，该额外数据会附加到 URL 的参数中。

③ 若要提交数据，可以将步骤①中的第 14～17 行代码改为如下代码。

```
1 const student: StudentType = { name: '小明', age: 18 };
2 const res = await httpRequest.request(`${baseUrl}/student`, {
3  method: http.RequestMethod.POST,
4  header: { 'Content-Type': 'application/json' },
5  extraData: student
6 });
7 console.log('', res.result);
8 // 输出结果: {"message":"Data saved successfully"}
```

在上述代码中，第 1 行代码定义了要提交的数据；第 3 行代码设置了请求方式为 POST；第 4 行代码设置了请求头字段 Content-Type，其值为 application/json，表示提交的数据为 JSON 类型；第 5 行代码用于设置发送请求的额外数据，对于 POST 请求方式，该额外数据会放在请求体中发送。

8.2.4　使用 Remote Communication Kit 发送网络请求

Remote Communication Kit 又被称为远场通信服务，它是鸿蒙提供的另一个用于发送网络请求的工具。相比 Network Kit，Remote Communication Kit 更专注于 HTTP 数据请求功能，提供了更加便捷的操作方式。

若使用 Remote Communication Kit，需要先导入 rcp 对象（或称为 rcp 模块），导入 rcp 对象的示例代码如下。

```
import { rcp } from '@kit.RemoteCommunicationKit';
```

导入 rcp 对象后，需要通过 createSession()方法创建 Session 实例，示例代码如下。

```
const session = rcp.createSession();
```

在上述代码中，createSession()方法的返回值 session 是一个 Session 实例，它表示一个 HTTP 会话。

Session 实例的常用方法如表 8-12 所示。

表 8-12　Session 实例的常用方法

方法	说明
fetch()	发送请求
get()	发送 GET 方式的请求
post()	发送 POST 方式的请求
put()	发送 PUT 方式的请求
head()	发送 HEAD 方式的请求
delete()	发送 DELETE 方式的请求
downloadToFile()	发送下载文件的请求
uploadFromFile()	发送上传文件的请求
cancel()	取消请求
close()	关闭会话

表 8-12 中列举的方法比较多，下面主要针对 get()方法、post()方法和 close()方法进行讲解。get()方法的语法格式如下。

```
get(url, destination?)
```

在上述语法格式中，参数 url 表示请求的 URL；参数 destination 是可选参数，表示响应的目标位置或目的地，通常不需要设置该参数。

post()方法的语法格式如下。

```
post(url, content?, destination?)
```

在上述语法格式中，参数 url 表示请求的 URL；参数 content 是可选参数，表示请求的正文部分的内容；参数 destination 是可选参数，表示响应的目标位置或目的地，通常不需要设置该参数。

get()方法和 post()方法的返回值都是 Promise 对象，用于对请求的结果进行处理。Promise 对象的 then()方法的第 1 个参数是一个回调函数，该回调函数接收 Response 实例，该实例表示响应结果。Response 实例的常用属性如表 8-13 所示。

表 8-13　Response 实例的常用属性

属性	说明
body	服务器的响应内容
statusCode	服务器的响应状态码
headers	服务器的响应头
cookies	服务器的响应 cookies

Response 实例的常用方法如表 8-14 所示。

表 8-14　Response 实例的常用方法

方法	说明
toString()	获取 string 类型的服务器响应结果
toJSON()	获取 JSON 反序列化后的服务器响应结果

close()方法的语法格式如下。

```
close()
```

在上述语法格式中，close()方法没有参数和返回值。

下面通过代码演示 rcp 对象的使用方法，具体步骤如下。

① 在 entry/src/main/ets/pages 目录下创建 RcpPage.ets 文件，该文件示例代码如下。

```
1  import { rcp } from '@kit.RemoteCommunicationKit';
2  interface StudentType {
3    name: string;
4    age: number;
5  }
6  @Entry
7  @Component
8  struct RcpPage {
9    @State student: StudentType = { name: '', age: 0 };
10   async aboutToAppear() {
11     const session = rcp.createSession();
12     const baseUrl = 'http://192.168.1.100:3000';
13     try {
14       const res = await session.get(`${baseUrl}/student`);
15       this.student = res.toJSON() as StudentType;
16     } catch (e) {
17       console.log('请求失败: ', JSON.stringify(e));
18     }
19     session.close();
20   }
21   build() {
22     Column() {
23       Text('姓名: ' + this.student.name)
24       Text('年龄: ' + this.student.age)
25     }
26     .width('100%')
27   }
28 }
```

在上述代码中，第 2～5 行代码定义了 StudentType 接口，表示服务器返回的学生数据的类型；第 10～20 行代码用于在创建自定义组件时发送网络请求，从服务器加载学生数据；第 23～24 行代码用于显示学生数据。

由于目前预览器不支持 rcp 对象，所以需要在模拟器中运行程序。将应用启动后默认加载的页面修改为 pages/RcpPage，然后查看运行结果，效果与图 8-8 相同。

② 若要只获取 name 字段的数据，可以将步骤①中的第 14～15 行代码改为如下代码。

```
1  const res = await session.get(`${baseUrl}/student?field=name`);
2  console.log('', res.toJSON() + '');   // 输出结果：小明
```

在上述代码中，第 1 行代码设置了 get() 方法的参数 field=name，第 2 行代码用于将服务器的响应结果进行 JSON 反序列化后转成 string 类型。

③ 若要提交数据，可以将步骤①中的第 14～15 行代码改为如下代码。

```
1  const student: StudentType = { name: '小明', age: 18 };
2  const res = await session.post(`${baseUrl}/student`, student);
3  console.log('', res.toString());
4  // 输出结果：{"message":"Data saved successfully"}
```

在上述代码中，第 1 行代码定义了要提交的数据；第 2 行代码用于发送 POST 方式的请求，并传递数据 student；第 3 行代码用于输出服务器响应结果。

8.2.5　使用 axios 发送网络请求

axios 是一个第三方的网络请求库，它常用于 Web 前端开发中。鸿蒙允许开发者使用 axios 发送网络请求，从而让具有 Web 前端开发经验的开发者可以快速上手鸿蒙开发。

鸿蒙为开发者提供了"OpenHarmony 三方库中心仓"平台，开发者可以通过该平台快速获取第三方库，也可以将自己的代码共享到该平台。在该平台中可以找到 axios 的发布页面，如图 8-9 所示。

图8-9　axios的发布页面

从图 8-9 所示页面中可以查看 axios 的相关信息。在编写本书时，axios 的最新版本为 2.2.4，本书基于该版本进行讲解。

下面对 axios 的安装和使用分别进行讲解。

1. 安装 axios

在鸿蒙项目中安装 axios 需要使用 ohpm。ohpm 是鸿蒙第三方库的包管理工具，它类似于 Web 前端开发中的 npm 工具，其用法也与 npm 工具非常相似。

使用 ohpm 安装 axios 有两种方式，下面分别进行讲解。

（1）通过执行命令的方式安装 axios

通过执行命令的方式安装 axios 的具体步骤如下。

① 在 DevEco Studio 底部的面板中切换到"终端"选项卡，如图 8-10 所示。

图8-10 "终端"选项卡

从图 8-10 可以看出，当前位于项目根目录，即 D:\MyApplication，如果读者在创建项目时将项目保存到了其他目录下，则以读者的目录为准。

需要注意的是，若在项目根目录下安装 axios，可以在项目的所有模块中使用 axios。如果只想在特定模块下使用 axios，可以先执行"cd 目录名"命令切换到模块目录，再安装 axios。

② 在图 8-10 界面中执行以下命令，安装 axios。

```
ohpm install @ohos/axios@2.2.4
```

在上述命令中，ohpm 表示执行的命令；install 表示安装，可以简写成 i；@ohos/axios 表示安装 axios；@2.2.4 表示安装 axios 的 2.2.4 版本。

上述命令执行后，如果看到"install completed"提示，说明安装完成。

（2）通过修改 oh-package.json5 文件的方式安装 axios

在项目根目录和模块目录下各有一个 oh-package.json5 文件，项目根目录下的 oh-package.json5 是全局依赖配置文件，作用于整个项目；模块目录下的 oh-package.json5 是模块级依赖配置文件，作用于模块内。

当使用命令的方式安装 axios 时，程序会自动向当前目录下的 oh-package.json5 文件中添加依赖信息。如果不想通过执行命令的方式安装 axios，开发者可以手动在 oh-package.json5 文件中添加依赖信息，将代码写在 dependencies 配置项内，示例代码如下。

```
1  "dependencies": {
2    "@ohos/axios": "2.2.4"
3  },
```

上述代码在 dependencies 配置项内添加了 2.2.4 版本的 axios 的依赖信息。

修改 oh-package.json5 文件后，DevEco Studio 会出现需要同步的提示，单击 "Sync Now" 进行同步，DevEco Studio 就会自动通过 ohpm 安装 axios。

2. 使用 axios

若要使用 axios，需要先导入 axios 对象（或称为 axios 模块），示例代码如下。

```
import axios from '@ohos/axios';
```

axios 对象的常用方法如表 8-15 所示。

表 8-15　axios 对象的常用方法

方法	说明
create()	创建实例
request()	发送请求
get()	发送 GET 方式的请求
delete()	发送 DELETE 方式的请求
post()	发送 POST 方式的请求
put()	发送 PUT 方式的请求

表 8-15 中列举的方法比较多，下面主要针对 get()方法、post()方法进行讲解。

get()方法的语法格式如下。

```
get(url, config?)
```

在上述语法格式中，参数 url 表示请求的 URL；参数 config 是可选参数，表示请求的相关配置，通常不需要设置该参数。

post()方法的语法格式如下。

```
post(url, data?, config?)
```

在上述语法格式中，参数 url 表示请求的 URL；参数 data 是可选参数，表示请求的正文部分的内容；参数 config 是可选参数，表示请求的相关配置，通常不需要设置该参数。

下面通过代码演示 axios 对象的使用方法，具体步骤如下。

① 在 entry/src/main/ets/pages 目录下创建 AxiosPage.ets 文件，该文件示例代码如下。

```
1  import axios, { AxiosResponse } from '@ohos/axios';
2  interface StudentType {
3    name: string;
4    age: number;
5  }
6  @Entry
7  @Component
8  struct AxiosPage {
9    @State student: StudentType = { name: '', age: 0 };
10   async aboutToAppear() {
11     const baseUrl = 'http://192.168.1.100:3000';
12     try {
13       const res = await axios.get<StudentType, AxiosResponse<StudentType, null>>
```

```
(`${baseUrl}/student`);
14        this.student = res.data;
15      } catch (e) {
16        console.log('请求失败：', JSON.stringify(e));
17      }
18    }
19  build() {
20    Column() {
21      Text('姓名：' + this.student.name)
22      Text('年龄：' + this.student.age)
23    }
24    .width('100%')
25    }
26  }
```

在上述代码中，第 1 行代码导入了 axios 对象和 AxiosResponse 接口，AxiosResponse 接口会在第 13 行代码中使用；第 2～5 行代码定义了 StudentType 接口，表示服务器返回的学生数据的类型；第 10～18 行代码用于在创建自定义组件时发送网络请求，从服务器加载学生数据；第 21～22 行代码用于显示学生数据。

第 13 行代码在调用 get()方法时设置了泛型，其中，第 1 个泛型为 StudentType，它表示服务器响应结果的类型；第 2 个泛型为 AxiosResponse<StudentType, null>，它表示 axios 对服务器响应结果进行封装后的类型，并且它也需要设置两个泛型，第 1 个泛型 StudentType 与前面的 StudentType 含义相同，第 2 个泛型表示发送请求时传递的数据的类型，通常用于 POST 请求方式，由于 GET 请求方式不需要传递数据，所以将第 2 个泛型设为 null。

保存上述代码，预览 AxiosPage.ets 文件，发送网络请求的效果与图 8-8 相同。

② 若要只获取 name 字段的数据，可以将步骤①中的第 13～14 行代码改为如下代码。

```
1  const res = await axios.get<string, AxiosResponse<string, null>>(`${baseUrl}/
student?field=name`);
2  console.log('', res.data);               // 输出结果：小明
```

在上述代码中，第 1 行代码设置了 get()方法的参数 field=name，第 2 行代码用于将服务器的响应结果输出到日志中。

③ 若要提交数据，可以将步骤①中的第 13～14 行代码改为如下代码。

```
1  const student: StudentType = { name: '小明', age: 18 };
2  const res = await axios.post<object, AxiosResponse<object, StudentType>>
(`${baseUrl}/student`, student);
3  console.log('', JSON.stringify(res.data));
4  // 输出结果：{"message":"Data saved successfully"}
```

在上述代码中，第 1 行代码定义了要提交的数据；第 2 行代码用于发送 POST 方式的请求，并传递数据 student；第 3 行代码用于输出服务器响应结果。

8.3　阶段案例——外卖点餐页面

本案例将实现一个外卖点餐页面，其效果如图 8-11 所示。

图8-11　外卖点餐页面效果

　　在图 8-11 所示页面中，用户点击"+"按钮可以将餐品添加到购物车中；添加后，点击"-"和"+"按钮可以控制餐品的购买份数；底部会显示购物车中餐品的总金额；点击页面底部的外卖员头像会显示购物车中的餐品，如图 8-12 所示。

图8-12　显示购物车中的餐品

　　在图 8-12 所示页面中，点击"–"和"+"按钮可以控制购物车中餐品的购买份数；点击"清空购物车"可以将购物车清空；点击外卖员头像或点击黑色半透明区域可以隐藏购物车中的餐品。

　　请读者扫描二维码，查看本案例的代码。

本章小结

　　本章主要讲解了动画和网络请求的相关知识。其中，动画的相关知识主要包括属性动画、图像帧动画、转场动画；网络请求的相关知识主要包括申请网络权限、启动服务器、使用 Network Kit 发送网络请求、使用 Remote Communication Kit 发送网络请求以及使用 axios 发送网络请求。通过本章的学习，读者应该能够运用动画提升鸿蒙应用的交互体验，能够运用网络请求实现鸿蒙应用与服务器的数据传递。

课后练习

一、填空题

1. 使用＿＿＿＿属性可以设置属性动画。
2. ＿＿＿＿是一种通过逐帧播放图像来实现动画效果的技术。
3. ＿＿＿＿是一种将新界面覆盖在旧界面之上而旧界面不消失的转场方式。
4. 根据授权方式的不同，权限类型可分为＿＿＿＿和 user_grant。
5. 通过 http 对象的 createHttp() 方法可以创建＿＿＿＿实例。

二、判断题

1. Curve.EaseInOut 表示动画以低速开始和结束。（　　）
2. ImageAnimator 组件的 state 属性表示动画的播放顺序。（　　）
3. TransitionEffect 实例的静态方法 opacity() 用于设置组件转场时的不透明度效果。（　　）
4. axios 是鸿蒙官方提供的网络请求库。（　　）
5. 鸿蒙中的 Network Kit 只能用于发送 HTTP 请求。（　　）

三、选择题

1. 下列选项中，保存项目依赖的第三方库信息的配置文件是（　　）。
    A. main_pages.json
    B. build-profile.json5
    C. code-linter.json5
    D. oh-package.json5
2. 下列选项中，不属于 ImageAnimator 组件的属性的是（　　）。
    A. width
    B. images
    C. fixedSize
    D. state
3. 下列关于 ImageAnimator 组件的 state 属性取值的说法中，正确的有（　　）。（多选）
    A. AnimationStatus.Running 表示动画处于播放状态
    B. AnimationStatus.Paused 表示动画处于暂停状态
    C. AnimationStatus.Stopped 表示动画处于停止状态
    D. AnimationStatus.Forwards 表示保留动画执行期间最后一个关键帧的样式

4. 下列关于 Session 实例的常用方法的说法中，错误的是（　　　）。

    A. fetch()方法用于发送请求

    B. get()方法的第 1 个参数表示要发送的数据

    C. post()方法的返回值是 Promise 对象

    D. close()方法用于关闭会话

5. 下列关于 axios 的说法中，正确的是（　　　）。

    A. axios 只能通过执行命令的方式安装

    B. 使用 get()方法可以发送 GET 方式的请求

    C. 调用 get()方法时无须设置泛型

    D. axios 对象只能作用于 entry 模块内

四、简答题

1. 请简述开发者在开发应用时进行权限申请需要遵循的原则。

2. 请简述鸿蒙中系统授权和用户授权的区别。

五、操作题

    请编写代码实现通过网络请求加载图书列表数据，并将数据展示在页面中（可使用本书配套资源提供的本地服务器程序）。

第 **9** 章

项目实战——黑马云音乐

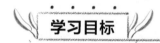

◆ 熟悉项目介绍，能够说出"黑马云音乐"包含的主要页面

◆ 掌握"黑马云音乐"的页面制作方法，能够独立完成代码编写

◆ 掌握"黑马云音乐"播放功能的开发方法，能够独立完成代码编写

◆ 掌握"黑马云音乐"接入音视频播控服务的开发方法，能够独立完成代码编写

通过对前面章节的学习，相信读者已经掌握了鸿蒙开发的基础知识。为了更好地帮助读者将理论知识转化为实践能力，并积累鸿蒙项目的开发经验，本章将以项目实战的方式引领读者进一步应用所学内容，完成一个综合项目"黑马云音乐"的开发。

9.1 项目介绍

在当今这个数字化、快节奏的时代，音乐已成为人们日常生活中不可或缺的一部分，它不仅能够调节情绪、激发灵感，还是许多人放松身心、享受独处时光或与朋友共享欢乐的重要方式。

目前，市场上有很多音乐 App，如 QQ 音乐、酷狗音乐、网易云音乐等。本章讲解的"黑马云音乐"名称是黑马程序员中的"黑马"和"云音乐"的组合，它是一个专为鸿蒙开发的音乐 App，可以在线播放音乐。

"黑马云音乐"的页面主要包括启动页、首页、播放页，其中首页是由 4 个子页面组成的，分别是推荐页、发现页、动态页、我的页，在默认情况下，首页显示的子页面为推荐页，用户可通过 Tab 栏切换到其他子页面。

下面通过图 9-1～图 9-7 对"黑马云音乐"的各个页面进行展示。

图9-1 启动页

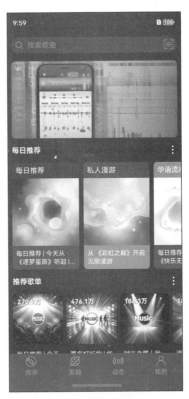

图9-2 首页-推荐页

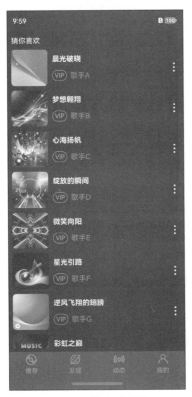

图9-3 首页-发现页

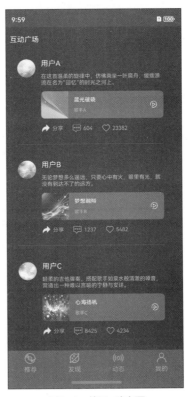

图9-4 首页-动态页

图9-5　首页-我的页

图9-6　播放页

图9-7　播放页-展开播放列表

9.2 页面制作

在熟悉了"黑马云音乐"项目的基本信息后，接下来开始进行项目开发。请读者参考 1.2.2 小节的步骤，在 DevEco Studio 中基于 Empty Ability 模板新建一个项目，将项目名称设置为 heima_music。创建完成后，从本书配套源码中找到本章的源码，将源码中的 entry/src/main/ resources/base/media 目录下的图像素材复制到本项目的相同路径下。完成这些操作后，开始"黑马云音乐"的页面制作。

9.2.1 启动页

启动页是"黑马云音乐"启动后显示的第一个页面，用于向用户展示一些宣传信息，它会在 5s 后自动跳转到首页，用户也可以通过点击"跳过"按钮手动跳转到首页。启动页的具体开发步骤如下。

① 在 entry/src/main/ets/pages 目录下创建 Start.ets 文件，编写启动页的代码，具体代码如下。

```
1  import { router } from '@kit.ArkUI';
2  @Entry
3  @Component
4  struct Start {
5    // 定时器 ID
6    timerId: number = 0;
7    aboutToAppear(): void {
8      // 5s 后自动跳转到首页
9      this.timerId = setTimeout(() => {
10       router.replaceUrl({ url: 'pages/Index' });
11     }, 5000);
12   }
13   aboutToDisappear() {
14     // 清除定时器
15     clearTimeout(this.timerId);
16   }
17   build() {
18     Stack({ alignContent: Alignment.TopEnd }) {
19       Image($r('app.media.ad'))
20       Button('跳过')
21         .margin(10)
22         .backgroundColor('#4d000000')
23         .onClick(() => {
24           router.replaceUrl({ url: 'pages/Index' });
25         })
26     }
27   }
28 }
```

在上述代码中，第 1 行代码用于导入 router 对象；第 9~11 行代码用于实现 5s 后自动跳转到首页的功能；第 23~25 行代码用于实现点击"跳过"按钮后跳转到首页的功能。

② 打开 entry/src/main/ets/entryability/EntryAbility.ets 文件，找到下面这行代码。

```
windowStage.loadContent('pages/Index', (err) => {
```

将 Index 修改为 Start，实现在应用启动后默认加载启动页，修改后的代码如下。

```
windowStage.loadContent('pages/Start', (err) => {
```

保存上述代码后，在模拟器中查看页面效果，具体效果如图 9-1 所示。

另外，如果在模拟器中运行"黑马云音乐"，会发现"黑马云音乐"的图标名称为 label。若想要修改图标名称，可以在 entry/src/main/resources/zh_CN/element/string.json 文件和 entry/src/main/resources/en_US/element/string.json 文件中进行修改，通过前者可以修改中文名称，通过后者可以修改英文名称。以修改中文名称为例，示例代码如下。

```
1  {
2    "string": [
3      ……（原有代码）
4      {
5        "name": "EntryAbility_label",
6        "value": "黑马云音乐"
7      }
8    ]
9  }
```

在上述代码中，第 6 行代码为修改后的代码。

9.2.2　首页-Tab 栏

"黑马云音乐"的首页具有 Tab 栏切换的效果。首页页面结构由内容视图和页签两部分组成，如图 9-8 所示。

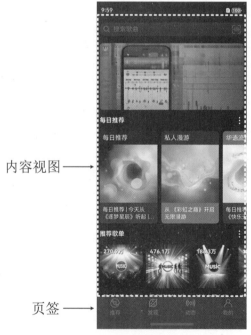

图9-8　首页的页面结构

在图 9-8 中，底部有"推荐""发现""动态""我的"这 4 个页签，分别对应 4 个内容视图（即子页面）：推荐页、发现页、动态页、我的页。通过点击页签可以切换内容视图。

接下来对首页中的 Tab 栏切换功能的开发进行详细讲解。

1. Tabs 组件的基本使用方法

为了方便开发 Tab 栏切换效果，鸿蒙提供了 Tabs 组件。该组件是一个通过页签进行内容视图切换的容器组件，每个页签对应一个内容视图。

下面演示一个实现简单的 Tabs 组件的代码，示例代码如下。

```
1  Tabs({ barPosition: BarPosition.End }) {
2    TabContent() {
3      Text('内容视图1')
4    }
5    .tabBar('页签1')
6    TabContent() {
7      Text('内容视图2')
8    }
9    .tabBar('页签2')
10 }
```

在上述代码中，第 1 行代码中的 barPosition: BarPosition.End 用于将页签置于页面底部；第 2~4 行和第 6~8 行代码定义了两个内容视图，第 5 行和第 9 行代码定义了两个页签。

通过上述代码实现的 Tabs 组件的效果如图 9-9 所示。

图9-9　Tabs组件的效果

在图 9-9 中，页面默认显示内容视图 1，并且页签 1 具有高亮效果。通过点击"页签 2"可以切换显示内容视图 2，读者可以自行尝试此操作。

接下来在 entry/src/main/ets/pages/Index.ets 文件中实现"黑马云音乐"首页的一个简单的 Tab 栏效果，示例代码如下。

```
1  @Entry
2  @Component
3  struct Index {
4    tabData: string[] = ['推荐', '发现', '动态', '我的'];
5    build() {
6      Tabs({ barPosition: BarPosition.End }) {
7        ForEach(this.tabData, (item: string) => {
8          TabContent() {
9            Text(item + '内容')
10         }
11         .backgroundColor('#131215')
12         .tabBar(item)
13       })
```

```
14        }
15        .backgroundColor('#3b3f42')
16    }
17 }
```

上述代码通过循环渲染的方式实现了一个简单的 Tab 栏效果，该 Tab 栏中的页签只有文字，没有图标。

2. 实现带有图标的页签效果

"黑马云音乐"中的页签既有图标又有文字。为了实现带有图标的页签效果，需要以对象的形式保存页签的数据，并通过自定义构建函数实现页签的定制，具体实现步骤如下。

① 在 entry/src/main/ets 目录下创建 models 目录，用于保存数据模型文件。

② 创建 entry/src/main/ets/models/index.ets 文件，定义 TabType 接口，具体代码如下。

```
1 export interface TabType {
2   icon: Resource;      // 页签的图标
3   text: string;        // 页签的文本
4   name: string;        // 页签的标识
5 }
```

③ 在 entry/src/main/ets/pages/Index.ets 文件的开头位置导入 TabType 接口，具体代码如下。

```
import { TabType } from '../models';
```

④ 在 struct Index {} 中修改 tabData 数组，保存 4 个页签的数据，具体代码如下。

```
1 tabData: TabType[] = [
2   { icon: $r('app.media.ic_recommend'), text: '推荐', name: 'recommend' },
3   { icon: $r('app.media.ic_find'), text: '发现', name: 'find' },
4   { icon: $r('app.media.ic_moment'), text: '动态', name: 'moment' },
5   { icon: $r('app.media.ic_mine'), text: '我的', name: 'mine' }
6 ];
```

⑤ 在 struct Index {} 中编写自定义构建函数 tabBarBuilder()，具体代码如下。

```
1 @Builder
2 tabBarBuilder(item: TabType) {
3   Column({ space: 5 }) {
4     Image(item.icon)
5       .height(24)
6       .fillColor('#6da8a5')
7     Text(item.text)
8       .fontSize(14)
9       .fontColor('#6da8a5')
10  }
11 }
```

在上述代码中，通过纵向布局定义了页签的图标和文字。

⑥ 修改 Tabs 组件的代码，为 tabBar() 函数传入自定义构建函数 tabBarBuilder()，具体代码如下。

```
1 Tabs({ barPosition: BarPosition.End }) {
2   ForEach(this.tabData, (item: TabType) => {
3     TabContent() {
4       Text(item.text + '内容')
5     }
6     .backgroundColor('#131215')
7     .tabBar(this.tabBarBuilder(item))
```

```
8       })
9    }
10   .backgroundColor('#3b3f42')
```

在上述代码中，第 2 行、第 4 行和第 7 行代码为修改后的代码，需要修改的地方已加粗标注。保存上述代码后，在预览器中查看带有图标的页签效果，如图 9-10 所示。

图9-10　带有图标的页签效果

3. 为页签添加高亮效果

在"黑马云音乐"首页中，当前显示的内容视图对应的页签应呈现高亮效果，从而让用户知道当前所处的子页面。下面为页签添加高亮效果，具体步骤如下。

① 在 entry/src/main/ets/pages/Index.ets 文件的 struct Index {}中定义状态变量 isActive，用于保存当前高亮的页签的标识，具体代码如下。

```
@State isActive: string = 'recommend';
```

上述代码将 recommend（推荐）设置为当前处于高亮状态的页签。

② 修改 tabBarBuilder()函数中的 Image 组件和 Text 组件的代码，为高亮的 Tab 栏中的按钮和非高亮的 Tab 栏中的按钮设置不同的填充颜色，具体代码如下。

```
1   Image(item.icon)
2     .height(24)
3     .fillColor(this.isActive == item.name ? '#e4608b' : '#6da8a5')
4   Text(item.text)
5     .fontSize(14)
6     .fontColor(this.isActive == item.name ? '#e4608b' : '#6da8a5')
```

在上述代码中，第 3 行和第 6 行代码为修改后的代码，使用三元表达式判断 isActive 状态变量的值与当前页签的标识是否相等，如果相等，说明该页签应为高亮状态，此时将 Image 组件和 Text 组件的填充颜色设置为#e4608b，否则，设置为#6da8a5。

③ 修改 Tabs 组件的代码，利用 onChange 事件实现在内容视图发生切换时，将当前显示的内容视图对应的页签标识保存到 isActive 状态变量中，具体代码如下。

```
1   Tabs({ barPosition: BarPosition.End }) {
2     ……（原有代码）
3   }
4   .backgroundColor('#3b3f42')
5   .onChange((index: number) => {
6     this.isActive = this.tabData[index].name;
7   })
```

在上述代码中，第 5~7 行代码为新增代码，参数 index 表示当前显示的内容视图对应的页签的索引，通过 this.tabData[index].name 可以获取页签标识。

保存上述代码后，在预览器中查看页签的高亮效果（以屏幕实际显示效果为准），如图 9-11 所示。

此项高亮

图9-11　页签的高亮效果

4. 创建内容视图

完成了页签的制作后，接下来开始制作内容视图。由于完整的内容视图的代码比较复杂，此时先不进行完整的内容视图的代码编写，而是先将内容视图创建出来，只编写少量的代码以区分每个内容视图，并在页面中完成内容视图的导入，具体步骤如下。

① 在 entry/src/main/ets 目录下创建 views 目录，该目录用于保存内容视图的文件。

② 创建 entry/src/main/ets/views/Recommend.ets 文件，该文件用于保存推荐页的内容视图，具体代码如下。

```
1   @Component
2   export default struct Recommend {
3     build() {
4       Column() {
5         Text('推荐内容')
6           .fontColor('#fff')
7       }
8       .width('100%')
9       .height('100%')
10    }
11  }
```

③ 创建 entry/src/main/ets/views/Find.ets 文件，该文件用于保存发现页的内容视图。复制步骤②中的代码，将第 2 行代码中的 Recommend 改为 Find，将第 5 行代码中的"推荐内容"改为"发现内容"。

④ 创建 entry/src/main/ets/views/Moment.ets 文件，该文件用于保存动态页的内容视图。复制步骤②中的代码，将第 2 行代码中的 Recommend 改为 Moment，将第 5 行代码中的"推荐内容"改为"动态内容"。

⑤ 创建 entry/src/main/ets/views/Mine.ets 文件，该文件用于保存我的页的内容视图。复制步骤②中的代码，将第 2 行代码中的 Recommend 改为 Mine，将第 5 行代码中的"推荐内容"改为"我的内容"。

⑥ 在 entry/src/main/ets/pages/Index.ets 文件的开头位置导入内容视图，具体代码如下。

```
1   import Recommend from '../views/Recommend';
2   import Find from '../views/Find';
3   import Moment from '../views/Moment';
4   import Mine from '../views/Mine';
```

⑦ 修改 Tabs 组件中的内容视图的代码，通过判断 item.name 的值来调用不同的内容视图函数，具体代码如下。

```
1   TabContent() {
2     if (item.name == 'recommend') {
3       Recommend()
4     } else if (item.name == 'find') {
5       Find()
6     } else if (item.name == 'moment') {
7       Moment()
8     } else if (item.name == 'mine') {
9       Mine()
10    }
11  }
```

在上述代码中，第 2～10 行代码为修改后的代码。

保存上述代码后，在模拟器中查看效果。跳过启动页，进入首页后，模拟器上半部分的效果如图 9-12 所示，模拟器下半部分的效果如图 9-13 所示。

图9-12　模拟器上半部分的效果

图9-13　模拟器下半部分的效果

从图 9-12 和图 9-13 可以看出，当前模拟器中默认显示了推荐页，并且相应的页签显示为高亮状态。

5. 实现沉浸式效果

通过观察图 9-12 和图 9-13，会发现在页面上方有一块白色区域，这块区域是系统的状态栏区域；在页面底部，页签下方也保留了一些空间，这些空间是系统的导航栏区域。在鸿蒙中，页面的显示区域（不包括状态栏区域和导航栏区域）属于安全区域，状态栏区域和导航栏区域则属于非安全区域。在默认情况下，开发者开发的界面都被布局在安全区域内。

由于状态栏区域的样式风格与页面风格不搭配，影响用户体验，因此，为页面应用沉浸式效果来解决这个问题。

在 EntryAbility 的 onWindowStageCreate()方法中调用 setWindowLayoutFullScreen()方法可以设置沉浸式效果。由于设置沉浸式效果后，页面会与非安全区域发生重叠，为了解决这个问题，需要在 onWindowStageCreate()方法中获取顶部避让区和底部避让区（分别对应状态栏区域和导航栏区域）的高度，从而使页面内容避开非安全区域。另外，状态栏区域中内容默认的颜色与页面背景颜色接近，导致难以辨认，还需要修改状态栏区域中内容的颜色为白色，从而在深色背景下更容易凸显内容。

实现沉浸式效果的具体实现步骤如下。

① 打开 entry/src/main/ets/entryability/EntryAbility.ets 文件，在 onWindowStageCreate()方法中添加用于实现沉浸式效果的代码，具体代码如下。

```
1   onWindowStageCreate(windowStage: window.WindowStage): void {
2     // 获取主窗口对象
3     const mainWindow = windowStage.getMainWindowSync();
4     // 设置沉浸式效果
5     mainWindow.setWindowLayoutFullScreen(true);
6     // 修改状态栏区域中内容的颜色
7     mainWindow.setWindowSystemBarProperties({
8       statusBarContentColor: '#ffffff'
9     });
10    // 获取顶部避让区高度（单位 px）
11    const avoidArea = mainWindow.getWindowAvoidArea(window.AvoidAreaType.TYPE_SYSTEM);
12    const safeTop = px2vp(avoidArea.topRect.height);
13    // 获取底部避让区高度（单位 px）
14    const navigationArea = mainWindow.getWindowAvoidArea(window.AvoidAreaType.
TYPE_NAVIGATION_INDICATOR);
```

```
15    const safeBottom = px2vp(navigationArea.bottomRect.height);
16    ……（原有代码）
17  }
```

在上述代码中，第 3 行代码用于获取主窗口对象，该对象提供了用于管理窗口的一些基础功能；第 5 行代码调用了 setWindowLayoutFullScreen() 方法并传入参数 true，用于设置沉浸式效果；第 11 行和第 14 行代码分别用于获取顶部避让区高度和底部避让区高度，返回结果的单位为 px，需要通过 px2vp() 函数将单位 px 转换成单位 vp。

② 存储顶部避让区高度和底部避让区高度，从而在页面中使用。需要先在 entry/src/main/ets 目录下创建 contants 目录，该目录用于保存常量文件；然后在 contants 目录下创建 index.ets，定义 SAFE_TOP 常量和 SAFE_BOTTOM 常量，具体代码如下。

```
1  export const SAFE_TOP: string = 'safe_top';
2  export const SAFE_BOTTOM: string = 'safe_bottom';
```

③ 在 entry/src/main/ets/entryability/EntryAbility.ets 文件的开头位置导入常量，具体代码如下。

```
import { SAFE_TOP, SAFE_BOTTOM } from '../contants';
```

④ 修改 onWindowStageCreate() 方法中的代码，存储顶部避让区高度和底部避让区高度，具体代码如下。

```
1  const safeTop = px2vp(avoidArea.topRect.height);
2  // 存储顶部避让区高度
3  AppStorage.setOrCreate(SAFE_TOP, safeTop);
4  ……（原有代码）
5  const safeBottom = px2vp(navigationArea.bottomRect.height);
6  // 存储底部避让区高度
7  AppStorage.setOrCreate(SAFE_BOTTOM, safeBottom);
```

在上述代码中，第 2～3 行和第 6～7 行代码为新增代码。

⑤ 在 entry/src/main/ets/pages/Index.ets 文件的开头位置导入常量，具体代码如下。

```
import { SAFE_TOP, SAFE_BOTTOM } from '../contants';
```

⑥ 在 struct Index {} 中读取顶部避让区高度和底部避让区高度，具体代码如下。

```
1  @StorageProp(SAFE_TOP) safeTop: number = 0;
2  @StorageProp(SAFE_BOTTOM) safeBottom: number = 0;
```

⑦ 读取后，为 Tabs 组件中的内容视图设置上内边距，使页面顶部避开非安全区域，具体代码如下。

```
1  TabContent() {
2    ……（原有代码）
3  }
4  .padding({ top: this.safeTop })
```

在上述代码中，第 4 行代码为新增代码。

⑧ 为 Tabs 组件设置下内边距，使页面底部避开非安全区域，具体代码如下。

```
1  Tabs({ barPosition: BarPosition.End }) {
2    ……（原有代码）
3  }
4  .padding({ bottom: this.safeBottom })
```

在上述代码中，第 4 行代码为新增代码。

保存上述代码后，在模拟器中查看沉浸式效果，如图 9-14 所示。

图9-14　沉浸式效果

从图 9-14 可以看出，状态栏的背景颜色与页面背景颜色相同，状态栏中的内容变为白色。

⑨ 在 entry/src/main/ets/pages/Start.ets 文件中解决"跳过"按钮与状态栏重叠的问题。先在该文件开头位置导入常量，具体代码如下。

```
export const SAFE_TOP: string = 'safe_top';
```

接着在 struct Start {}中添加如下代码。

```
@StorageProp(SAFE_TOP) safeTop: number = 0;
```

最后修改"跳过"按钮的外边距，具体代码如下。

```
1  Button('跳过')
2    .margin({ top: this.safeTop + 10, right: 10 })
```

在上述代码中，第 2 行代码为修改后的代码。

保存上述代码后，"跳过"按钮就会显示在状态栏的下方。

9.2.3　首页–推荐页

推荐页是首页的第 1 个子页面，它显示在首页的内容视图区域。推荐页包含搜索区域、轮播图区域、每日推荐区域、推荐歌单区域。接下来对推荐页的制作进行详细讲解。

1. 实现搜索区域

在 entry/src/main/ets/views/Recommend.ets 文件中编写搜索区域的代码，具体代码如下。

```
1   @Component
2   export default struct Recommend {
3     @Builder
4     searchBuilder() {
5      Row() {
6       Row({ space: 5 }) {
7         // 左侧的放大镜图标
8         Image($r('app.media.ic_search'))
9           .width(20)
10          .fillColor('#7e7e7c')
11        // 搜索框
12        TextInput({ placeholder: '搜索歌曲' })
13          .padding({ left: 3, top: 0, bottom: 0, right: 0} )
14          .placeholderColor('#7e7e7c')
15          .layoutWeight(1)
16        // 右侧的扫二维码图标
17        Image($r('app.media.ic_code'))
18          .width(22)
19          .fillColor('#7e7e7c')
20       }
21       .width('100%')
22       .height(35)
23       .backgroundColor('#2d2b29')
```

```
24        .borderRadius(20)
25        .padding({ left: 8, right: 8 })
26      }
27      .width('100%')
28      .padding({ top: 15, bottom: 10, left: 8, right: 8 })
29    }
30    build() {
31      Scroll() {
32        Column() {
33          this.searchBuilder()
34        }
35        .constraintSize({ minHeight: '100%' })
36      }
37      .scrollable(ScrollDirection.Vertical)
38      .edgeEffect(EdgeEffect.Spring)
39      .width('100%')
40      .height('100%')
41    }
42  }
```

在上述代码中，第35行代码设置了 Scroll 组件中的内容的最小高度，这样可以使内容占满可用空间。

保存上述代码后，在预览器中查看搜索区域的效果，具体如图 9-15 所示。

图9-15　搜索区域的效果

2. 实现轮播图区域

轮播图区域的具体实现步骤如下。

① 由于轮播图中的数据需要通过网络获取，为了让"黑马云音乐"可以发起网络请求，需要向系统申请网络权限。打开 entry/src/main/module.json5 文件，找到 module 对象，在该对象中添加申请网络权限的代码，具体代码如下。

```
1  "module": {
2    "requestPermissions": [
3      {
4        "name": "ohos.permission.INTERNET"
5      }
6    ],
7    ……（原有代码）
8  }
```

在上述代码中，第2~6行代码为新增代码。

保存上述文件后，还需要根据提示单击"Sync Now"进行同步操作。

② 启动服务器。本书在配套资源中提供了服务器的代码，读者可以通过双击"启动服务器.bat"文件启动服务器。启动成功后，会出现如下信息。

```
server running at http://192.168.1.100:3000
```

需要注意的是，上述信息中的 IP 地址 192.168.1.100 是不固定的，读者应以自己的 IP 地址为准。

③ 在 entry/src/main/ets 目录下创建 apis 目录，用于保存请求服务器接口的文件。

④ 创建 entry/src/main/ets/apis/index.ets 文件，请求服务器接口，获取轮播图数据，具体代码如下。

```
1  import { http } from '@kit.NetworkKit';
2  const baseUrl = 'http://192.168.1.100:3000';
3  export const getData = async (path: string) => {
4    const req = http.createHttp();
5    try {
6      const res = await req.request(baseUrl + path, {
7        expectDataType: http.HttpDataType.OBJECT
8      });
9      req.destroy()
10     return res.result;
11   } catch(error) {
12     req.destroy()
13     AlertDialog.show({ message: '无法请求网络数据'});
14     throw new Error(`无法请求网络数据: ${error.code} ${error.message}`);
15   }
16 }
17 export const getSwiper = async () => {
18   return await getData('/data/swiper');
19 }
```

在上述代码中，第 2 行代码定义了服务器接口的基础 URL，读者需要将其改成步骤②中服务器启动成功时显示的 URL；第 5～15 行代码用于发送网络请求，将服务器响应的数据解析为对象并返回，如果请求失败则报错；第 17～19 行代码用于获取轮播图数据。

⑤ 在 entry/src/main/ets/views/Recommend.ets 文件的开头位置导入 getSwiper()函数，具体代码如下。

```
import { getSwiper } from '../apis';
```

⑥ 在 struct Recommend {}中定义 swiperList 数组，用于保存轮播图数据；定义 aboutToAppear()方法，用于获取轮播图数据；定义 swiperBuilder()函数，用于实现轮播图的展示，具体代码如下。

```
1  @State swiperList: string[] = [];
2  async aboutToAppear() {
3    this.swiperList = await getSwiper() as string[];
4  }
5  @Builder
6  swiperBuilder() {
7    Swiper() {
8      ForEach(this.swiperList, (item: string) => {
9        Image(item)
10         .width('100%')
11         .aspectRatio(720 / 330)
12         .borderRadius(8)
13     })
14   }
15   .padding(8)
16   .width('100%')
17   .autoPlay(true)
18 }
```

　　在上述代码中，第 7 行代码用到了 Swiper 组件，通过该组件可以很方便地实现轮播图效果；第 7~14 行代码用于循环渲染轮播图，其中，第 11 行代码设置了图像的宽高比，这样可以解决在图像未完成加载时高度为 0 导致的页面抖动问题；第 17 行代码用于让轮播图自动播放。

　　⑦ 在 build()方法的 Column 组件中调用 swiperBuilder()函数，具体代码如下。

```
1  Column() {
2    ……（原有代码）
3    this.swiperBuilder()
4  }
```

　　在上述代码中，第 3 行代码为新增代码。

　　保存上述代码后，在预览器中查看轮播图区域的效果，具体效果如图 9-16 所示。

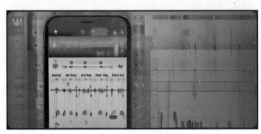

图9-16　轮播图区域的效果

3. 实现每日推荐区域

　　每日推荐区域的具体实现步骤如下。

　　① 在 entry/src/main/ets/apis/index.ets 文件中获取每日推荐数据，具体代码如下。

```
1  export const getDailyRecommend = async () => {
2    return await getData('/data/dailyRecommend');
3  };
```

　　② 在 entry/src/main/ets/models/index.ets 文件中定义 DailyRecommendType 接口，具体代码如下。

```
1  export interface DailyRecommendType {
2    img: string;        // 封面图
3    title: string;      // 标题
4    type: string;       // 类型
5    top: string;        // 类型背景颜色
6    bottom: string;     // 标题背景颜色
7  }
```

　　③ 在 entry/src/main/ets/views/Recommend.ets 文件中修改导入的代码，具体代码如下。

```
1  import { getSwiper, getDailyRecommend } from '../apis';
2  import { DailyRecommendType } from '../models';
```

　　在上述代码中，第 1 行代码为修改后的代码，第 2 行代码为新增代码。

　　④ 在 struct Recommend {}中保存请求获取到的数据，具体代码如下。

```
1  @State dailyRecommend: DailyRecommendType[] = [];
2  async aboutToAppear() {
3    ……（原有代码）
4    this.dailyRecommend = await getDailyRecommend() as DailyRecommendType[];
5  }
```

在上述代码中，第 1 行代码和第 4 行代码为新增代码。

⑤ 由于每日推荐区域和推荐歌单区域的标题（图 9-2 中"每日推荐"和"推荐歌单"所在的行）效果是相同的，所以可以将标题部分单独封装到一个自定义构建函数中。在 struct Recommend {} 中编写如下代码。

```
1   @Builder
2   titleBuilder(title: string) {
3     Row() {
4       // 标题
5       Text(title)
6         .fontColor('#fff')
7         .fontWeight(700)
8       Image($r('app.media.ic_more'))
9         .width(22)
10        .fillColor('#fff')
11    }
12    .width('100%')
13    .padding(8)
14    .justifyContent(FlexAlign.SpaceBetween)
15  }
16  @Builder
17  dailyBuilder() {
18    this.titleBuilder('每日推荐')
19    Scroll() {
20      Row({ space: 10 }) {
21        ForEach(this.dailyRecommend, (item: DailyRecommendType) => {
22          Column() {
23            // 类型
24            Text(item.type)
25              .width('100%')
26              .backgroundColor(item.top)
27              .padding(8)
28              .fontColor('#fff')
29            // 封面图
30            Image(item.img)
31              .width('100%')
32              .aspectRatio(1)
33            // 标题
34            Text(item.title)
35              .width('100%')
36              .backgroundColor(item.bottom)
37              .padding(8)
38              .fontColor('#fff')
39              .fontSize(14)
40              .maxLines(2)
41              .textOverflow({ overflow: TextOverflow.Ellipsis })
42              .lineHeight(18)
43          }
44          .width('40%')
45          .borderRadius(8)
46          .clip(true)
47        })
```

```
48      }
49    }
50    .width('100%')
51    .padding(8)
52    .scrollable(ScrollDirection.Horizontal)
53    .scrollBar(BarState.Off)
54    .edgeEffect(EdgeEffect.Spring)
55  }
```

在上述代码中，第 1~15 行代码用于定义标题的自定义构建函数 titleBuilder()；第 16~55 行代码用于定义每日推荐区域的自定义构建函数 dailyBuilder()，其中，第 40 行代码设置了最大行数为 2；第 41 行代码设置了当文本发生溢出时显示省略号；第 46 行代码设置了将超出部分裁剪掉的效果；第 52 行代码设置了水平滚动效果；第 53 行代码用于隐藏滚动条。

⑥ 在 build()方法的 Column 组件中调用 dailyBuilder()函数，具体代码如下。

```
1  Column() {
2    ……（原有代码）
3    this.dailyBuilder()
4  }
```

在上述代码中，第 3 行代码为新增代码。

保存上述代码后，在预览器中查看每日推荐区域的效果，具体效果如图 9-17 所示。

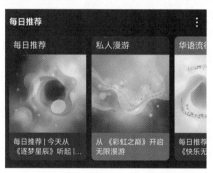

图9-17   每日推荐区域的效果

4. 实现推荐歌单区域

推荐歌单区域的具体实现步骤如下。

① 在 entry/src/main/ets/apis/index.ets 文件中获取推荐歌单数据，具体代码如下。

```
1  export const getRecommendList = async () => {
2    return await getData('/data/recommendList');
3  };
```

② 在 entry/src/main/ets/models/index.ets 文件中定义 RecommendListType 接口，具体代码如下。

```
1  export interface RecommendListType {
2    img: string;        // 封面图
3    title: string;      // 标题
4    count: string;      // 播放量
5  }
```

③ 在 entry/src/main/ets/views/Recommend.ets 文件中修改导入的代码，具体代码如下。

```
1  import { getSwiper, getDailyRecommend, getRecommendList } from '../apis';
2  import { DailyRecommendType, RecommendListType } from '../models';
```

④ 在 struct Recommend {}中保存请求获取到的数据，具体代码如下。

```
1  @State recommendList: RecommendListType[] = [];
2  async aboutToAppear() {
3    ……（原有代码）
4    this.recommendList = await getRecommendList() as RecommendListType[];
5  }
```

在上述代码中，第 1 行代码和第 4 行代码为新增代码。

⑤ 在 struct Recommend {}中实现推荐歌单区域的展示，具体代码如下。

```
1   @Builder
2   songBuilder() {
3     this.titleBuilder('推荐歌单')
4     Scroll() {
5       Row({ space: 8 }) {
6         ForEach(this.recommendList, (item: RecommendListType) => {
7           Column({ space: 5 }) {
8             Stack({ alignContent: Alignment.TopStart }) {
9               // 封面图
10              Image(item.img)
11                .width('100%')
12                .borderRadius(8)
13              // 播放量
14              Text(item.count)
15                .margin(10)
16                .fontColor('#fff')
17                .fontWeight(800)
18                .fontSize(14)
19                .textShadow({ offsetX: 2, offsetY: 2, radius: 2, color: '#000' })
20            }
21            // 标题
22            Text(item.title)
23              .width('100%')
24              .padding(8)
25              .maxLines(2)
26              .textOverflow({ overflow: TextOverflow.Ellipsis })
27              .fontColor('#fff')
28              .fontSize(14)
29              .lineHeight(18)
30          }
31          .width('30%')
32        })
33      }
34    }
35    .width('100%')
36    .padding(8)
37    .scrollable(ScrollDirection.Horizontal)
38    .scrollBar(BarState.Off)
39  }
```

在上述代码中，第 19 行代码为播放量设置了文字阴影效果，这是因为播放量与封面图是重叠显示的，通过设置文字阴影效果可以避免出现白色文字在白色封面图下看不清的问题。

⑥ 在 build()方法的 Column 组件中调用 songBuilder()函数，具体代码如下。

```
1  Column() {
2    ……（原有代码）
3    this.songBuilder()
4  }
```

在上述代码中，第 3 行代码为新增代码。

保存上述代码后，在预览器中查看推荐歌单区域的效果，具体效果如图 9-18 所示。

图9-18　推荐歌单区域的效果

9.2.4　首页-发现页

发现页是首页的第 2 个子页面，点击 Tab 栏中的"发现"页签即可切换到发现页。发现页展示了一个标题为"猜你喜欢"的歌曲列表，方便用户查找想听的歌曲。接下来对发现页的制作进行详细讲解。

① 在 entry/src/main/ets/apis/index.ets 文件中获取发现页的数据，具体代码如下。

```
1  export const getSongList = async () => {
2    return await getData('/data/songList');
3  };
```

② 在 entry/src/main/ets/models/index.ets 文件中定义 SongItemType 接口，具体代码如下。

```
1  export interface SongItemType {
2    img: string;        // 封面图
3    title: string;      // 歌曲名称
4    artist: string;     // 歌手
5    url: string;        // 歌曲 URL
6    id: string;         // 歌曲 ID
7  }
```

③ 在 entry/src/main/ets/views/Find.ets 文件的开头位置编写导入的代码，具体代码如下。

```
1  import { getSongList } from '../apis';
2  import { SongItemType } from '../models';
```

④ 在 struct Find {}中保存请求获取到的数据，具体代码如下。

```
1  @State songs: SongItemType[] = [];
2  async aboutToAppear() {
3    this.songs = await getSongList() as SongItemType[];
4  }
```

⑤ 在 build()方法中实现发现页的展示，具体代码如下。

```
1   build() {
2     Column() {
3       Text('猜你喜欢')
4         .fontColor('#fff')
5         .width('100%')
6         .margin({ top: 10, bottom: 10 })
7       List() {
8         ForEach(this.songs, (item: SongItemType) => {
9           ListItem() {
10            Row({ space: 10 }) {
11              // 封面图
12              Image(item.img)
13                .width(80)
14                .aspectRatio(1)
15                .borderRadius(8)
16              Column({ space: 15 }) {
17                // 歌曲名称
18                Text(item.title)
19                  .fontColor('#fff')
20                  .fontWeight(700)
21                  .width('100%')
22                Row({ space: 8 }) {
23                  Text('VIP')
24                    .fontSize(14)
25                    .fontColor('#bab128')
26                    .border({ width: 1, color: '#bab128', radius: 12 })
27                    .padding({ left: 5, right: 5, top: 3, bottom: 3 })
28                  // 歌手
29                  Text(item.artist)
30                    .fontColor('#808082')
31                }
32                .width('100%')
33              }
34              .layoutWeight(1)
35              Image($r('app.media.ic_more'))
36                .width(24)
37                .fillColor('#fff')
38            }
39            .width('100%')
40            .margin({ bottom: 10 })
41          }
42        })
43      }
44      .width('100%')
45      .height('100%')
46      .layoutWeight(1)
47    }
48    .width('100%')
49    .height('100%')
50    .padding(8)
51  }
```

保存上述代码后，在模拟器中查看发现页的效果，具体效果如图 9-3 所示。

9.2.5 首页–动态页

动态页是首页的第 3 个子页面，点击 Tab 栏中的"动态"页签即可切换到动态页。动态页展示了一个标题为"互动广场"的动态列表，展示用户发表过的一些动态。接下来对动态页的制作进行详细讲解。

① 在 entry/src/main/ets/apis/index.ets 文件中获取动态页的数据，具体代码如下。

```
1  export const getMomentList = async () => {
2    return await getData('/data/momentList');
3  };
```

② 在 entry/src/main/ets/models/index.ets 文件中定义 MomentListType 接口，具体代码如下。

```
1  export interface MomentListType {
2    author: string;          // 作者
3    avatar: string;          // 头像
4    content: string;         // 内容
5    comment: number;         // 评论数
6    like: number;            // 喜欢数
7    song: SongItemType;      // 歌曲
8  }
```

③ 在 entry/src/main/ets/views/Moment.ets 文件的开头位置编写导入的代码，具体代码如下。

```
1  import { getMomentList } from '../apis';
2  import { MomentListType } from '../models';
```

④ 在 struct Moment {}中保存请求获取到的数据，具体代码如下。

```
1  @State momentList: MomentListType[] = [];
2  async aboutToAppear() {
3    this.momentList = await getMomentList() as MomentListType[];
4  }
```

⑤ 在 build()方法中实现动态页的展示，具体代码如下。

```
1  build() {
2    Column() {
3      Text('互动广场')
4        .fontColor('#fff')
5        .width('100%')
6        .margin({ top: 10, bottom: 10 })
7      List({ space: 12 }) {
8        ForEach(this.momentList, (item: MomentListType) => {
9          // 此处代码在步骤⑥中编写
10        })
11        ListItem() {
12          Row() {
13            Text('到底了～')
14              .fontColor(Color.Gray)
15          }
16          .width('100%')
17          .justifyContent(FlexAlign.Center)
```

```
18          .padding(16)
19        }
20      }
21      .width('100%')
22      .height('100%')
23      .padding({ right: 32, left: 16 })
24      .layoutWeight(1)
25    }
26    .width('100%')
27    .height('100%')
28    .padding(8)
29    .backgroundColor('#000')
30  }
```

⑥ 修改步骤⑤中的第 8～10 行代码，实现动态列表的输出，具体代码如下。

```
1   ForEach(this.momentList, (item: MomentListType) => {
2     ListItem() {
3       Row({ space: 12 }) {
4         Row() {
5           Image(item.avatar)
6             .borderRadius(40)
7             .width(40)
8             .aspectRatio(1)
9           }
10          Column({ space: 12 }) {
11            // 作者
12            Text(item.author)
13              .fontColor('#e9e9e7')
14            // 内容
15            Text(item.content)
16              .fontColor('#aaa9af')
17              .fontSize(12)
18            // 歌曲
19            Row() {
20              Image(item.song.img)
21                .width(60)
22                .aspectRatio(1)
23              Column({ space: 10 }) {
24                Text(item.song.title)
25                  .fontColor('#f4f4f6')
26                  .fontSize(12)
27                Text(item.song.artist)
28                  .fontColor('#a8a8ad')
29                  .fontSize(10)
30                }
31                .layoutWeight(1)
32                .height(60)
33                .alignItems(HorizontalAlign.Start)
34                .justifyContent(FlexAlign.SpaceBetween)
35                .padding(12)
36              Image($r('app.media.ic_single_play'))
37                .width(20)
38                .fillColor('#ececec')
```

```
39              .margin({ right: 12 })
40            }
41            .backgroundColor('#46474c')
42            .width('100%')
43            .borderRadius(8)
44            .clip(true)
45          Row({ space: 20 }) {
46            Row() {
47              Image($r('app.media.ic_share'))
48                .width(20)
49                .fillColor('#c9c8cd')
50              Text('分享')
51                .fontColor('#9e9da2')
52                .fontSize(12)
53                .margin({ left: 4 })
54            }
55            Row() {
56              Image($r('app.media.ic_comment_o'))
57                .width(20)
58                .fillColor('#c9c8cd')
59              Text(item.comment.toString())
60                .fontColor('#9e9da2')
61                .fontSize(12)
62                .margin({ left: 4 })
63            }
64            Row() {
65              Image($r('app.media.ic_like'))
66                .width(20)
67                .fillColor('#c9c8cd')
68              Text(item.like.toString())
69                .fontColor('#9e9da2')
70                .fontSize(12)
71                .margin({ left: 4 })
72            }
73          }
74        }
75        .layoutWeight(1)
76        .alignItems(HorizontalAlign.Start)
77      }
78      .alignItems(VerticalAlign.Top)
79      .padding({ top: 24, bottom: 24 })
80      .borderWidth({ bottom: 1 })
81      .borderColor('#292931')
82    }
83  })
```

保存上述代码后，在模拟器中查看动态页的效果，具体效果如图 9-4 所示。

9.2.6 首页-我的页

我的页是首页的第 4 个子页面，点击 Tab 栏中的"我的"页签即可切换到我的页。我的页展示了用户的个人信息，以及由许多歌曲的封面图组成的一个背景墙，用户可以对背景墙中的每一列进行上下滑动操作。接下来对我的页的制作进行详细讲解。

① 在 entry/src/main/ets/models/index.ets 文件中定义 SongItem 类，该类用于描述歌曲的相关数据，具体代码如下。

```
1  export class SongItem implements SongItemType {
2    img: string = '';
3    title: string = '';
4    artist: string = '';
5    url: string = '';
6    id: string = '';
7    constructor(model: SongItemType) {
8      this.img = model.img;
9      this.title = model.title;
10     this.artist = model.artist;
11     this.url = model.url;
12     this.id = model.id;
13   }
14 }
```

② 在 entry/src/main/ets/views/Mine.ets 文件的开头位置编写导入的代码，具体代码如下。

```
1  import { getSongList } from '../apis';
2  import { SongItemType, SongItem } from '../models';
```

③ 在 struct Mine {}中实现我的页的展示，具体代码如下。

```
1  @State showList: [SongItemType[]] = [[]];
2  columnList: number[] = [0, 1, 2, 3];
3  async aboutToAppear() {
4    const songList: SongItemType[] = await getSongList() as SongItemType[];
5    this.columnList.forEach(item => {
6      this.showList[item] = songList.map(item => new SongItem(item))
7        .sort(() => Math.random() - 0.5);
8    });
9  }
10 build() {
11   Column() {
12     // 背景墙
13     Column() {
14       GridRow({ gutter: 8 }) {
15         ForEach(this.columnList, (item: number) => {
16           GridCol({ span: 3 }) {
17             // 在步骤⑤中实现
18           }
19         })
20       }
21     }
22     .scale({ x: 1.15, y: 1.15, centerX: '50%', centerY: '0' })
23     .height('75%')
24     .width('100%')
25     .backgroundColor('#000')
26     // 个人信息
27     Column() {
28       Column() {
29         Image($r('app.media.logo'))
30           .width('90%')
31       }
```

```
32        .backgroundColor(Color.Black)
33        .width(80)
34        .aspectRatio(1)
35        .borderRadius(80)
36        .offset({ y: -40 })
37      Column({ space: 12 }) {
38        Row({ space: 8 }) {
39          Text('黑马云音乐')
40            .fontColor(Color.White)
41            .fontSize(20)
42          Image($r('app.media.ic_vip'))
43            .width(40)
44        }
45        .offset({ y: -15 })
46        Row() {
47          Image($r('app.media.ic_boy'))
48            .width(14)
49            .fillColor('#ff23496b')
50            .margin({ right: 4 })
51          Text('00 后')
52            .fontColor('#555')
53            .margin({ right: 12 })
54            .fontSize(14)
55          Text('双子座')
56            .fontColor('#555')
57            .margin({ right: 12 })
58            .fontSize(14)
59          Text('北京')
60            .fontColor('#555')
61            .margin({ right: 12 })
62            .fontSize(14)
63          Text('歌龄•2 年')
64            .fontColor('#555')
65            .margin({ right: 12 })
66            .fontSize(14)
67        }
68        Row() {
69          Text('1 关注')
70            .fontColor('#555')
71            .margin({ right: 12 })
72            .fontSize(14)
73          Text('10 万 粉丝')
74            .fontColor('#555')
75            .margin({ right: 12 })
76            .fontSize(14)
77          Text('167 万 赞')
78            .fontColor('#555')
79            .margin({ right: 12 })
80            .fontSize(14)
81        }
82      }
83    }
```

```
84      .width('100%')
85      .height('25%')
86      .backgroundColor('#121215')
87    }
88    .width('100%')
89  }
```

在上述代码中，第 1 行代码定义的 showList 数组用于保存背景墙中的歌曲对象；第 2 行代码定义的 columnList 数组用于保存背景墙中每个列的索引；第 5~8 行代码用于将歌曲列表中的歌曲创建成歌曲对象，并随机排序后分配到 4 个列中保存；第 14~20 行代码通过 GridRow 组件实现背景墙的布局，该组件用于创建栅格容器，可以让背景墙中的歌曲封面图排列到栅格中。

④ 在 struct Mine {} 的后面定义 struct SongCard {}，实现单列歌曲的展示，具体代码如下。

```
1   @Component
2   struct SongCard {
3     @Prop songs: SongItemType[] = [];
4     build() {
5       List({ space: 12 }) {
6         ForEach(this.songs, (item: SongItemType) => {
7           ListItem() {
8             Stack() {
9               Image(item.img)
10                .width('100%')
11            }
12            .width('100%')
13            .aspectRatio(1)
14            .borderRadius(8)
15            .clip(true)
16          }
17        })
18      }
19      .width('100%')
20      .height('100%')
21    }
22  }
```

在上述代码中，第 3 行代码用于从父组件中接收 songs 数组，该数组保存了背景墙中一列的所有歌曲对象。

⑤ 修改步骤③中的第 16~18 行代码，实现每一列歌曲封面图的展示，具体代码如下。

```
1   GridCol({ span: 3 }) {
2     SongCard({ songs: this.showList[item] })
3   }
```

在上述代码中，第 2 行代码为新增代码。

保存上述代码后，在模拟器中查看我的页的效果，具体效果如图 9-5 所示。

9.2.7 播放页

当在发现页中点击某首歌曲时，就会跳转到播放页。播放页用于显示当前播放的歌曲的相关信息，包括封面图、歌曲名称、歌手、播放时间、进度条、歌曲时长等，还提供了 5 个操作按钮，分别是"播放模式"按钮、"上一首"按钮、"播放/暂停"按钮、"下一首"按钮、"播放列表"按钮，其页面结构如图 9-19 所示。

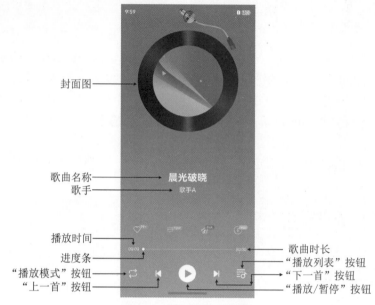

封面图

歌曲名称——晨光破晓

歌手——歌手A

播放时间——

进度条——

"播放模式"按钮——

"上一首"按钮——

歌曲时长

"播放列表"按钮

"下一首"按钮

"播放/暂停"按钮

图9-19　播放页的页面结构

在图 9-19 中，页面的背景图是根据封面图自动显示的，它是通过把封面图拉伸填充整个背景并设置模糊效果来实现的。封面图做成了唱片样式的效果，在歌曲播放时，整个唱片会顺时针旋转，并且唱片旁边的唱针也会移入唱片；在歌曲暂停时，唱片会暂停旋转，并且唱针会移出唱片。

点击"播放列表"按钮会显示播放列表，播放列表的页面结构如图 9-20 所示。

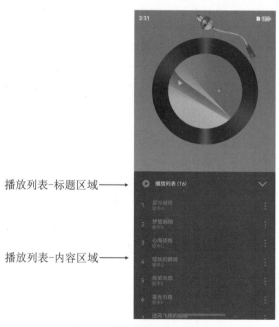

播放列表-标题区域——播放列表 (16)

播放列表-内容区域——

图9-20　播放列表的页面结构

在图 9-20 中，播放列表由标题区域和内容区域组成，标题区域的小括号中显示了播放列表中的歌曲数量，右侧的▼按钮用于隐藏播放列表，点击播放列表上方的区域也可以隐藏播放列表。在播放列表的内容区域中，点击某首歌曲可以播放该歌曲。当前正在播放的歌曲会高亮显示。

接下来对播放页的开发进行详细讲解。需要说明的是，在本小节中仅实现播放页的页面展示，播放页的播放功能将在 9.3 节中实现。

① 由于播放页是通过在发现页中点击歌曲打开的，所以需要在发现页给歌曲设置 onClick 事件实现路由跳转。在 entry/src/main/ets/views/Find.ets 文件的开头位置导入 router 对象，具体代码如下。

```
import { router } from '@kit.ArkUI';
```

② 为 ListItem()函数中的 Row 组件设置 onClick 事件，实现跳转到播放页，具体代码如下。

```
1  ForEach(this.songs, (item: SongItemType) => {
2    ListItem() {
3      Row({ space: 10 }) {
4        ……（原有代码）
5      }
6      .width('100%')
7      .margin({ bottom: 10 })
8      .onClick(() => {
9        // 跳转到播放页
10       router.pushUrl({ url: 'pages/Play' });
11     })
12   }
13 })
```

在上述代码中，第 8~11 行代码为新增代码。

③ 在 entry/src/main/ets/models/index.ets 文件中定义 PlayState 类，该类用于描述播放页的相关数据，具体代码如下。

```
1  export class PlayState {
2    img: string = '';                          // 封面图
3    title: string = '';                        // 歌曲名称
4    artist: string = '';                       // 歌手
5    url: string = '';                          // 歌曲 URL
6    playIndex: number = 0;                     // 在播放列表中的索引
7    time: number = 0;                          // 播放时间
8    duration: number = 0;                      // 歌曲时长
9    isPlay: boolean = false;                   // 是否正在播放
10   playMode: 'auto' | 'repeat' | 'random' = 'auto'; // 播放模式
11   playList: SongItemType[] = [];             // 播放列表
12 }
```

④ 在 entry/src/main/ets/pages 目录下创建 Play.ets 文件，该文件具体代码如下。

```
1  import { SongItem, PlayState } from '../models';
2  import animator from '@ohos.animator';
3  import { AnimatorResult } from '@ohos.animator';
4  @Entry
5  @Component
```

```
6   struct Play {
7     @State panelHeight: string = '0%';
8     @State playState: PlayState = new PlayState();
9     @State rotateAngle: number = 0;
10    animatorResult: AnimatorResult = animator.create({
11      duration: 1000 * 15,
12      easing: 'linear',
13      delay: 0,
14      fill: 'none',
15      direction: 'normal',
16      iterations: -1,
17      begin: 0,
18      end: 360
19    })
20    aboutToAppear() {
21      this.animatorResult.onFrame = val => {
22        this.rotateAngle = val;
23      };
24    }
25    build() {
26      Stack({ alignContent: Alignment.Bottom }) {
27        // 播放区域
28        Stack() {
29          // 在步骤⑤中实现
30        }
31        .width('100%')
32        .height('100%')
33        .backgroundColor(Color.Transparent)
34        Column() {
35          Column()
36            .width('100%')
37            .layoutWeight(1)
38            .onClick(() => {
39              this.panelHeight = '0%';
40            })
41          // 播放列表区域
42          Column() {
43            // 在步骤⑧中实现
44          }
45          .height(400)
46        }
47        .height(this.panelHeight)
48        .animation({ duration: 300 })
49      }
50      .width('100%')
51      .height('100%')
52      .backgroundColor('#333')
53    }
54  }
```

在上述代码中，第 10～19 行代码定义了动画对象 animatorResult，它主要用于实现唱片的旋转效果；第 21～23 行代码用于在动画对象接收到帧时，控制唱片的旋转角度发生变化。

在第 25～53 行代码中，将页面分成了播放区域和播放列表区域，播放区域显示的内容就是图 9-19 中的内容，而播放列表区域默认是隐藏的，它是通过在第 39 行代码设置高度为父组件高度的 0%来实现的，当点击"播放列表"按钮时就会将播放列表区域显示出来。第 35～40 行代码用于实现点击"播放列表"上方的区域时隐藏播放列表区域。

⑤ 修改步骤④中的第 28～30 行代码。为了方便开发，将播放区域分成背景图区域和内容区域两部分，其中，背景图区域会根据歌曲的封面图自动设置背景，内容区域又分成封面图区域、歌曲信息区域和播放控制区域，具体代码如下。

```
1   Stack() {
2     // 背景图区域
3     Image(this.playState.img)
4       .width('100%')
5       .height('100%')
6       .blur(1000)
7     // 内容区域
8     Column() {
9       Column() {
10        // 封面图区域
11        Stack({ alignContent: Alignment.Top }) {
12          // 在步骤⑥中实现
13        }
14        // 歌曲信息区域
15        Stack() {
16          Column({ space: 8 }) {
17            Text(this.playState.title)
18              .fontSize(28)
19              .fontWeight(FontWeight.Bold)
20              .fontColor(Color.White)
21            Text(this.playState.artist)
22              .fontSize(18)
23              .fontColor(Color.White)
24          }
25          .layoutWeight(1)
26          .justifyContent(FlexAlign.Center)
27        }
28        .layoutWeight(1)
29        Row() {
30          Badge({ value: '99+', style: { badgeSize: 12, badgeColor: '#45CCCCCC',
borderWidth: 0 } }) {
31            Image($r('app.media.ic_like'))
32              .fillColor(Color.White)
33              .width(24)
34              .margin({ right: 2 })
35          }
36          Badge({ value: '10W', style: { badgeSize: 12, badgeColor: '#45cccccc',
borderWidth: 0 } }) {
37            Image($r('app.media.ic_comment_o'))
38              .fillColor(Color.White)
39              .width(18)
40              .margin({ right: 4 })
41          }
```

```
42          Badge({ value: 'hot', style: { badgeSize: 12, badgeColor: '#a8ff3131',
borderWidth: 0 } }) {
43            Image($r('app.media.ic_bells_o'))
44              .fillColor(Color.White)
45              .width(24)
46          }
47          Badge({ value: 'vip', style: { badgeSize: 12, badgeColor: '#b7efd371',
borderWidth: 0 } }) {
48            Image($r('app.media.ic_download_o'))
49              .fillColor(Color.White)
50              .width(24)
51          }
52        }
53        .width('100%')
54        .justifyContent(FlexAlign.SpaceAround)
55        // 播放控制区域
56        Column() {
57          // 在步骤⑦中实现
58        }
59        .width('100%')
60      }
61      .layoutWeight(1)
62      .width('100%')
63    }
64    .padding({ bottom: 20 })
65  }
```

在上述代码中，第 30～51 行代码使用了 4 个 Badge 组件，用于展示信息标记，4 个信息标记分别是 "99+" "10W" "hot" "vip"。每个 Badge 组件内包含一个 Image 组件，信息标记会显示在 Image 组件的右上方。

⑥ 修改步骤⑤中的第 11～13 行代码，实现封面图区域的展示，具体代码如下。

```
1   Stack({ alignContent: Alignment.Top }) {
2     Row() {
3       Row() {
4         // 唱片
5         Image(this.playState.img)
6           .width('70%')
7           .borderRadius(400)
8       }
9       .backgroundImage($r('app.media.ic_cd'))
10      .backgroundImageSize(ImageSize.Cover)
11      .justifyContent(FlexAlign.Center)
12      .width('100%')
13      .borderRadius(400)
14      .clip(true)
15      .aspectRatio(1)
16      .rotate({ angle: this.rotateAngle })
17    }
18    .margin({ top: 50 })
19    .width('90%')
20    .aspectRatio(1)
21    .justifyContent(FlexAlign.Center)
```

```
22    .padding(24)
23    // 唱针
24   Image($r('app.media.ic_stylus'))
25    .width(200)
26    .aspectRatio(1)
27    .rotate({
28      angle: this.playState.isPlay ? -45 : -55,
29      centerX: 100,
30      centerY: 30
31    })
32    .animation({ duration: 500 })
33 }
```

在上述代码中，封面图区域主要由唱片和唱针组成，唱片用于显示封面图，唱针用于表示歌曲的播放和暂停状态。第 16 行代码用于控制唱片的旋转，第 27~31 行代码用于控制唱针的旋转，也就是控制唱针移入和移出唱片。

⑦ 修改步骤⑤中的第 56~58 行代码，实现播放控制区域的展示，具体代码如下。

```
1  Column() {
2    // 播放位置区域
3    Row({ space: 4 }) {
4      // 播放时间
5      Text('00:00')
6        .fontSize(12)
7        .fontColor(Color.White)
8      // 进度条
9      Slider({ value: 0, min: 0, max: 0 })
10       .layoutWeight(1)
11       .blockColor(Color.White)
12       .selectedColor(Color.White)
13       .trackColor('#ccc5c5c5')
14       .trackThickness(2)
15     // 歌曲时长
16     Text('00:00')
17       .fontSize(12)
18       .fontColor(Color.White)
19   }
20   .width('100%')
21   .padding(24)
22   // 播放控制按钮区域
23   Row() {
24     // "播放模式" 按钮
25     if (this.playState.playMode == 'auto') {
26       // 顺序播放
27       Image($r('app.media.ic_auto'))
28         .fillColor(Color.White)
29         .width(30)
30         .onClick(() => {
31           this.playState.playMode = 'repeat';
32         })
33     } else if (this.playState.playMode == 'repeat') {
34       // 单曲循环
```

```
35        Image($r('app.media.ic_repeat'))
36          .fillColor(Color.White)
37          .width(30)
38          .onClick(() => {
39            this.playState.playMode = 'random';
40          })
41      } else if (this.playState.playMode == 'random') {
42        // 随机播放
43        Image($r('app.media.ic_random'))
44          .fillColor(Color.White)
45          .width(30)
46          .onClick(() => {
47            this.playState.playMode = 'auto';
48          })
49      }
50      // "上一首"按钮
51      Image($r('app.media.ic_prev'))
52        .fillColor(Color.White)
53        .width(30)
54      // "播放/暂停"按钮
55      Image(this.playState.isPlay ? $r('app.media.ic_paused') : $r('app.media.ic_play'))
56        .fillColor(Color.White)
57        .width(50)
58      // "下一首"按钮
59      Image($r('app.media.ic_next'))
60        .fillColor(Color.White)
61        .width(30)
62      // "播放列表"按钮
63      Image($r('app.media.ic_song_list'))
64        .fillColor(Color.White)
65        .width(30)
66        .onClick(() => {
67          this.panelHeight = '100%';
68        })
69    }
70    .width('100%')
71    .padding({ bottom: 24 })
72    .justifyContent(FlexAlign.SpaceAround)
73  }
```

在上述代码中，第 24～49 行代码用于实现"播放模式"按钮，该按钮有 3 种状态，分别是顺序播放、单曲循环、随机播放，通过点击"播放模式"按钮可以切换状态。

⑧ 修改步骤④中的第 42～44 行代码，实现播放列表区域的展示，具体代码如下。

```
1  Column() {
2    // 播放列表-标题区域
3    Row() {
4      // 在步骤⑨中实现
5    }
6    .width('100%')
7    .backgroundColor('#ff353333')
8    .padding(8)
9    .border({ width: { bottom: 1 }, color: '#12ec5c87' })
```

```
10    .borderRadius({ topLeft: 4, topRight: 4 })
11    // 播放列表-内容区域
12    List() {
13      // 在步骤⑩中实现
14    }
15    .layoutWeight(1)
16    .width('100%')
17    .height('100%')
18    .backgroundColor('#ff353333')
19  }
```

⑨ 修改步骤⑧中的第 3～5 行代码，实现播放列表中的标题区域的展示，具体代码如下。

```
1   Row() {
2     Row() {
3       Image($r('app.media.ic_play'))
4         .width(20)
5         .fillColor('#ff5186')
6     }
7     .width(50)
8     .aspectRatio(1)
9     .justifyContent(FlexAlign.Center)
10    Row({ space: 8 }) {
11      Text(`播放列表 (${this.playState.playList.length})`)
12        .fontColor(Color.White)
13        .fontSize(14)
14    }
15    .layoutWeight(1)
16    Image($r('app.media.ic_close'))
17      .fillColor('#ffa49a9a')
18      .width(24)
19      .height(24)
20      .margin({ right: 16 })
21      .onClick(() => {
22        this.panelHeight = '0%';
23      })
24  }
```

⑩ 修改步骤⑧中的第 12～14 行代码，实现播放列表中的内容区域的展示，具体代码如下。

```
1   List() {
2     ForEach(this.playState.playList, (item: SongItem, index: number) => {
3       ListItem() {
4         Row() {
5           Row() {
6             Text((index + 1).toString())
7               .fontColor('#ffa49a9a')
8           }
9           .width(50)
10          .aspectRatio(1)
11          .justifyContent(FlexAlign.Center)
12          // 播放列表中的歌曲
13          Row({ space: 10 }) {
14            Column() {
15              Text(item.title)
16                .fontSize(14)
```

```
17              .fontColor(this.playState.playIndex == index ? '#f04c7e' : '#ffa49a9a')
18            Text(item.artist)
19              .fontSize(12)
20              .fontColor(this.playState.playIndex == index ? '#f04c7e' : Color.Gray)
21          }
22          .layoutWeight(1)
23          .alignItems(HorizontalAlign.Start)
24          .justifyContent(FlexAlign.Center)
25        }
26        .layoutWeight(1)
27        Image($r('app.media.ic_more'))
28          .width(24)
29          .height(24)
30          .margin({ right: 16 })
31          .fillColor(Color.Gray)
32      }
33      .alignItems(VerticalAlign.Center)
34    }
35    .border({ width: { bottom: 1 }, color: '#12ec5c87' })
36  })
37 }
```

保存上述代码后，在模拟器中查看播放页的效果，具体效果如图 9-21 所示。

图9-21　播放页的效果

需要说明的是，由于此时还没有播放歌曲，所以图 9-21 所示的播放页中没有显示歌曲信息。

9.3 播放功能开发

在 9.2.7 小节已经完成了播放页的制作，但是这个页面还不具备播放的功能，接下来将完成播放功能的开发。

9.3.1 创建 AVPlayer 实例

为了开发播放功能，需要使用鸿蒙的媒体服务接口，该接口用于播放、录制音视频。使用该接口时，需要先导入 media 对象，示例代码如下。

```
import { media } from '@kit.MediaKit';
```

导入 media 对象后，通过 media 对象的 createAVPlayer()方法创建一个 AVPlayer 实例，通过该实例的属性、方法、状态和事件即可开发播放音视频的功能。

AVPlayer 实例的常用属性如表 9-1 所示。

表 9-1 AVPlayer 实例的常用属性

属性	说明
url	用于设置或获取媒体资源的 URL，只允许在 idle 状态下设置
duration	用于获取媒体资源的时长，单位为毫秒，在 prepared、playing、paused、completed 状态下有效，若无效则返回-1

AVPlayer 实例的常用方法如表 9-2 所示。

表 9-2 AVPlayer 实例的常用方法

方法	说明
prepare()	准备播放媒体资源，需在 stateChange 事件中获取 initialized 状态后才能调用
play()	开始播放媒体资源，只能在 prepared、paused、completed 状态调用
pause()	暂停播放媒体资源，只能在 playing 状态调用
seek()	跳转到指定播放位置，只能在 prepared、playing、paused、completed 状态调用，可以通过 seekDone 事件确认是否生效
stop()	停止播放媒体资源，只能在 prepared、playing、paused、completed 状态调用
reset()	重置播放器，只能在 initialized、prepared、playing、paused、completed、stopped、error 状态调用
release()	销毁媒体资源，除 released 状态之外，都可以调用
on()	监听事件
off()	取消监听事件

AVPlayer 实例的常用状态如表 9-3 所示。

表 9-3　AVPlayer 实例的常用状态

状态	说明
idle	闲置状态，AVPlayer 实例刚被创建或者调用了 reset()方法之后的状态
initialized	资源初始化状态，在 idle 状态下设置 url 或 fdSrc 属性，AVPlayer 实例会进入 initialized 状态
prepared	已准备就绪状态，在 initialized 状态下调用 prepare()方法，AVPlayer 实例会进入 prepared 状态，此时播放引擎的资源已准备就绪
playing	正在播放状态，在 prepared、paused、completed 状态下调用 play()方法，AVPlayer 实例会进入 playing 状态
paused	暂停状态，在 playing 状态下调用 pause()方法，AVPlayer 实例会进入 paused 状态
completed	播放至结尾状态，当媒体资源播放至结尾时，如果用户未设置循环播放，AVPlayer 实例会进入 completed 状态，此时调用 play()方法会进入 playing 状态重播，若调用 stop()会进入 stopped 状态
stopped	停止状态，在 prepared、playing、paused、completed 状态下调用 stop()方法，AVPlayer 实例会进入 stopped 状态，此时播放引擎只会保留属性的值，释放内存资源，可以调用 prepare()方法重新准备播放器，也可以调用 reset()方法重置播放器，或者调用 release()方法销毁媒体资源
released	销毁状态，无法再进行状态转换，调用 release()方法后，会进入 released 状态，结束流程
error	错误状态，当播放引擎发生不可逆的错误时，会进入 error 状态，可以调用 reset()方法重置播放器，也可以调用 release()方法销毁媒体资源后再重建

AVPlayer 实例的常用事件如表 9-4 所示。

表 9-4　AVPlayer 实例的常用事件

事件	说明
stateChange	状态切换事件，可获取当前 AVPlayer 实例的状态
durationUpdate	媒体资源时长事件，单位为毫秒，用于刷新进度条长度，默认只在 prepared 状态上报一次，同时允许一些特殊码流刷新多次时长
timeUpdate	播放时间变化事件，单位为毫秒，用于刷新进度条当前位置，默认间隔 100ms 上报一次，但因 seek()方法产生的时间变化会立刻上报
seekDone	seek()方法生效的事件

下面在"黑马云音乐"中创建 AVPlayer 实例。由于整个项目只需要用一个 AVPlayer 实例，为了便于管理 AVPlayer 实例并在所有页面中共享，需要创建一个 AVPlayerManager 类将 AVPlayer 实例管理起来，具体步骤如下。

① 在 entry/src/main/ets 目录下创建 utils 目录，该目录用于保存项目中的一些工具类。

② 在 entry/src/main/ets/utils 目录下创建 AVPlayerManager.ets 文件，编写 AVPlayerManager 类，具体代码如下。

```
1  import { media } from '@kit.MediaKit';
2  export default class AVPlayerManager {
3    static player: media.AVPlayer;
4    static async init() {
5      if (!AVPlayerManager.player) {
6        // 创建 AVPlayer 实例
7        AVPlayerManager.player = await media.createAVPlayer();
8      }
9    }
10 }
```

在上述代码中，第 3 行代码定义了静态属性 player，用于保存 AVPlayer 实例；第 4～9 行代码定义了静态方法 init()，用于创建 AVPlayer 实例。静态属性和静态方法都属于类，只能通过类进行访问或调用。

③ 在 entry/src/main/ets/entryability/EntryAbility.ets 文件的开头位置导入 AVPlayerManager 类，具体代码如下。

```
import AVPlayerManager from '../utils/AVPlayerManager';
```

④ 在 onWindowStageCreate() 方法中的存储底部避让区高度代码的下方调用 AVPlayerManager. init() 方法，具体代码如下。

```
1  onWindowStageCreate(windowStage: window.WindowStage): void {
2    ……（原有代码）
3    AppStorage.setOrCreate(SAFE_BOTTOM, safeBottom);
4    // 初始化播放器
5    AVPlayerManager.init();
6    ……（原有代码）
7  }
```

在上述代码中，第 4～5 行代码为新增代码。

保存上述代码后，就完成了 AVPlayer 实例的创建，并可以通过 AVPlayerManager 类对 AVPlayer 实例进行管理。

9.3.2　实现播放功能

"黑马云音乐"的播放功能是在 AVPlayerManager 类中完成的，在该类中创建了 AVPlayer 实例后，就可以通过该实例实现播放功能了。由于播放页中还需要显示播放时间、进度条、歌曲时长以及播放列表，这就需要在 AVPlayerManager 类中实现相应的功能，具体实现步骤如下。

① 为了能够在 AVPlayerManager 类中对播放页的相关数据进行操作，需要将播放页的相关数据保存到 AppStorage 中。在 entry/src/main/ets/contants/index.ets 文件中添加常量 SONG_KEY，用于表示播放页的相关数据在 AppStorage 中的存储名称，具体代码如下。

```
export const SONG_KEY: string = 'song_key';
```

② 在 entry/src/main/ets/utils/AVPlayerManager.ets 文件的开头位置编写导入的代码，具体代码如下。

```
1  import { SONG_KEY } from '../contants';
2  import { PlayState, SongItemType } from '../models';
```

③ 在 AVPlayerManager 类中定义当前歌曲对象 currentSong，用于保存当前正在播放的歌曲的相关信息，具体代码如下。

```
static currentSong: PlayState = new PlayState();
```

④ 在 init()方法中监听 stateChange 事件、durationUpdate 事件和 timeUpdate 事件，具体代码如下。

```
1   static async init() {
2     ……（原有代码）
3     // 监听 stateChange 事件，使 AVPlayer 实例进入播放状态
4     AVPlayerManager.player.on('stateChange', state => {
5       if (state == 'initialized') {
6         AVPlayerManager.player.prepare();
7       } else if (state == 'prepared') {
8         AVPlayerManager.player.play();
9         AVPlayerManager.currentSong.isPlay = true;
10      }
11    });
12    // 监听 durationUpdate 事件，获取歌曲时长
13    AVPlayerManager.player.on('durationUpdate', (duration: number) => {
14      AVPlayerManager.currentSong.duration = duration;
15    });
16    // 监听 timeUpdate 事件，获取播放时间，并更新 AppStorage 中的 SONG_KEY 数据
17    AVPlayerManager.player.on('timeUpdate', (time: number) => {
18      AVPlayerManager.currentSong.time = time;
19      AppStorage.setOrCreate(SONG_KEY, AVPlayerManager.currentSong);
20    });
21  }
```

在上述代码中，第3~20行代码为新增代码，其中，第19行代码用于在播放时间发生变化时，更新 AppStorage 中的 SONG_KEY 数据，从而使播放页中的播放时间和进度条同步发生变化。

⑤ 在 AVPlayerManager 类中编写 singPlay()方法和 changePlay()方法，其中 singPlay()方法用于实现播放指定歌曲并将该歌曲添加到播放列表的功能，changePlay()方法用于实现切换当前播放的歌曲的功能。

在将歌曲添加到播放列表时，需要先检查要播放的歌曲是否在播放列表中，如果不在播放列表中，将该歌曲添加到播放列表的开头，并将当前播放的歌曲切换为该歌曲；如果在播放列表中，判断当前播放的歌曲是否为该歌曲，如果是该歌曲，则继续播放该歌曲，否则，将当前播放的歌曲切换为该歌曲。

singPlay()方法和 changePlay()方法的具体代码如下。

```
1    // 播放指定歌曲并将该歌曲添加到播放列表
2    static singPlay(song: SongItemType) {
3      // 检查播放列表中是否已经有指定歌曲
4      const isInPlayList = AVPlayerManager.currentSong.playList.some(item => item.id == song.id);
5      if (isInPlayList) {
6        // 判断指定歌曲是否为当前正在播放的歌曲
7        if (song.url == AVPlayerManager.currentSong.url) {
8          // 继续播放指定歌曲
9          AVPlayerManager.player.play();
10         AVPlayerManager.currentSong.isPlay = true;
11       } else {
12         // 将当前播放的歌曲切换为指定歌曲
13         AVPlayerManager.currentSong.playIndex = AVPlayerManager.currentSong.
```

```
playList.findIndex(item => item.id == song.id);
14        AVPlayerManager.changePlay();
15      }
16    } else {
17      // 将指定歌曲放在播放列表的开头，并将当前播放的歌曲切换为该歌曲
18      AVPlayerManager.currentSong.playList.unshift(song);
19      AVPlayerManager.currentSong.playIndex = 0;
20      AVPlayerManager.changePlay();
21    }
22    // 更新 AppStorage 中的 SONG_KEY 数据
23    AppStorage.setOrCreate(SONG_KEY, AVPlayerManager.currentSong);
24  }
25  // 切换当前播放的歌曲
26  static async changePlay() {
27    await AVPlayerManager.player.reset();
28    const currentSong = AVPlayerManager.currentSong.playList[AVPlayerManager.
currentSong.playIndex];
29    AVPlayerManager.currentSong.duration = 0;
30    AVPlayerManager.currentSong.time = 0;
31    AVPlayerManager.currentSong.img = currentSong.img;
32    AVPlayerManager.currentSong.title = currentSong.title;
33    AVPlayerManager.currentSong.url = currentSong.url;
34    AVPlayerManager.currentSong.artist = currentSong.artist;
35    AVPlayerManager.player.url = AVPlayerManager.currentSong.url;
36  }
```

在上述代码中，第 4 行代码通过 some()方法检查播放列表中是否已经有指定歌曲，它是通过比较播放列表中的所有歌曲的 id 与指定歌曲 song 的 id 是否相等来判断的，返回结果为布尔值 true 或 false；第 13～14 行代码用于将当前播放的歌曲切换为指定歌曲，其中，第 13 行代码通过 findIndex()方法查找当前歌曲在播放列表中的索引，它是通过比较播放列表中的所有歌曲的 id 与指定歌曲 song 的 id 是否相等来查找的，返回结果为查找到的索引。

⑥ 在 AVPlayerManager 类中编写 pause()方法，实现暂停功能，代码如下。

```
1  // 暂停
2  static async pause() {
3    AVPlayerManager.player.pause();
4    AVPlayerManager.currentSong.isPlay = false;
5    AppStorage.setOrCreate(SONG_KEY, AVPlayerManager.currentSong);
6  }
```

⑦ 在 entry/src/main/ets/views/Find.ets 文件的开头位置导入 AVPlayerManager 类，具体代码如下。

```
import AVPlayerManager from '../utils/AVPlayerManager';
```

⑧ 在 build()方法中找到跳转到播放页的代码，在跳转到播放页前播放当前点击的歌曲，具体代码如下。

```
1  .onClick(() => {
2    // 播放当前点击的歌曲
3    AVPlayerManager.singPlay(item);
4    // 跳转到播放页
5    router.pushUrl({ url: 'pages/Play' });
6  })
```

在上述代码中，第 2～3 行代码为新增的代码。

保存上述代码后，在模拟器中进行测试。在发现页中点击其中一首歌曲，就会跳转到播放页，此时就可以听到歌曲了。需要说明的是，由于此时还没有将歌曲信息显示在播放页，所以正常情况下只能听到播放的歌曲，播放页仍然显示为图 9-21 所示的效果。

9.3.3　实现在播放页中显示歌曲信息

在 9.3.2 小节已经实现了播放功能，但是播放页并没有显示歌曲信息。本小节将实现在播放页中显示歌曲信息的功能，具体实现步骤如下。

① 在 entry/src/main/ets/pages/Play.ets 文件的开头位置编写导入的代码，具体代码如下。

```
1  import { SONG_KEY } from '../contants';
2  import AVPlayerManager from '../utils/AVPlayerManager';
```

② 在 struct Play {}中编写 changeAnimate()方法，用于根据歌曲播放和暂停的状态变化控制唱片旋转动画的播放和暂停，具体代码如下。

```
1  changeAnimate() {
2    if (this.playState.isPlay) {
3      this.animatorResult.play();
4    } else {
5      this.animatorResult.pause();
6    }
7  }
```

③ 在 struct Play {}中修改 playState 对象，实现读取 AppStorage 中的 SONG_KEY 数据并将 changeAnimate()方法设置为状态监听器，具体代码如下。

```
1  @StorageLink(SONG_KEY)
2  @Watch('changeAnimate')
3  playState: PlayState = new PlayState();
```

在上述代码中，将原来的@State 修改为了@StorageLink(SONG_KEY)，并新增了第 2 行代码。

④ 在 struct Play {}中编写 number2time()方法，用于将毫秒值的播放时间和歌曲时长转化为"分:秒"的格式，具体代码如下。

```
1  number2time(number: number) {
2    // 判断是否大于或等于1min
3    if (number >= 60 * 1000) {
4      const s = Math.ceil(number / 1000 % 60);
5      const m = Math.floor(number / 1000 / 60);
6      const second = s.toString().padStart(2, '0');
7      const minute = m.toString().padStart(2, '0');
8      return minute + ':' + second;
9    } else {
10     const s = Math.ceil(number / 1000 % 60);
11     const second = s.toString().padStart(2, '0');
12     return '00:' + second;
13   }
14 }
```

⑤ 修改播放位置区域中的播放时间的代码，具体代码如下。

```
1  // 播放时间
2  Text(this.number2time(this.playState.time))
```

在上述代码中，第 2 行代码为修改后的代码。

⑥ 修改播放位置区域中的进度条的代码，实现根据歌曲的播放位置控制进度条的进度，并实现在用户调整进度条的进度时更新歌曲的播放位置，具体代码如下。

```
1   // 进度条
2   Slider({ value: this.playState.time, min: 0, max: this.playState.duration })
3     .onChange(value => {
4       AVPlayerManager.player.seek(value);
5     })
```

在上述代码中，第 2 行代码为修改后的代码，第 3～5 行代码为新增代码。

⑦ 修改播放位置区域中的歌曲时长的代码，具体代码如下。

```
1   // 歌曲时长
2   Text(this.number2time(this.playState.duration))
```

在上述代码中，第 2 行代码为修改后的代码。

⑧ 修改"播放/暂停"按钮的代码，通过设置 onClick 事件实现歌曲的播放和暂停，具体代码如下。

```
1   // "播放/暂停"按钮
2   Image(this.playState.isPlay ? $r('app.media.ic_paused') : $r('app.media.ic_play'))
3     .onClick(() => {
4       if (this.playState.isPlay) {
5         AVPlayerManager.pause();
6       } else {
7         AVPlayerManager.singPlay(this.playState.playList[this.playState.playIndex]);
8       }
9     })
```

在上述代码中，第 3～9 行代码为新增代码。

保存上述代码后，在模拟器中测试。在发现页中点击第一首歌曲进入播放页，播放页的效果如图 9-6 所示。

在歌曲播放时，唱片会自动旋转，并且唱针会移动到唱片上；在歌曲暂停时，唱片会暂停旋转，并且唱针会移出唱片。在唱片下方会显示当前播放歌曲的名称和歌手。在播放位置区域会显示播放时间、进度条和歌曲时长，通过操作进度条可以控制歌曲的播放位置。点击"播放/暂停"按钮可以控制歌曲的播放和暂停。

通过在发现页点击不同的歌曲，可以将多首歌曲添加到播放列表。通过单击播放页中的"播放列表"按钮，可以显示播放列表中的歌曲，播放列表的效果如图 9-7 所示。

9.3.4　实现上一首和下一首切换功能

在播放页中，通过点击"上一首"和"下一首"按钮可以实现播放列表中的上一首、下一首切换功能。在切换上一首和下一首时，播放列表中的歌曲是首尾相连的，也就是说，如果当前播放的歌曲是播放列表的第一首歌曲，则上一首是最后一首歌曲；如果当前播放的歌曲是播放列表的最后一首歌曲，则下一首是第一首歌曲。

在开发上一首和下一首切换功能时，还需要注意播放模式有顺序播放、单曲循环、随机播放 3 种，不同播放模式的区别如下。

① 当播放模式为顺序播放和单曲循环时，上一首和下一首都是由播放列表中的歌曲顺序决定的。需要说明的是，"黑马云音乐"的单曲循环模式是针对歌曲播放完成时的单曲循环，不影响"上一首"和"下一首"按钮的功能。

② 当播放模式为随机播放时，在歌曲播放完成、用户点击"上一首"、用户点击"下一首"的情况下，都会随机播放歌曲。在播放列表中的歌曲数量大于 1 时，随机播放不能出现前后两首歌曲重复的情况。

下面开始实现上一首和下一首切换功能，具体实现步骤如下。

① 在 entry/src/main/ets/utils/AVPlayerManager.ets 文件的 AVPlayerManager 类中定义 prevPlay()、nextPlay() 和 getRandomIndex() 方法，分别用于实现上一首、下一首和获取随机播放的索引的功能，具体代码如下。

```
1   // 上一首
2   static prevPlay() {
3     // 判断播放模式是否为随机播放
4     if (AVPlayerManager.currentSong.playMode == 'random') {
5       AVPlayerManager.currentSong.playIndex = AVPlayerManager.getRandomIndex();
6     } else {
7       AVPlayerManager.currentSong.playIndex--;
8       // 如果当前歌曲是播放列表中的第一首歌曲，则切换到最后一首歌曲
9       if (AVPlayerManager.currentSong.playIndex < 0) {
10        AVPlayerManager.currentSong.playIndex = AVPlayerManager.currentSong.
playList.length - 1;
11      }
12    }
13    AVPlayerManager.singPlay(AVPlayerManager.currentSong.playList
[AVPlayerManager.currentSong.playIndex]);
14  }
15  // 下一首
16  static nextPlay(isRepeat?: boolean) {
17    if (!isRepeat) {
18      if (AVPlayerManager.currentSong.playMode == 'random') {
19        AVPlayerManager.currentSong.playIndex = AVPlayerManager.getRandomIndex();
20      } else {
21        AVPlayerManager.currentSong.playIndex++;
22        // 如果当前歌曲是播放列表中的最后一首歌曲，则切换到第一首歌曲
23        if (AVPlayerManager.currentSong.playIndex > AVPlayerManager.
currentSong.playList.length - 1) {
24          AVPlayerManager.currentSong.playIndex = 0;
25        }
26      }
27    }
28    AVPlayerManager.singPlay(AVPlayerManager.currentSong.playList
[AVPlayerManager.currentSong.playIndex]);
29  }
30  // 获取随机播放的索引
31  static getRandomIndex() {
32    let randomIndex = 0;
33    if (AVPlayerManager.currentSong.playList.length > 1) {
34      do {
35        randomIndex = Math.floor(Math.random() * AVPlayerManager.currentSong.
playList.length);
36      } while(AVPlayerManager.currentSong.playIndex == randomIndex)
37    }
38    return randomIndex;
39  }
```

在上述代码中，第 16 行代码中的 isRepeat 参数表示是否重复播放，该参数右边的 "?" 表示该参数是可选参数。当省略 isRepeat 参数或将 isRepeat 参数设置为 false 时，nextPlay()方法会切换到下一首或随机播放歌曲；当将 isRepeat 参数设置为 true 时，nextPlay()方法会重复播放当前歌曲。

② 修改 init()方法中的监听 stateChange 事件的代码，实现在歌曲播放结束后，自动切换到下一首歌曲，并支持单曲循环，具体代码如下。

```
1  AVPlayerManager.player.on('stateChange', (state) => {
2    ……（原有代码）
3    AVPlayerManager.currentSong.isPlay = true;
4    } else if (state == 'completed') {
5    // 歌曲播放结束，切换到下一首歌曲
6    AVPlayerManager.nextPlay(AVPlayerManager.currentSong.playMode == 'repeat');
7    }
8  })
```

在上述代码中，第 4～6 行代码为新增代码。

③ 修改 entry/src/main/ets/pages/Play.ets 文件中的 "上一首" 按钮的代码，设置 onClick 事件，具体代码如下。

```
1  // "上一首" 按钮
2  Image($r('app.media.ic_prev'))
3    .onClick(() => {
4    AVPlayerManager.prevPlay();
5    })
```

在上述代码中，第 3～5 行代码为新增代码。

④ 修改 "下一首" 按钮的代码，设置 onClick 事件，具体代码如下。

```
1  // "下一首" 按钮
2  Image($r('app.media.ic_next'))
3    .onClick(() => {
4    AVPlayerManager.nextPlay();
5    })
```

在上述代码中，第 3～5 行代码为新增代码。

保存上述代码后，在模拟器中测试：添加多首歌曲到播放列表，然后在播放页中点击 "上一首" 和 "下一首" 按钮，测试切换功能；分别测试顺序播放、单曲循环、随机播放这 3 种播放模式是否正常。

9.3.5 实现播放列表的切换和删除功能

在播放列表中，点击歌曲名称可以切换当前播放的歌曲，向左滑动（以下简称左滑）歌曲名称会出现 "删除" 按钮，点击 "删除" 按钮可以从播放列表中删除该歌曲。播放列表中的 "删除" 按钮的效果如图 9-22 所示。

图9-22 播放列表中的 "删除" 按钮的效果

下面开始实现播放列表的切换和删除功能，具体实现步骤如下。

① 在 entry/src/main/ets/pages/Play.ets 文件中找到"// 播放列表中的歌曲"注释下方的 Row 组件，为其设置 onClick 事件，实现点击歌曲名称切换歌曲功能，具体代码如下。

```
1   // 播放列表中的歌曲
2   Row({ space: 10 }) {
3     ……（原有代码）
4   }
5   .layoutWeight(1)
6   .onClick(() => {
7     AVPlayerManager.singPlay(this.playState.playList[index]);
8   })
```

在上述代码中，第 6~8 行代码为新增代码。

② 在 entry/src/main/ets/utils/AVPlayerManager.ets 文件的 AVPlayerManager 类中编写 remove() 方法，实现删除播放列表中的歌曲功能，具体代码如下。

```
1   // 删除播放列表中的歌曲
2   static remove(index: number) {
3     // 判断要删除的歌曲是否是当前正在播放的歌曲
4     if (index == AVPlayerManager.currentSong.playIndex) {
5       // 判断播放列表中的歌曲是否超过一首
6       if (AVPlayerManager.currentSong.playList.length > 1) {
7         // 删除播放列表中的歌曲
8         AVPlayerManager.currentSong.playList.splice(index, 1);
9         // 设置要播放的歌曲，如果删除的是最后一首，则设置第一首为要播放的歌曲
10        AVPlayerManager.currentSong.playIndex = (AVPlayerManager.currentSong.
playIndex + AVPlayerManager.currentSong.playList.length) % AVPlayerManager.
currentSong.playList.length;
11        // 播放歌曲
12        AVPlayerManager.singPlay(AVPlayerManager.currentSong.playList
[AVPlayerManager.currentSong.playIndex]);
13      } else {
14        // 删除歌曲后，播放列表中已经没有歌曲了，重置播放器
15        AVPlayerManager.currentSong = new PlayState();
16        AVPlayerManager.player.reset();
17      }
18    } else {
19      // 判断要删除的歌曲是否在当前正在播放的歌曲的前面
20      if (index < AVPlayerManager.currentSong.playIndex) {
21        // 由于前面的歌曲删除了，所以当前正在播放的歌曲的索引要减一
22        AVPlayerManager.currentSong.playIndex--;
23      }
24      // 删除播放列表中的歌曲
25      AVPlayerManager.currentSong.playList.splice(index, 1);
26    }
27    AppStorage.setOrCreate(SONG_KEY, AVPlayerManager.currentSong);
28  }
```

在上述代码中，第 8 行和第 25 行代码通过 splice()方法实现从播放列表中删除索引为 index 值的歌曲；第 10 行代码将当前播放的索引修改为"(当前播放的索引 + 播放列表中的歌曲总数) % 播放列表中的歌曲总数"，这样可以使当前播放的索引始终在 0 到"播放列表中

的歌曲总数-1"之间。

③ 当删除了播放列表中所有的歌曲时，应该从播放页自动返回上一页。为此，需要在 entry/src/main/ets/pages/Play.ets 文件中导入 router 对象，具体代码如下。

```
import { router } from '@kit.ArkUI';
```

④ 在 struct Play {}中编写自定义构造器 deleteButton()，实现"删除"按钮，具体代码如下。

```
1   @Builder
2   deleteButton(index: number) {
3     Button('删除')
4       .backgroundColor('#ec5c87')
5       .fontColor('#fff')
6       .width(80)
7       .height('100%')
8       .type(ButtonType.Normal)
9       .onClick(() => {
10        if (AVPlayerManager.currentSong.playList.length <= 1) {
11          router.back();
12        }
13        AVPlayerManager.remove(index);
14      })
15  }
```

在上述代码中，第 10~12 行代码用于判断当前删除的歌曲是否为播放列表中仅剩的歌曲，如果是，则自动返回上一页。

⑤ 修改 ListItem 组件的代码，为其添加左滑删除的效果，具体代码如下。

```
1   ListItem() {
2     ……（原有代码）
3   }
4   .border({ width: { bottom: 1 }, color: '#12ec5c87' })
5   .swipeAction({ end: this.deleteButton(index) })
```

在上述代码中，第 5 行代码为新增代码。

保存上述代码后，在模拟器中测试播放列表的切换和左滑删除功能。在播放列表中点击歌曲名称即可切换当前播放的歌曲；在播放列表中左滑歌曲名称即可出现"删除"按钮。当删除一首歌曲后，会自动播放下一首歌曲。如果删除了所有的歌曲，则会自动返回上一页。

9.4 接入音视频播控服务

为了统一管理系统中所有的音视频，帮助开发者快速构建音视频统一展示和控制的能力，鸿蒙提供了"音视频播控服务"（又称为 Audio & Video Session Kit、AVSession Kit）。当音视频类应用接入音视频播控服务后，可以向该服务发送应用的数据（比如正在播放的歌曲、歌曲的播放状态等），用户可以通过系统播控中心、语音助手等来切换多个应用的播放，或实现多个设备的播放。本节将实现"黑马云音乐"接入音视频播控服务。

9.4.1 创建 AVSession 实例

音视频播控服务提供了媒体播控相关功能的接口，称之为媒体会话管理接口，该接口可以让应用接入播控中心。接入播控中心后，下滑系统的状态栏区域打开播控中心，在播控中心可以看到图 9-23 所示的效果。

在图 9-23 中，播控中心显示了当前正在播放的歌曲，点击它可以放大，放大后的播控中心效果如图 9-24 所示。

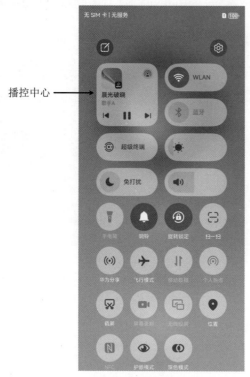

图9-23　播控中心效果　　　　图9-24　放大后的播控中心效果

通过播控中心可以查看当前正在播放的歌曲，控制歌曲的播放、暂停等。

在使用媒体会话管理接口时，需要先导入 avSession 对象，示例代码如下。

```
import { avSession } from '@kit.AVSessionKit';
```

导入 avSession 对象后，通过 avSession 对象的 createAVSession()方法创建一个 AVSession 实例，该实例表示会话，可用于设置元数据、播放状态等。

AVSession 实例的常用方法如表 9-5 所示。

表 9-5　AVSession 实例的常用方法

方法	说明
setAVMetadata()	用于设置会话元数据
setAVPlaybackState()	用于设置会话播放状态
activate()	激活会话，激活后可正常使用会话
on()	监听事件
off()	取消监听事件

AVSession 实例的常用事件如表 9-6 所示。

表 9-6　AVSession 实例的常用事件

事件	说明
seek	跳转播放位置事件
play	播放事件
pause	暂停事件
playPrevious	播放上一首事件
playNext	播放下一首事件

下面在"黑马云音乐"中创建 AVSession 实例。由于整个项目只需要用一个 AVSession 实例，为了便于管理 AVSession 实例并在所有页面中共享，需要创建一个 AVSessionManager 类将 AVSession 实例管理起来，具体步骤如下。

① 在 entry/src/main/ets/utils 目录下创建 AVSessionManager.ets 文件，编写 AVSessionManager 类，具体代码如下。

```
1  import { avSession } from '@kit.AVSessionKit';
2  export default class AVSessionManager {
3    static session: avSession.AVSession;
4    static context: Context;
5    static async init(context?: Context) {
6      if (context) {
7        AVSessionManager.context = context;
8      }
9      AVSessionManager.session = await avSession.createAVSession(AVSessionManager.
context, 'bgPlay', 'audio');
10   }
11 }
```

在上述代码中，createAVSession()方法有 3 个参数，第 1 个参数表示 UIAbilityContext 实例，用于系统获取应用组件的相关信息；第 2 个参数表示会话的自定义名称；第 3 个参数表示会话类型，'audio'表示音频，'video'表示视频。

② 在 entry/src/main/ets/entryability/EntryAbility.ets 文件中导入 AVSessionManager，具体代码如下。

```
import AVSessionManager from '../utils/AVSessionManager';
```

③ 在 AVPlayerManager.init()方法的下方调用 AVSessionManager.init()方法，具体代码如下。

```
1  onWindowStageCreate(windowStage: window.WindowStage): void {
2    ……（原有代码）
3    AVPlayerManager.init();
4    AVSessionManager.init(this.context);
5    ……（原有代码）
6  }
```

在上述代码中，第 4 行代码为新增代码，this.context 表示当前 UIAbilityContext 实例。

保存上述代码后，就完成了 AVSession 实例的创建，并可以通过 AVSessionManager 类对 AVSession 实例进行管理。

9.4.2 实现在播控中心中显示歌曲信息

通过 AVSession 实例的 setAVMetadata()方法和 setAVPlaybackState()方法可以将歌曲信息显示在播控中心，包括封面图、歌曲名称、歌手、播放时间、进度条（由播控中心自动生成）、歌曲时长等信息。下面实现在播控中心显示歌曲信息，具体实现步骤如下。

① 在 entry/src/main/ets/utils/AVSessionManager.ets 文件中编写导入的代码，具体代码如下。

```
1  import { SongItemType } from '../models';
2  import AVPlayerManager from './AVPlayerManager';
```

② 在 AVSessionManager 类中定义 setAVMetadata()方法、setAVPlaybackState()方法、registerEvent()方法、reset()方法，分别用于设置歌曲信息、设置播放信息、注册事件、重置会话，具体代码如下。

```
1  // 设置歌曲信息
2  static setAVMetadata(song: SongItemType) {
3    AVSessionManager.session.setAVMetadata({
4      assetId: song.id,                                    // 歌曲 ID
5      title: song.title,                                   // 歌曲名称
6      artist: song.artist,                                 // 歌手
7      duration: AVPlayerManager.currentSong.duration,      // 歌曲时长
8      mediaImage: song.img                                 // 封面图
9    });
10 }
11 // 设置播放信息
12 static setAVPlaybackState() {
13   AVSessionManager.session.setAVPlaybackState({
14     state: AVPlayerManager.currentSong.isPlay ? avSession.PlaybackState.
PLAYBACK_STATE_PLAY : avSession.PlaybackState.PLAYBACK_STATE_PAUSE,    // 播放状态
15     position: {
16       elapsedTime: AVPlayerManager.currentSong.time,     // 播放时间
17       updateTime: Date.now(),                            // 更新时间
18     },
19     duration: AVPlayerManager.currentSong.duration,      // 歌曲时长
20   });
21 }
22 // 注册事件
23 static registerEvent() {
24   // 激活会话
25   AVSessionManager.session.activate();
26   // 跳转播放位置事件
27   AVSessionManager.session.on('seek', time => {
28     AVPlayerManager.player.seek(time);
29   });
30   // 播放事件
31   AVSessionManager.session.on('play', () => {
32     AVPlayerManager.singPlay(AVPlayerManager.currentSong.playList
[AVPlayerManager.currentSong.playIndex]);
33   })
34   // 暂停事件
```

```
35    AVSessionManager.session.on('pause', () => {
36      AVPlayerManager.pause();
37    })
38    // 播放上一首事件
39    AVSessionManager.session.on('playPrevious', () => {
40      AVPlayerManager.prevPlay();
41    })
42    // 播放下一首事件
43    AVSessionManager.session.on('playNext', () => {
44      AVPlayerManager.nextPlay();
45    })
46  }
47  // 重置会话
48  static async reset()
49  {
50    await AVSessionManager.session.destroy();
51    await AVSessionManager.init()
52  }
```

③ 修改 init()方法，调用 registerEvent()方法，具体代码如下。

```
1  static async init(context?: Context) {
2    ……（原有代码）
3    AVSessionManager.registerEvent();
4  }
```

在上述代码中，第 3 行代码为新增代码。

④ 在 entry/src/main/ets/utils/AVPlayerManager.ets 文件的开头位置编写导入的代码，具体代码如下。

```
import AVSessionManager from './AVSessionManager';
```

⑤ 在 init()方法中找到监听 durationUpdate 事件的代码，在获取到歌曲时长后设置歌曲信息，具体代码如下。

```
1  AVPlayerManager.player.on('durationUpdate', (duration: number) => {
2    ……（原有代码）
3    AVSessionManager.setAVMetadata(AVPlayerManager.currentSong.playList
[AVPlayerManager.currentSong.playIndex]);
4  });
```

在上述代码中，第 3 行代码为新增代码。

⑥ 修改 singPlay()方法，在播放歌曲时设置播放信息，具体代码如下。

```
1  static singPlay(song: SongItemType) {
2    ……（原有代码）
3    AVSessionManager.setAVPlaybackState();
4  }
```

在上述代码中，第 3 行代码为新增代码。

⑦ 修改 pause()方法，在暂停时设置播放信息，具体代码如下。

```
1  static async pause() {
2    ……（原有代码）
3    AVSessionManager.setAVPlaybackState();
4  }
```

在上述代码中，第 3 行代码为新增代码。

⑧ 修改监听 timeUpdate 事件的代码，在歌曲播放时间变化时设置播放信息，具体代码如下。

```
1    AVPlayerManager.player.on('timeUpdate', (time: number) => {
2    ……（原有代码）
3      AVSessionManager.setAVPlaybackState();
4    })
```

在上述代码中，第 3 行代码为新增代码。

⑨ 修改 remove()方法，在重置播放器的代码之后重置会话，具体代码如下。

```
1    if (AVPlayerManager.currentSong.playList.length > 1) {
2    ……（原有代码）
3    } else {
4    ……（原有代码）
5      AVPlayerManager.player.reset();
6      AVSessionManager.reset();
7    }
```

在上述代码中，第 6 行为新增代码。

保存上述代码后，在模拟器中测试。当开始播放歌曲时，播控中心就会显示歌曲信息，通过播控中心可以对歌曲进行播放、暂停、切换上一首、切换下一首、跳转播放位置等操作。

本章小结

本章讲解了"黑马云音乐"项目的开发过程，完成了"黑马云音乐"的页面制作、播放功能开发和接入音视频播控服务。通过对本章的学习，读者应能够将所学的知识应用到实际项目开发中，并能够灵活运用这些知识设计和开发鸿蒙应用。